名校名师**精品**系列教材

MySQL Database Management
and Application

MySQL
数据库管理与应用任务式教程

微课版

胡大威　方鹏◉主编

李书国　孙海南◉副主编

人 民 邮 电 出 版 社

北 京

图书在版编目（CIP）数据

MySQL数据库管理与应用任务式教程：微课版／胡大威，方鹏主编. -- 北京：人民邮电出版社，2024.10
名校名师精品系列教材
ISBN 978-7-115-63932-5

Ⅰ. ①M… Ⅱ. ①胡… ②方… Ⅲ. ①SQL语言－数据库管理系统－教材 Ⅳ. ①TP311.132.3

中国国家版本馆CIP数据核字(2024)第051658号

内 容 提 要

本书通过一个简单学习实例"学生成绩管理系统"贯穿全书课堂教学，以一个企业实例"人力资源管理系统"贯穿全书实践教学。全书遵循理论够用和实用、实践第一的原则，能使读者快速、轻松地掌握 MySQL 数据库管理与应用技术。

全书包括 MySQL 的安装、配置与使用、数据库基本原理、创建与管理数据库、创建与管理表、查询数据、创建与管理视图、MySQL 用户管理、MySQL 数据库备份与恢复、MySQL 数据库编程基础、存储过程与触发器共 10 个单元的课堂教学内容，最后综合各单元的实验，完成了"人力资源管理系统"的开发。各单元既相互关联，又相对独立，能够适应不同教学学时要求。书中大部分数据库操作采用命令和 MySQL Workbench 图形化工具两种方式实现。全书内容丰富、编排合理，表述深入浅出，图文并茂，另配有微课视频、PPT 等教学资源。

本书可作为高等职业院校电子信息类专业的数据库技术教材，也可以作为 MySQL 初学者的自学用书或培训用书。

◆ 主　　编　胡大威　方　鹏
　　副 主 编　李书国　孙海南
　　责任编辑　刘　佳
　　责任印制　王　郁　焦志炜

◆ 人民邮电出版社出版发行　　北京市丰台区成寿寺路 11 号
　　邮编　100164　　电子邮件　315@ptpress.com.cn
　　网址　https://www.ptpress.com.cn
　　三河市君旺印务有限公司印刷

◆ 开本：787×1092　1/16
　　印张：16.5　　　　　　　　　　2024 年 10 月第 1 版
　　字数：392 千字　　　　　　　　2024 年 10 月河北第 1 次印刷

定价：59.80 元

读者服务热线：(010)81055256　印装质量热线：(010)81055316
反盗版热线：(010)81055315
广告经营许可证：京东市监广登字 20170147 号

前　言 FOREWORD

党的二十大报告指出："我们要坚持教育优先发展、科技自立自强、人才引领驱动，加快建设教育强国、科技强国、人才强国，坚持为党育人、为国育才，全面提高人才自主培养质量，着力造就拔尖创新人才，聚天下英才而用之。"

MySQL 数据库是目前流行的关系数据库系统，其主要功能是存储和管理数据。

"MySQL 数据库管理与应用"是高职院校软件技术、大数据技术与应用、计算机网络技术等专业的一门核心专业课，其前导课程为计算机程序设计语言、数据结构等。

本书在对数据库管理与应用岗位进行整体调研与分析的基础上，以基于工作过程的课程开发理论为依据，遵循从数据库初学者到合格的数据库管理员的职业能力发展过程和学生认知规律，按照由浅入深、由易到难的顺序整合、序化、串联过程性知识，将教学内容分为 MySQL 的安装、配置与使用，数据库基本原理，创建与管理数据库，创建与管理表，查询数据，创建与管理视图，MySQL 用户管理，MySQL 数据库备份与恢复，MySQL 数据库编程基础，存储过程与触发器，Java+MySQL 人力资源管理系统开发综合实例共 11 个单元。

本书的主要特点如下。

1. 本书便于教师实施"在做中学、在学中做、集教学练做于一体"的理论实践一体化教学。本书以两个实例贯穿全书，通过一个简单学习实例"学生成绩管理系统"串联课堂教学内容，以一个企业实例"人力资源管理系统"作为配套实验，并在最后一个单元进行综合训练，从而形成完整的 4 个层次（课堂示范、课堂实践、单元实验、综合实例）的技能训练体系，有助于提高学生的动手能力。

2. 本书好学易用，教学内容和实例内容设计合理，重点突出，详略得当，语言通俗易懂，表述清楚，过程详细，实际操作界面的截图丰富，主要操作过程均配有可以参考学习的微课视频，教学资源齐全，便于学生对照学习，提高学习效率。

3. 书中的大部分数据库操作采用命令和 MySQL Workbench 图形化工具两种方式实现。MySQL Workbench CE（开源免费的社区版本）是官方提供的、专为 MySQL 设计的、MySQL 安装包自带的、免费的图形化集成管理工具，也是下一代可视化数据库设计和管理工具，功能强大、操作简单。

4. 本书提供了 PPT 课件、微课视频等教学资源。书中配套的附录及教学资源均可登录人邮教育社区（www.ryjiaoyu.com）下载查看。

本书教学学时为 78 学时，具体分配如下，可根据实际情况选讲相关单元。

序号	单元名称	学时数
1	MySQL 的安装、配置与使用	4
2	数据库基本原理	10
3	创建与管理数据库	4
4	创建与管理表	8
5	查询数据	12
6	创建与管理视图	4
7	MySQL 用户管理	4
8	MySQL 数据库备份与恢复	6
9	MySQL 数据库编程基础	8
10	存储过程与触发器	4
11	Java+MySQL 人力资源管理系统开发综合实例	14

武汉职业技术学院的胡大威编写了本书的单元 1、单元 2、单元 3、单元 4、单元 5、单元 6、单元 8、单元 10，并设计了两个实例的数据库结构及相关数据，长江职业学院的方鹏编写了单元 9 和单元 11，武汉职业技术学院的李书国编写了单元 7。武汉软帝信息科技有限责任公司的孙海南参与设计了两个实例的数据结构及相关数据，并进行了综合实例的开发。全书由胡大威统稿，主编为胡大威和方鹏，副主编为李书国和孙海南。

限于编者的水平和经验，书中难免存在疏漏之处，望读者不吝赐教，联系邮箱：hdw9678@sina.com。

编　者

2023 年 11 月于武汉

目 录 CONTENTS

单元 ① MySQL 的安装、配置与使用

单元目标

【知识目标】
- 理解数据和信息的概念。
- 掌握数据库、数据库管理系统和数据库系统的基本概念。
- 了解数据库系统的组成。
- 了解 MySQL 数据库的版本及其特点。
- 了解 MySQL 的安装环境。
- 熟悉 MySQL 数据库的目录结构和文件类型。

【能力目标】
- 能够安装、配置和卸载 MySQL。
- 能够启动和停止 MySQL 服务。
- 能够登录和退出 MySQL 数据库服务器。
- 能够使用 MySQL 的常用命令和图形化工具。

【素质目标】

使学生了解数据管理技术的发展阶段，培养学生的创新思维，激发学生科技报国的家国情怀。

随着计算机技术与网络通信技术的发展，全社会信息化程度日益加深，大量的数据正在不断产生。如何安全有效地存储、管理、查询这些数据成为一个非常重要的问题。使用数据库技术可以实现对数据的有效存储、高效访问、方便共享和安全控制。

数据库技术用于对数据进行科学地组织、管理和处理，以便提供可共享的、安全的、可靠的数据，它有着较完备的数学理论基础。正因如此，近 50 年来，数据库技术得到了快速的发展和广泛的应用。MySQL 是目前十分流行的、开放源代码的关系数据库系统。

任务1 认识数据库系统

1.1.1 数据、信息和数据处理

1. 数据与信息

数据（Data）是数据库中存储的基本对象。它是反映客观事物属性的记录，通常指描述

事物的符号，这些符号具有不同的数据类型，如数字、文本、图形、图像、声音等。

信息（Information）是经过加工处理并对人类客观行为产生影响的数据表现形式。它具有超出数据本身的价值。

数据与信息既有联系又有区别。

数据是信息的载体、具体表现形式。数据代表真实世界的客观事实，但并非任何数据都表示信息，数据如不具有知识性和有用性则不能称为信息。信息是加工处理后的数据，是数据表达的内容，是有用的数据。信息是通过数据符号来传播的，信息不随表示它的数据形式的变化而改变，不同的数据形式可以表示相同的信息。例如，描述学生王林的一条记录（061101，王林，计算机，男，19860210，50，null）是一组数据，这些相对独立的数据组合在一起便形成了一条表示学生王林基本情况的信息。

2. 数据处理

将数据转换成信息的过程称为数据处理。它包括对各种类型的数据进行收集、整理、存储、分类、排序、检索、维护、加工、统计和传输等一系列操作，以便我们从大量的、原始的数据中获取需要的资料并提取有用的数据成分，作为行为和决策的依据。

数据、信息和数据处理之间的关系可以表示成：信息=数据+数据处理。

数据处理包括以下 3 个方面。

（1）数据管理。数据管理是指对数据进行收集、分类、组织、编码、存储、检索和维护，它是数据处理的中心问题。

（2）数据加工。数据加工的主要任务是对数据进行变换、抽取和运算。

（3）数据传播。通过数据传播，信息在空间或时间上以各种形式传递。

3. 数据管理技术的发展阶段

自 20 世纪 50 年代以来，计算机数据管理技术在发展中不断地完善，主要经历了人工管理阶段、文件系统阶段和数据库系统阶段。每个阶段都有各自的背景及特点，如表 1-1 所示。但每个阶段都以增强数据独立性、减少数据冗余和方便操作数据为改进方向。

表 1-1 数据管理 3 个阶段的背景及特点

数据管理的 3 个阶段	人工管理（20 世纪 50 年代中期）	文件系统（20 世纪 50 年代末至 20 世纪 60 年代中期）	数据库系统（20 世纪 60 年代后期至今）
应用背景	科学计算	科学计算、管理	大规模数据、分布式数据的管理
硬件背景	无直接存取存储设备	磁带、磁盘、磁鼓	大容量磁盘、可擦写光盘、按需增容磁带机等
软件背景	无专门管理的软件	利用操作系统的文件系统	由数据库管理系统支撑
数据处理方式	批处理	联机实时处理、批处理	联机实时处理、批处理、分布式处理
数据的管理	用户/程序管理	文件系统代理	数据库管理系统管理
数据应用及其扩充	面向某一应用程序，难以扩充	面向某一应用系统，不易扩充	面向多种应用系统，容易扩充
数据的共享性	无共享性、冗余度极大	共享性差、冗余度大	共享性好、冗余度小

续表

数据的独立性	数据的独立性差	物理独立性好、逻辑独立性差	具有较强的物理独立性和逻辑独立性
数据的结构化	数据无结构	记录内有结构、整体无结构	统一数据模型、整体结构化
数据的安全性	应用程序保护	文件系统保护	由数据库管理系统提供完善的安全保护

数据管理技术是计算机领域中发展最快的技术之一，随着数据库技术、网络通信技术、面向对象程序设计技术、并行计算技术和人工智能技术等相互渗透与结合，数据管理技术成为当前数据库技术发展的主要方向。20 世纪 80 年代以后陆续推出了分布式数据库系统（Distributed Database System，DDBS）、面向对象数据库系统（Object-Orientead Database System，ODBS）等，尤其是 20 世纪末互联网的飞速发展，极大地改变了数据库的应用环境，催生了一批新的数据库技术，如 Web 数据库技术、并行数据库技术、数据仓库与联机分析技术、数据挖掘与商务智能技术、内容管理技术、海量数据管理技术和云计算技术等。

1.1.2 数据库、数据库管理系统和数据库系统

1. 数据库

数据库（Database，DB）是长期存储在计算机存储设备上的、结构化的、可共享的数据集合。它是数据库应用系统的核心和管理对象。

数据库中的数据按一定的数据模型组织、描述和存储，具有较小的冗余度、较强的数据独立性和易扩展性，并可为各种用户所共享。基于关系模型的数据库称为关系数据库（Relational Database，RDB）。

数据库对象是一种数据库组件，是数据库的主要组成部分。在关系数据库管理系统中，常见的数据库对象有表（Table）、索引（Index）、视图（View）、图表（Diagram）、默认值（Default）、规则（Rule）、触发器（Trigger）、存储过程（Stored Procedure）和用户（User）等。

2. 数据库管理系统

数据库管理系统（Database Management System，DBMS）是位于用户与操作系统之间的数据管理软件。用户必须通过数据库管理系统来统一管理和控制数据库中的数据。

数据库管理系统的主要功能如下。

（1）数据定义。

用户可以通过数据库管理系统提供的数据定义语言（Data Definition Language，DDL）来定义数据库中的数据对象。

（2）数据组织、存储和管理。

数据库管理系统要分类组织、存储和管理各种数据，包括数据字典、用户数据、数据的存取路径等，以提高存储空间利用率和数据存取效率。

（3）数据操纵。

用户可以使用数据库管理系统提供的数据操纵语言（Data Manipulation Language，DML）来实现对数据库的基本操作，如存取、查询、插入、删除和修改等。

（4）数据库的运行管理。

所有数据库的操作都要在数据库管理系统的统一管理和控制下进行，以保证事务的正确

运行和数据的安全性、完整性（主要包括数据的并发控制、数据的安全性保护、数据的完整性控制和数据库的恢复等）。

（5）数据库的创建和维护。

数据库的创建和维护主要包括数据库初始数据的输入、转换，数据库的转储、恢复，数据库的重组织和性能监视、分析等。这些功能通常是由一些应用程序或管理工具完成的。

数据库管理系统的工作模式如图 1-1 所示。其基本流程为接收应用程序的数据请求和处理请求，将用户的数据请求（高级指令）转换成复杂的机器代码（低层指令）；实现对数据库的操作；通过对数据库的操作接收查询结果；对查询结果进行处理（格式转换）；将处理结果返回给用户。

图 1-1　数据库管理系统的工作模式

目前，关系数据库管理系统已经成为主流的数据库管理系统。

流行的数据库管理系统有 MySQL、Oracle、SQL Server、DB2 和 Access 等，它们针对不同的应用，有各自的特点。

3. 数据库系统

数据库系统（Database System，DBS）是指引进了数据库的计算机系统。它能够有组织地、动态地存储大量数据，提供数据处理和数据共享机制。通常，在不引起混淆的情况下，把数据库系统简称为数据库。

1.1.3　数据库系统的组成

数据库系统一般由数据库、数据库管理系统及其应用开发工具、应用程序和数据库管理员构成，如图 1-2 所示。

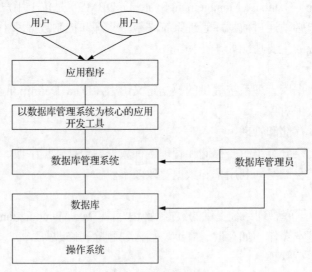

图 1-2　数据库系统

数据库系统的软件主要包括 DBMS、支持 DBMS 运行的操作系统（如 Windows、Linux 和 UNIX 等）、各种高级语言处理程序（编译或解释程序）、应用开发工具软件和特定应用软件等，其中，DBMS 是整个数据库系统的核心，常用的数据库接口有 ODBC、JDBC 和 OLEDB 等。

数据库管理员（Database Administrator，DBA）是负责全面管理和控制数据库系统，保障其正常运行的专门人员，其职责十分重要，主要职责大致包括以下几方面。

① 评估并决定服务器硬件的规模。

② 安装 DBMS 软件与配套工具。

③ 计划与设计数据库结构。

④ 创建数据库。

⑤ 通过采取备份数据库等方法保护数据的安全。

⑥ 还原与恢复数据库。

⑦ 创建与维护数据库用户。

⑧ 实现应用程序与数据库设计。

⑨ 监视与调整数据库性能。

应用程序由应用程序员根据终端用户的需要，使用数据库语言或编程语言（如 Java、C# 等）开发，供用户使用。

对于不同规模的数据库系统，用户的人员配置是不相同的。只有大型数据库系统才配备有应用程序员和数据库管理员。应用型微机数据库系统比较简单，其用户通常兼有终端用户和数据库管理员的职能，但必要时也应当兼有应用程序员的能力。

任务 2 安装与配置 MySQL

MySQL 由于其体积小、速度快、总体拥有成本低，尤其是具有开放源代码这一特点，许多中小型网站选择其作为网站数据库。

要使用 MySQL 来存储和管理数据，首先要安装与配置好 MySQL，然后利用它来创建数据库实例及其数据表。本任务将围绕 MySQL 简介、MySQL 的安装与配置过程、MySQL 的目录结构进行讲述。

1.2.1 MySQL 简介

MySQL 是目前流行的、开放源代码的、完全网络化的、跨平台的关系数据库系统，它目前属于 Oracle 公司。MySQL 适合中小型软件，被个人用户以及中小企业青睐。

1. MySQL 的发展历史

MySQL 由瑞典 MySQL AB 公司开发。2003 年 12 月，MySQL 5.0 版本发布。

2008 年 1 月，MySQL AB 公司被美国的 Sun 公司以 10 亿美元收购，MySQL 数据库进入 Sun 时代。

2009 年 4 月，Sun 公司被美国的 Oracle 公司以 74 亿美元收购，MySQL 数据库进入 Oracle 时代。2010 年 12 月，MySQL 5.5 发布，其主要新特性包括半同步的复制及对 SIGNAL/RESIGNAL 的异常处理功能的支持，最重要的是 InnoDB 存储引擎变为当前 MySQL 的默认存储引擎。MySQL 5.5 不是一次简单的版本更新，而是加强了 MySQL 各个方面在企业级的特性。Oracle 公司同时也承诺 MySQL 5.5 和未来版本仍是采用 GPL 授权的开源产品。

2015 年 12 月，MySQL 5.7 发布，性能、特征均产生了质的改变。

2016 年 9 月，MySQL 开始了 8.0 版本，但市场主流还是 5.5/5.6/5.7 版本。

MySQL 的官网主页如图 1-3 所示，在官网可以下载相关软件和技术文档。

图 1-3　MySQL 官网主页

MySQL 的 LOGO 是一只名为 Sakila 的海豚（见官网主页左上角），它是由 MySQL AB 的创始人从用户在"海豚命名"的竞赛中建议的大量的名字表中选出的，代表着 MySQL 数据库和团队的速度、能力、精确和优秀本质。

2．MySQL 的版本

根据运行平台，MySQL 可以分为 Windows 版、UNIX 版、Linux 版和 mac OS 版。

根据用户群体，MySQL 可以分为企业版和社区版。其中，社区版（MySQL Community Server）是通过 GPL 协议授权的开源软件，可以免费下载使用，但官方不提供技术支持，可用于个人学习。企业版（MySQL Enterprise Server）是需要付费的商业软件，该版本能够以很高的性价比为企业提供完善的技术支持。

在 MySQL 的开发过程中，同时存在多个发布系列，每个发布系列处在不同的成熟阶段。所有发布的 MySQL 已经经过严格标准的测试，可以保证安全可靠地使用。编写本书时最新开发的发布系列是 MySQL 8.0，当前稳定的发布系列是 MySQL 5.7。

　　　　MySQL 的名称由 3 个数字和 1 个后缀组成，如 mysql-5.7.20，其中第 1 个数字 5 是主版本号，用于描述文件格式，第 2 个数字 7 是发行级别，主版本号和发行级别组合在一起便构成了发行序列号。第 3 个数字 20 是此发行系列的版本号。

3．MySQL 的特点

数据库管理系统 MySQL 具有许多优良特性，主要体现在以下几方面。

① MySQL 是开放源代码的数据库。

② MySQL 具有跨平台性。MySQL 可以在 Windows、UNIX、Linux、Novell Netware、mac OS、AIX、OS/2 和 Solaris 等操作系统上运行。MySQL 的跨平台性保证了其在 Web 应用方面的优势。

③ MySQL 功能强大且使用方便。它是一个真正的多用户、多线程 SQL 数据库服务器，是客户端/服务器架构，由一个服务器守护程序 mysqld 和很多不同的客户端程序、库组成，能够快速、有效和安全地处理大量的数据。相对于 Oracle 等数据库来说，MySQL 的使用方法是非常简单的。MySQL 的主要目标是快速、健壮和易用。

④ MySQL 提供多种存储引擎，支持大型数据库。

⑤ MySQL 为多种编程语言提供了 API。这些编程语言包括 C、C++、Python、Java、Perl、PHP、Eiffel 和 Ruby 等。

⑥ MySQL 具有可移植性。使用 C 语言和 C++编写，并使用多种编译器进行测试，保证源代码的可移植性。

MySQL 也有一些不足，如对于大型项目来说，MySQL 的容量和安全性就略逊于 Oracle 等大型数据库。

微课视频

1-1 MySQL 的
安装与配置

1.2.2 MySQL 的安装与配置

要使用 MySQL 来存储和管理数据，首先要安装与配置好 MySQL。

1. 准备工作

MySQL 的下载页面如图 1-4 所示。

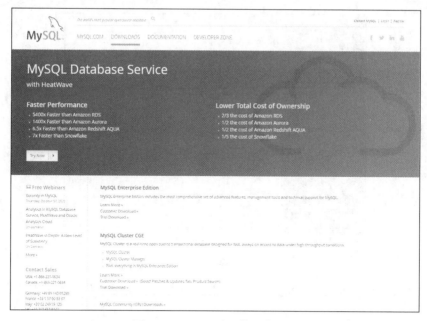

图 1-4 MySQL 官网的下载页面

单击页面下方的 MySQL Community (GPL) Downloads »链接，进入 MySQL 社区版下载页面，如图 1-5 所示。

下载 MySQL 前，必须先了解自己的计算机使用的是什么操作系统，然后根据操作系统来下载相应的 MySQL。MySQL 社区版有 MSI（安装包）和 ZIP（压缩包）两种打包的版本。这里根据需求选定的安装平台为 Windows 10 家庭中文版操作系统，下载的版本为mysql-installer-community-5.7.20.msi，如图 1-6 所示。

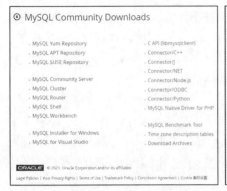

图 1-5　MySQL 社区版下载页面　　　图 1-6　mysql-installer-community-5.7.20.msi 下载页面

2．安装 MySQL

以下操作需要以系统管理员的身份进行。

双击下载好的 MySQL 安装文件 mysql-installer-community-5.7.20.msi，进入 MySQL 安装界面。

（1）进入 License Agreement（用户许可证协议）界面，勾选 I accept the license terms 复选框，单击 Next 按钮，如图 1-7 所示。

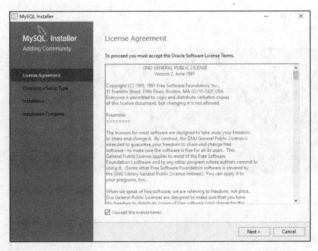

图 1-7　License Agreement 界面

（2）进入 Choosing a Setup Type 界面，如图 1-8 所示。此处列出了 5 种安装类型，如下所示。

① Developer Default：默认安装类型。

② Server only：仅作为服务器。

③ Client only：仅作为客户端。

④ Full：完全安装。

⑤ Custom：自定义安装类型。

根据界面右侧的安装类型描述选择合适的安装类型。这里选择 Full 安装类型，单击 Next 按钮。

（3）进入 Check Requirements 界面，如图 1-9 所示。根据选择的安装类型，安装列表框中所列组件需要的 Windows 框架，单击 Execute 按钮，安装程序会自动完成框架的安装。

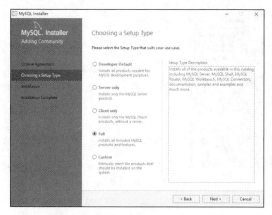 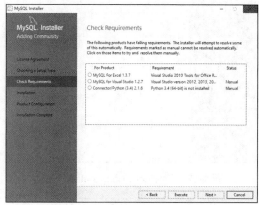

图 1-8　Choosing a Setup Type 界面　　　　　　图 1-9　Check Requirements 界面

当弹出安装程序窗口时，勾选 "I have read and accept the license terms" 复选框，然后单击 "Install" 按钮。当弹出安装已完成界面时，单击 "Finish" 按钮即可。

所需框架均安装成功后，单击图 1-9 中的 "Next" 按钮。

（4）进入 Installation 界面，单击 Execute 按钮，开始安装 MySQL 的各个组件，如图 1-10 所示。

安装完成后会在 Status 下显示 Complete，如图 1-11 所示。单击 Next 按钮。

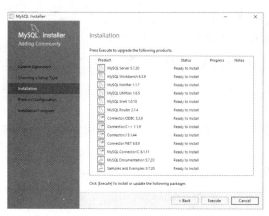 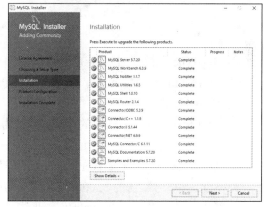

图 1-10　Installation 界面　　　　　　图 1-11　组件安装完成后的 Installation 界面

3. 配置 MySQL

MySQL 安装完成之后，进入服务器配置界面，对服务器进行配置。

（1）在 Product Configuration 界面，对列表框中的每个组件进行配置信息的确认，确认后单击 Next 按钮，如图 1-12 所示。

（2）进入 Type and Networking 界面，采用默认设置，单击 Next 按钮，如图 1-13 所示。

（3）进入服务器类型配置界面，如图 1-14 所示。

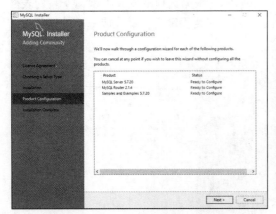

图 1-12　Product Configuration 界面

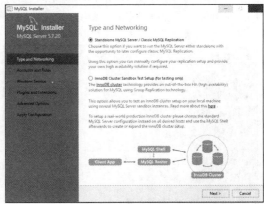

图 1-13　Type and Networking 界面

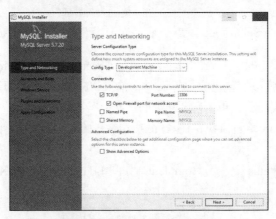

图 1-14　服务器类型配置界面

Config Type 下拉列表中有 3 个选项。

① Development Machine：安装的 MySQL 作为开发机器的一部分，在 3 种可选的类型中，占用的内存最少。

② Server Machine：安装的 MySQL 作为服务器机器的一部分，占用的内存在 3 种类型中居中。

③ Dedicated MySQL Server Machine：安装专用 MySQL，占用机器全部有效的内存。

MySQL 端口号默认为 3306。如果没有特殊需求，一般不建议修改它。

全部采用默认设置，单击 Next 按钮。

（4）进入 Accounts and Roles 界面，设置服务器 root 用户的密码，重复输入两次登录密码 mysql，单击 Next 按钮，如图 1-15 所示。

提示：系统默认的用户名为 root，如果想添加新用户，可以单击 Add User 按钮，界面如图 1-16 所示。这里不添加新用户。

（5）进入 Windows Service 界面，设置 MySQL 的 Windows 服务名，这里默认为 MySQL57，可以修改，但无特殊需要不建议修改。单击 Next 按钮，如图 1-17 所示。

（6）进入 Plugins and Extensions 界面，采用默认设置，单击 Next 按钮，如图 1-18 所示。

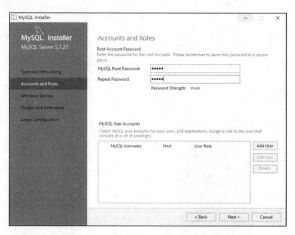

图 1-15　Accounts and Roles 界面

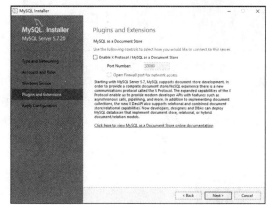

图 1-16　添加新用户界面

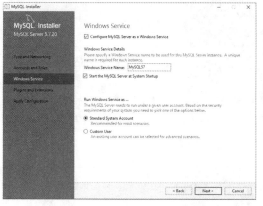

图 1-17　Windows Service 界面

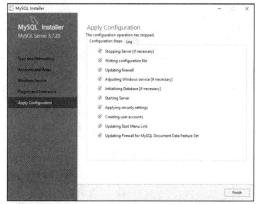

图 1-18　Plugins and Extensions 界面

（7）进入 Apply Configuration 界面，单击 Execute 按钮，完成 MySQL 的各项配置，如图 1-19 所示。

（8）当出现图 1-20 所示的情形时，表示配置都已完成，单击 Finish 按钮。

至此，就完成了 Windows 操作系统中 MySQL 数据库服务器的安装和配置。

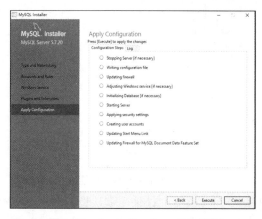

图 1-19　Apply Configuration 界面

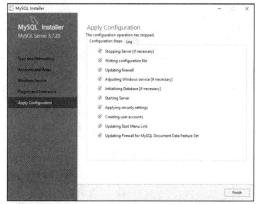

图 1-20　Apply Configuration 确认界面

（9）下面配置 MySQL Router 2.14。

在图 1-21 所示的 Product Configuration 界面中，单击 Next 按钮。

（10）进入 MySQL Router Configuration 界面，采用默认设置，单击 Next 按钮，如图 1-22 所示。

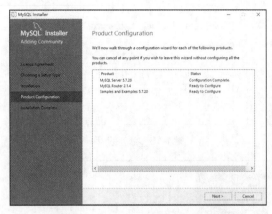

图 1-21　Product Configuration 界面

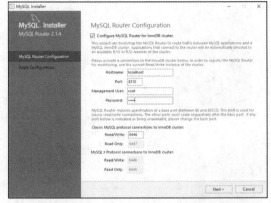

图 1-22　MySQL Router Configuration 界面

（11）进入 Apply Configuration 界面，单击 Execute 按钮，如图 1-23 所示。

（12）进入 Connect To Server 界面，分别填入用户名 root 和密码 mysql，单击 Check 按钮，如图 1-24 所示。

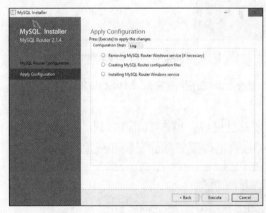

图 1-23　Apply Configuration 界面

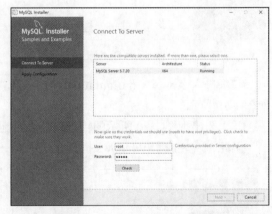

图 1-24　Connect To Server 界面

当出现图 1-25 所示的连接成功信息时，单击 Next 按钮。

（13）进入 Apply Configuration 界面，单击 Execute 按钮，如图 1-26 所示。

当出现图 1-27 所示的信息时，单击 Finish 按钮。

在图 1-28 所示的界面中，单击 Next 按钮。

（14）进入 Installation Complete 界面，这里的两个复选框用来设置安装完成后是否启动 MySQL Workbench 图形化工具和 MySQL Shell 命令行工具，此处采用默认设置，如图 1-29 所示。单击 Finish 按钮，将打开图 1-30 和图 1-31 所示的窗口。

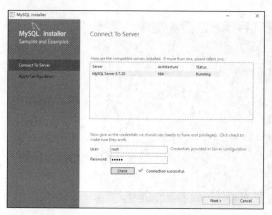

图 1-25 Connect To Server 连接成功界面

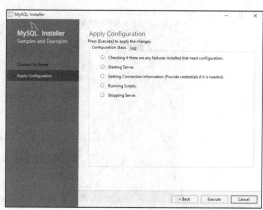

图 1-26 Apply Configuration 界面

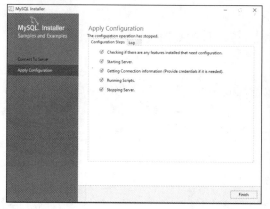

图 1-27 Apply Configuration 完成界面

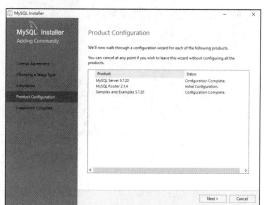

图 1-28 所有组件配置完成界面

说明

MySQL 数据库安装完成后，会自动安装 MySQL Workbench 图形化工具和 MySQL Shell 命令行工具，用户可以使用这两个工具分别以图形化方式和命令方式创建并管理 MySQL 数据库。

本书将使用 MySQL Workbench 图形化工具和 MySQL Shell 命令行工具操作 MySQL 数据库。

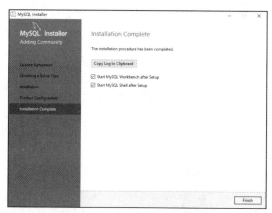

图 1-29 Installation Complete 窗口

图 1-30 MySQL Workbench 图形化工具窗口

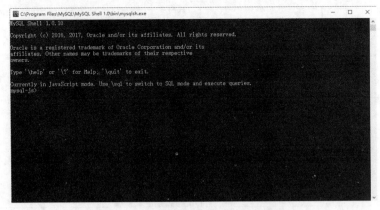

图 1-31　MySQL Shell 命令行工具窗口

1.2.3　MySQL 的目录结构

在 MySQL 5.7.20 安装完成后，可以在磁盘上看到 MySQL 的安装目录和数据目录。

1. 安装目录

此处安装目录为 C:\Program Files\MySQL\MySQL Server 5.7，主要用来存储控制服务器和客户端程序的命令文件等，如图 1-32 所示。其中包括 5 个文件夹。

图 1-32　MySQL 的安装目录

① bin 文件夹：用于放置可执行文件，如 mysql.exe。
② docs 文件夹：用于存放一些文档。
③ include 文件夹：用于放置头文件，如 mysql.h。
④ lib 文件夹：用于放置库文件。
⑤ share 文件夹：用于存放字符集、语言等数据。

2. 数据目录

此处数据目录为 C:\ProgramData\MySQL\MySQL Server 5.7\Data，用来存放数据库相关的数据信息，包括数据库、表、视图、日志文件等，如图 1-33 所示。用户创建和保存的数据都存在这个目录里。

不同版本 MySQL 的数据目录有所不同，可以执行如下命令查看数据目录。

```
SHOW VARIABLES LIKE 'datadir';
SHOW GLOBAL VARIABLES LIKE "%Datadir%";
```

电脑 > Windows (C:) > ProgramData > MySQL > MySQL Server 5.7

名称 ^	类型	大小	修改日期
Data	文件夹		2021/10/4 20:55
Uploads	文件夹		2021/10/1 19:55
my	配置设置	14 KB	2021/10/1 19:55

（a）

Windows (C:) > ProgramData > MySQL > MySQL Server 5.7 > Data

名称 ^	类型	大小	修改日期
cjgl	文件夹		2021/10/2 21:17
mysql	文件夹		2021/9/29 12:41
performance_schema	文件夹		2021/9/29 12:41
sakila	文件夹		2021/9/29 12:44
sys	文件夹		2021/9/29 12:41
world	文件夹		2021/9/29 12:44
auto.cnf	CNF 文件	1 KB	2021/9/29 12:41
DESKTOP-L226O36.err	ERR 文件	31 KB	2021/10/4 13:15
DESKTOP-L226O36.pid	PID 文件	1 KB	2021/10/4 15:07
DESKTOP-L226O36-slow.log	文本文档	1 KB	2021/10/3 13:22
ib_buffer_pool	文件	1 KB	2021/10/3 13:22
ib_logfile0	文件	49,152 KB	2021/10/4 15:07
ib_logfile1	文件	49,152 KB	2021/9/29 12:41
ibdata1	文件	12,288 KB	2021/10/4 15:07
ibtmp1	文件	12,288 KB	2021/10/4 15:07

（b）

图 1-33　MySQL 的数据目录

MySQL 的数据库包括系统数据库和用户数据库。系统数据库是安装 MySQL 时系统自动创建的，用户数据库是用户创建的。

MySQL 中的每个数据库都对应存放在一个与数据库同名的文件夹中。图 1-33 中的数据目录 Data 下存放着 6 个数据库对应的目录和一些文件，其中包括系统数据库（sys、mysql、performance_schema）、样本数据库（sakila 和 world）和 1 个用户自定义数据库 cjgl。

任务 3　使用 MySQL

MySQL 数据库管理系统分为服务器端（Server）和客户端（Client）两部分。

要使用 MySQL 数据库服务器，必须先启动服务器端的 MySQL 服务，然后才能通过客户端登录到 MySQL 服务器。

微课视频

1-2　使用 MySQL

1.3.1　启动和停止 MySQL 服务

当 MySQL 安装完成后，MySQL57 服务已设置成自动启动。如果用户需要手动配置服务的启动和停止，可以通过以下两种方式实现。

1. 使用图形化工具

在桌面上右击"此电脑"，在弹出式菜单中选择"管理"，在打开的"计算机管理"窗口中选择"服务和应用程序"→"服务"，将出现计算机上所有的服务列表，看其中是否有与 MySQL 数据库服务器有关的服务 MySQL57，如图 1-34 所示。

图 1-34 "计算机管理"窗口

使用鼠标右键单击 MySQL57 服务，在弹出式菜单中选择"启动"或"停止"，即可启动或停止该服务。

若要修改有关属性，则在弹出式菜单中选择"属性"，打开服务的属性对话框进行设置，其中启动类型有自动、手动和禁用 3 种，如图 1-35 所示。

2. 使用命令方式

下面以操作系统管理员的身份操作。

在桌面上选择"开始"→"Windows 系统"→"命令提示符"，打开命令提示符窗口，输入如下命令，执行结果如图 1-36 所示。

```
net start Mysql57          //启动服务
net stop Mysql57           //停止服务
net -h                     //查找帮助
```

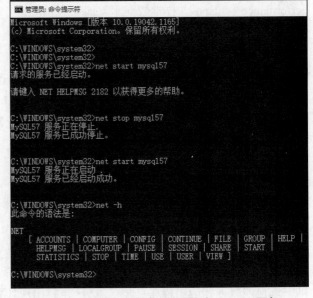

图 1-35 MySQL57 服务的属性对话框   图 1-36 使用命令方式启动和停止 MySQL 服务

1.3.2 MySQL 常用的管理工具

安装 MySQL 服务器以后，可以通过命令行管理工具或图形化工具来操作 MySQL 数据库，如管理 MySQL 服务器、对数据库进行访问控制、管理用户以及数据备份和恢复等。

MySQL 自带的管理工具可以通过"开始"→"MySQL"看到。

1. 命令行管理工具

MySQL 数据库管理系统的主要命令行管理工具有如下几种。

（1）MySQL 服务器端实用工具。

① mysqld：MySQL 后台程序（即 MySQL 服务器进程），客户端通过它连接 MySQL 服务器来访问 MySQL 数据库。

② mysqld_safe：服务启动脚本；在 UNIX 和 Netware 中使用 mysqld_safe 来启动 mysqld 服务器。

③ mysql.server：服务器启动脚本，用于使用包含为特定级别的运行启动服务的脚本、运行目录的系统；它调用 mysqld_safe 来启动 MySQL 服务器。

④ mysqld_multi：服务器启动脚本，可以启动或停止系统中安装的多个服务器。

⑤ myisamchk：用来描述、检查、优化和维护 MyISAM 表的实用工具。

⑥ mysqlbug：MySQL 缺陷报告脚本，可以用来向 MySQL 邮件系统发送缺陷报告。

⑦ mysql_install_db：该脚本可用默认权限创建 MySQL 授权表；通常只是在系统上首次安装 MySQL 时执行一次。

（2）MySQL 客户端实用工具。

① mysql：用于交互式输入 SQL 语句或通过文件以批处理模式执行它们的命令行工具。

② mysqladmin：用于执行管理操作的客户端程序，如创建或删除数据库、重载授权表、将表刷新到硬盘上，以及重新打开日志文件；还可以用来检索版本、进程以及服务器的当前状态信息。

③ mysqlaccess：用于检查访问主机名、用户名和数据库组合的权限的脚本。

④ mysqlcheck：用于检查、修复、分析以及优化表的表维护客户端程序。

⑤ mysqlbinlog：用于从二进制日志读取语句的工具。二进制日志文件中包含执行过的语句，它们可用来帮助系统从崩溃中恢复。

⑥ perror：用于显示系统或 MySQL 错误代码含义的工具。

⑦ mysqldump：用于将 MySQL 数据库转存到一个文件（例如 SQL 语句组成的文件）的客户端程序。

⑧ mysqlhotcopy：当服务器在运行时，用于快速备份 MyISAM 或 ISAM 表的工具。

⑨ myisampack：用于压缩 MyISAM 表以产生更小的只读表。

⑩ mysql import：使用 LOAD DATA INFILE 将文本文件导入相关表的客户端程序。

⑪ mysqlshow：用于显示数据库、表、列以及索引相关信息的客户端程序。

2. MySQL 图形化工具

图形化工具能极大地方便数据库的操作与管理，常用的有 MySQL Workbench、SQLyog、Navicat for MySQL、phpMyAdmin、MySQLDumper、MySQL Gui Tools、MySQL ODBC

Connector 等。

本书主要使用 MySQL Workbench（MySQL 工作台）作为 MySQL 的图形化工具，其官网主页如图 1-37 所示。

图 1-37　MySQL Workbench 图形化工具官网主页

MySQL Workbench 是官方提供的专为 MySQL 设计的图形化集成管理工具，也是下一代的可视化数据库设计、管理工具，为数据库管理员和开发人员提供了可视化的数据库操作环境，其主要功能有数据库设计与模型建立、SQL 开发（取代 MySQL Query Browser）、数据库服务器管理（取代 MySQL Administrator）。其中，SQL 开发模块对应的功能包括 Connection 列表（包含已经建好的数据库连接）、新建一个 Connection 列表、编辑数据表、编辑 SQL 脚本、Connection 列表管理等；服务器管理模块对应的功能包括服务实例列表、新建一个服务实例、数据库的导入导出、安全管理、服务器列表管理等。

MySQL Workbench 图形化工具支持 Windows、Linux 和 macOS 等主流操作系统。

MySQL Workbench 图形化工具有两个版本：MySQL Workbench Community Edition（MySQL Workbench CE）是开源免费的社区版本；MySQL Workbench Standard Edition（MySQL Workbench SE）是按年收费的商业版本。

在图 1-30 所示的 MySQL Workbench 图形化工具初始界面中，单击图标⊕，打开图 1-38 所示的 Setup New Connection 窗口，在连接名文本框中输入 mysql，单击下方的 Test Connection 按钮，打开图 1-39 所示的对话框，输入 root 用户的密码 mysql，单击 OK 按钮。

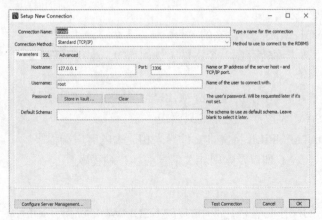

图 1-38　Setup New Connection 窗口

图 1-39　Connect to MySQL Server 对话框

测试通过后，在图 1-38 所示的窗口中，单击 OK 按钮，此时新连接创建完成，如图 1-40 所示。双击该连接图标，即可打开该连接对应的工作界面，如图 1-41 所示。

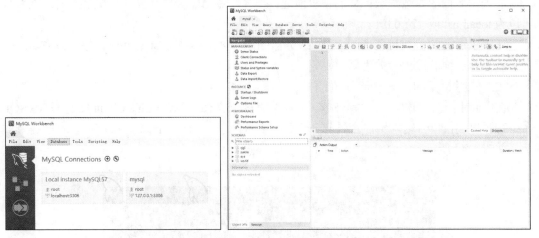

图 1-40　MySQL Workbench 图形化　　　　图 1-41　MySQL Workbench 图形化工具的工作界面

工具中已创建的连接图标

1.3.3 登录和退出 MySQL 数据库服务器

1. 登录 MySQL 数据库服务器

下面介绍以 root 用户身份登录 MySQL 数据库服务器的几种方式。

（1）使用 Windows 命令方式。

首先要配置系统环境变量 path，在 MySQL 5.7 中需要手动将 MySQL 的 bin 目录 C:\Program Files\MySQL\MySQL Server 5.7\bin 添加至其中，如图 1-42 所示。

然后在桌面上选择"开始"→"Windows 系统"→"命令提示符"，打开命令提示符窗口，输入如下命令后按 Enter 键，输入密码 mysql，按 Enter 键后如出现 mysql>提示符，表示登录成功，如图 1-43 所示。

```
mysql -h localhost -u root -p
```

图 1-42　配置系统环境变量 path　　　　图 1-43　用 Windows 命令方式登录 MySQL 数据库服务器

其中，mysql 为登录命令名，对应 MySQL 提供的命令行客户端工具 mysql.exe，它存放在 MySQL 的安装目录 bin 目录下，用于访问 MySQL 数据库。

-h 表示后面的参数为服务器的主机地址，当客户端与服务器在同一台机器上时，该参数可以为 localhost 或 127.0.0.1。

-u 表示后面的参数为登录 MySQL 服务器的用户名。-u 和 root 之间的空格可以省略。

-p 表示后面的输入参数为用户密码。

（2）使用 MySQL 命令行客户端。

在桌面上选择"开始"→"MySQL"→"MySQL 5.7 Command Line Client"，打开 MySQL 命令行客户端窗口，输入用户密码 mysql 后按 Enter 键，如出现 mysql>提示符，表示登录成功，如图 1-44 所示。

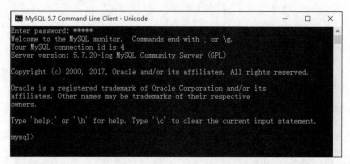

图 1-44　用 MySQL 命令行客户端登录 MySQL 数据库服务器

（3）使用图形化工具。

打开 MySQL Workbench 图形化工具，在菜单栏中选择 Database→Connect to Database，在图 1-45 所示的 Connect to Database 窗口中打开 Stored Connection 下拉列表，选择 Local instance MySQL57，单击 OK 按钮，出现图 1-46 所示的界面。

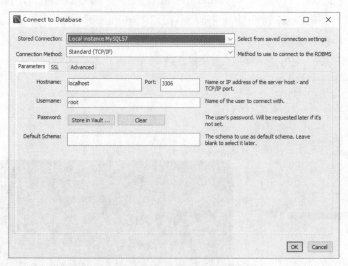

图 1-45　Connect to Database 窗口

图 1-46 左下方的 SCHEMAS 栏中是当前数据库服务器中已经创建的数据库列表。MySQL 自带几个默认的数据库，下面简要介绍 sakila 样本数据库和 World 样本数据库。

sakila 样本数据库是 MySQL 官方提供的一个模拟 DVD 租赁信息管理的数据库，它描述了 DVD 租赁系统的业务流程，可供学习测试使用。

world 样本数据库内有 3 张表（city、country、countrylanguage），表中存储了城市、国家和语言等数据，可作为学习查询时的练习数据。

在 SCHEMAS 栏的空白处使用鼠标右键单击，在弹出式菜单中选择 Refresh All 即可刷新当前数据库列表。

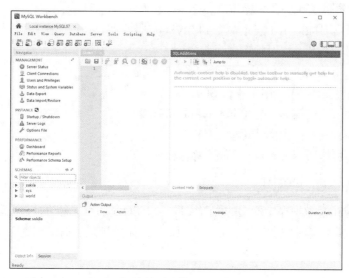

图 1-46　Local instance MySQL57 连接对应的 MySQL Workbench 图形化工具工作界面

2. 退出 MySQL 数据库服务器

在 mysql>提示符下输入命令 quit 或 exit 即可退出 MySQL 数据库服务器。

1.3.4　MySQL 的常用命令

可以在 mysql>提示符下输入 help 或\h 来查看 MySQL 的命令及其帮助信息，如图 1-47 所示。

```
List of all MySQL commands:
Note that all text commands must be first on line and end with ';'
?         (\?) Synonym for `help'.
clear     (\c) Clear the current input statement.
connect   (\r) Reconnect to the server. Optional arguments are db and host.
delimiter (\d) Set statement delimiter.
ego       (\G) Send command to mysql server, display result vertically.
exit      (\q) Exit mysql. Same as quit.
go        (\g) Send command to mysql server.
help      (\h) Display this help.
notee     (\t) Don't write into outfile.
print     (\p) Print current command.
prompt    (\R) Change your mysql prompt.
quit      (\q) Quit mysql.
rehash    (\#) Rebuild completion hash.
source    (\.) Execute an SQL script file. Takes a file name as an argument.
status    (\s) Get status information from the server.
tee       (\T) Set outfile [to_outfile]. Append everything into given outfile.
use       (\u) Use another database. Takes database name as argument.
charset   (\C) Switch to another charset. Might be needed for processing binlog
with multi-byte charsets.
warnings  (\W) Show warnings after every statement.
nowarning (\w) Don't show warnings after every statement.
resetconnection(\x) Clean session context.

For server side help, type 'help contents'
```

图 1-47　MySQL 的命令及其帮助信息

其中常用命令及用法说明如下。

① ?：可写成\?，用于显示帮助信息。

② help：可简写成\h，用于显示帮助信息。

③ clear：可简写成\c，用于清除当前输入的语句。

④ connect：可简写成\r，用于连接服务器。

⑤ exit：可简写成\q，用于退出 MySQL，和 quit 的作用相同。

⑥ quit：可简写成\q，用于退出 MySQL。

⑦ go：可简写成\g，用于发送命令到 MySQL 服务器。

⑧ print：可简写成\p，用于输出当前命令。

⑨ prompt：可简写成\R，用于改变 MySQL 的提示信息。

⑩ source：可简写成\.，用于执行 SQL 脚本文件。

⑪ status：可简写成\s，用于获取 MySQL 的状态信息。

⑫ use：可简写成\u，用于切换数据库。

⑬ charset：可简写成\C，用于切换字符集。

1.3.5 修改 MySQL 的配置

my.ini 是 MySQL 数据库中使用的配置文件，MySQL 服务器启动时会读取这个配置文件。可以使用记事本应用程序修改 my.ini 文件，从而达到修改 MySQL 配置的目的。

注意　　　每次修改 my.ini 文件中的参数后，必须重新启动 MySQL 服务才有效。

my.ini 文件中参数的具体意义如下。

1. 客户端的参数

```
[client]
port=3306        //表示 MySQL 客户端连接服务器端时使用的端口号，默认的端口号为 3306
[mysql]
default-character-set=gbk      //表示 MySQL 客户端默认的字符集
```

2. 服务器端的参数

服务器端的主要参数及相关说明如表 1-2 所示。

```
[mysqld]
port=3306            // 表示 MySQL 服务器的端口号，MySQL 服务程序 TCP/IP 监听端口，默认为 3306
basedir=C:\Program Files\MySQL\MySQL Server 5.7      //表示 MySQL 的安装路径
datadir=C:\ProgramData\MySQL\MySQL Server 5.7\Data   //表示 MySQL 数据文件的存储位置
character-set-server=gb2312            //表示服务器端的字符集
default-storage-engine=INNODB          //创建数据表时，默认使用的存储引擎
max_connections=100                    //表示允许同时访问 MySQL 服务器的最大连接数
```

表 1-2　服务器的参数及相关说明

参数	说明
port	表示 MySQL 服务器的端口号
basedir	表示 MySQL 的安装路径
datadir	表示 MySQL 数据文件的存储位置，也是数据表的存放位置
default-character-set	表示服务器端默认的字符集
default-storage-engine	表示创建数据表时，默认使用的存储引擎
sql-mode	表示 SQL 模式的参数，通过这个参数可以设置检验 SQL 语句的严格程度
max_connections	表示允许同时访问 MySQL 服务器的最大连接数。其中一个连接是保留的，留给数据库管理员专用
query_cache_size	表示查询时的缓存大小，缓存中可以存储以前通过 SELECT 语句查询到的信息，再次进行相同查询时就可以直接从缓存中提取信息，可以改善查询效率
table_open_cache	表示所有进程打开表的总数
tmp_table_size	表示内存中每个临时表允许的最大大小
thread_cache_size	表示缓存的最大线程数
myisam_max_sort_file_size	表示 MySQL 重建索引时允许的最大临时文件的大小
myisam_sort_buffer_size	表示重建索引时的缓存大小
key_buffer_size	表示关键词的缓存大小
read_buffer_size	表示 MyISAM 表全表扫描的缓存大小
read_rnd_buffer_size	表示将排好序的数据存入缓存中
sort_buffer_size	表示用于排序的缓存大小

　　在没有配置文件的情况下，MySQL 会自动检测安装目录、数据文件目录。但建议通过配置文件来指定。

　　Linux 操作系统中通常使用 my.cnf 作为配置文件名，在 Windows 操作系统中也可以使用该文件名。

　　只有安装 5.7 和 8.0 版本时需要执行命令初始化数据库。

任务 4　卸载 MySQL

　　当不再需要使用 MySQL 或者安装过程出现问题需要重新安装 MySQL 时，可以手动卸载 MySQL 及其组件。操作步骤如下。

　　① 停止处于"已启动"状态的 MySQL 相关服务。

　　② 打开控制面板，选择"控制面板"→"程序"→"程序和功能"，打开"卸载或更改程序"界面。

　　③ 在图 1-48 所示的"卸载或更改程序"界面中，找到与 MySQL 有关的组件一一删除。如右击 MySQL Server 5.7，在弹出式菜单中选择"卸载"，确认后将删除该组件。

图 1-48 "卸载或更改程序"界面

单元小结

本单元讲解了数据库、数据库管理系统和数据库系统的基本概念，介绍了基于 Windows 操作系统的 MySQL 的安装、配置、启动和使用等相关操作，为后面的学习准备好了实验平台。

实验 1 自定义安装、配置和卸载 MySQL

一、实验目的

1. 掌握 MySQL 数据库自定义安装的步骤。
2. 掌握 MySQL 的基本使用方法。
3. 掌握 MySQL 数据库的卸载方法。

二、实验内容

1. 自定义安装 MySQL。

安装 mysql community 5.7.20，安装图 1-49 所示的组件。

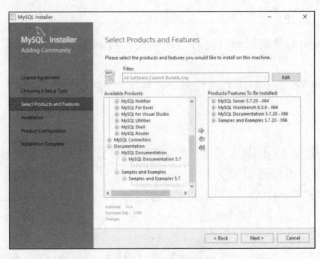

图 1-49 本次实验需要安装的 MySQL 组件

2. 下载免安装的 MySQL 软件包，解压并配置 MySQL。

三、实验步骤

1. 自定义安装 MySQL。

（1）下载 MySQL 5.7.20 安装包，在 Windows 操作系统中安装 MySQL 5.5。

（2）利用配置向导完成 MySQL 服务器配置。

（3）使用 net 命令启动和关闭 MySQL 服务器。

（4）通过 Windows 服务组件，将 MySQL 服务器改为手动启动。

（5）分别使用命令方式和 MySQL Workbench 图形化工具登录和退出 MySQL 服务器。

（6）使用 SHOW STATUS；命令查看 MySQL 服务器的状态信息。

（7）使用 SHOW DATABASES；命令查看 MySQL 服务器的默认数据库。

（8）修改 my.ini 文件，将服务器端和客户端的字符集均设置为 gb2312。

2. 卸载 MySQL。

3. 下载免安装的 MySQL 5.7.20 压缩包，解压并配置 MySQL。

四、实验报告要求

1. 实验报告分为实验目的、实验内容、实验步骤、实验心得 4 个部分。

2. 把相关的语句、实验结果和关键步骤的截图放在实验报告中。

3. 请写出详细的实验心得。

习题 1

一、选择题

1. 下列对数据的描述错误的是（　　）。
   A. 数据是反映客观事物属性的记录　　　　B. 数据是信息的载体
   C. 数据是信息的具体表现形式　　　　　　D. 数据由阿拉伯数字组成

2. 在数据库中存储的是（　　）。
   A. 数据　　　　　　　　　　　　　　　　B. 数据模型
   C. 数据以及数据之间的联系　　　　　　　D. 信息

3. 数据管理与数据处理之间的关系是（　　）。
   A. 两者是一回事　　　　　　　　　　　　B. 两者之间无关
   C. 数据管理是数据处理的基本环节　　　　D. 数据处理是数据管理的基本环节

4. 数据库系统与文件系统的主要区别是（　　）。
   A. 数据库系统复杂，而文件系统简单
   B. 文件系统不能解决数据冗余和数据独立性问题，而数据库系统可以解决
   C. 文件系统只能管理程序文件，而数据库系统能够管理各种类型的文件
   D. 文件系统管理的数据较少，而数据库系统可以管理数量庞大的数据

5. 提供数据库定义、数据操纵、数据控制和数据库维护功能的软件称为（　　）。
   A. OS　　　　　　　B. DS　　　　　　　C. DBMS　　　　　　D. DBS

6. 数据库管理系统是（　　）。
   A. 操作系统的一部分　　　　　　　　　　B. 在操作系统支持下的系统软件
   C. 一种编译系统　　　　　　　　　　　　D. 一种操作系统

7. 以下所列的数据库系统组成中，正确的是（　　　）。
   A. 计算机、文件、文件管理系统、程序
   B. 计算机、文件、程序设计语言、程序
   C. 计算机、文件、报表处理程序、网络通信程序
   D. 硬件系统、数据库管理系统、数据库、应用系统、数据库管理员、应用程序开发人员和用户

8. 数据库系统的核心是（　　　）。
   A. 数据   B. 数据库
   C. 数据库管理系统   D. 数据库管理员

9. 下述不是数据库管理员的职责的是（　　　）。
   A. 完整性约束说明   B. 定义数据库模式
   C. 保护数据库的安全   D. 数据库管理系统设计

10. 以下关于 MySQL 的说法错误的是（　　　）。
   A. MySQL 是一种关系数据库管理系统
   B. MySQL 是一种开源软件
   C. MySQL 完全支持标准的 SQL 语句
   D. MySQL 服务器工作在客户端/服务器模式下

11. 下面选项中，MySQL 用于放置控制服务器和客户端的可执行文件的安装目录是（　　　）目录。
   A. bin   B. data   C. include   D. lib

二、填空题

1. 数据管理技术的发展主要经历了_____、_____和_____阶段。
2. MySQL 数据库的超级管理员是_____。
3. 停止 MySQL 数据库服务器的命令是_____。
4. MySQL 配置文件的名称是_____。

三、简答题

1. 数据管理技术发展各阶段的特点是什么？
2. 试述数据库、数据库系统和数据库管理系统之间的关系。
3. 简述数据库管理系统的功能。
4. 数据库系统由哪些部分组成？
5. 数据库管理员有哪些职责？
6. MySQL 系统数据库有哪些？各起什么作用？
7. 如何启动和停止 MySQL 服务？
8. 简述 MySQL 5.7.20 常用管理工具的作用。
9. MySQL 客户端连接 MySQL 服务器的方法有哪些？
10. MySQL 服务、MySQL 服务实例、MySQL 服务器分别是什么？
11. 简述修改 MySQL 配置文件的方法。

单元 ② 数据库基本原理

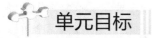 单元目标

【知识目标】

- 掌握数据模型的概念、组成和类型。
- 掌握实体-联系模型的基本概念。
- 掌握 E-R 图的组成及画法。
- 掌握关系模型的组成要素和主要特点。
- 了解数据库的三级模式结构和二级映像。
- 理解关系代数中的选择、投影和连接运算。
- 初步了解关系数据库标准语言 SQL。
- 了解数据规范化的基本概念及其范式。
- 掌握数据库设计的方法与步骤。

【能力目标】

- 能够设计具体的数据库应用系统。
- 会画 E-R 图。
- 会用范式规范数据。

【素质目标】

引导学生了解国产数据库管理系统发展的现状，增强文化自信，培养创新思维。

任务1 理解数据模型

2.1.1 数据模型

1. 数据模型的概念

模型是人们对现实世界中的事物和过程的描述及抽象表达。

数据库是相关数据的集合，它不仅反映数据本身的内容，还反映数据之间的联系。在数据库中，用数据模型这个工具来抽象、表示、处理现实世界中的数据和信息，以便计算机能够处理这些对象。因此，数据库中的数据模型是现实世界数据特征的抽象和归纳，也就是说，数据模型是用来描述数据、组织数据和对数据进行操作的。

数据模型用于描述数据库系统的静态特征、动态特征和完整性约束条件。构成数据模型的三要素为数据结构、数据操作和数据的完整性约束。

（1）数据结构。

数据结构是对数据静态特征的描述。数据的静态特征包括数据的基本结构、数据间的联系和对数据取值范围的约束。所以，数据结构是所研究对象的类型的集合。

在数据库系统中，通常按数据结构的类型来命名数据模型，如关系结构的数据模型是关系模型。

（2）数据操作。

数据操作是指对数据动态特征的描述，包括对数据进行的操作及相关操作规则。数据库的操作主要有检索和更新（包括插入、删除、修改）两大类。数据模型要定义这些操作的确切含义、操作符号、操作规则（如优先级）以及实现操作的语言。因此，数据操作完全可以看成对数据库中各种对象的操作的集合。

（3）数据的完整性约束。

数据的完整性约束是对数据静态和动态特征的限定，用来描述数据模型中数据及其联系应该具有的制约和依存规则，以保证数据正确、有效和相容。

数据模型应该反映和规定本数据模型必须遵守的、基本的、通用的完整性约束条件。例如，在关系模型中，任何关系必须满足实体完整性和参照完整性两个条件。

另外，数据模型还应该提供定义完整性约束条件的机制，特定的数据必须遵守特定的语义约束条件，如学生信息中的性别只能是男或女。

2. 数据模型的类型

数据模型一般应满足 3 个条件：数据模型要能够真实地描述现实世界；数据模型要容易理解；数据模型要能够方便地在计算机上实现。

根据数据模型应用目的的不同，可以将数据模型分为两类：一类是概念数据模型（简称概念模型），另一类是逻辑数据模型（简称逻辑模型）和物理数据模型（简称物理模型）。

概念模型也称信息模型，它是面向用户的，用于按照用户的观点来对数据和信息建模，主要用于数据库设计，与具体的数据库管理系统无关。

逻辑模型和物理模型是面向计算机系统的。逻辑模型是概念模型的数据化，用于按照计算机系统的观点对数据建模，是现实世界的计算机模拟，与使用的数据管理系统的种类有关，主要用于数据库管理系统的实现。

物理模型是对数据最底层的抽象，它用于描述数据在系统内部的表示方式和存取方法，或在磁盘或磁带上的存储方式和存取方法。物理模型的具体实现是数据库管理系统的任务。

数据模型是数据库系统的核心和基础。各种机器上实现的数据库管理系统软件都是基于某种数据模型或者支持某种数据模型的。

由于计算机不可能直接处理现实世界中的具体事物，更不能处理事物与事物之间的联系，因此必须把现实世界的具体事物转换成计算机能够处理的对象。现实世界转化为计算机世界的过程如图 2-1 所示。信息世界是现实世界在人脑中的真实反映，是对客观事物及其联系的一种抽象描述。为把现实世界中的具体事物抽象、组织为数据库管理系统支持的数据模型，人们常常首先将现实世界抽象为信息世界，然后将信息世界转换为计算机世界。具体地讲就是，首先把现实世界中的客观事物抽象为某一种信息结构（这种信息结构并不依赖具体的计算机系统，也不与具体的数据库管理系统相关，而是概念级的模型），然后把概念模型转换为计算机上某一数据库管理系统支持的数据模型。在这个过程中，将抽象出的概念模型转换成数据模型是比较直接和简单的，因此设计出合适的概念模型就显得比较重要。

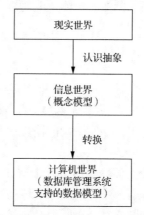

图 2-1 现实世界转化为计算机世界的过程

2.1.2 概念模型

1. 信息世界的基本概念

概念模型用于信息世界的建模，反映现实世界中的信息及其关系，能满足用户对数据的处理要求，是现实世界到信息世界的第一层抽象。概念模型也是用户和数据库设计人员之间进行交流的工具，数据库设计人员在设计初期应把主要精力放在概念模型的设计上。

信息世界中常用的概念如下所述。

（1）实体（Entity）。

客观存在并可相互区别的事物称为实体。实体可以是具体的人、事、物，如学生、课程等，也可以是抽象的概念或联系，如学生选课等。

（2）属性（Attribute）。

实体具有的某一特征或性质称为属性。一个实体可以由若干个属性来刻画，如学生实体可以用学号、姓名、专业、性别、出生时间等属性来描述。

属性的具体取值称为属性值。如（001104，严蔚敏，软件技术，男，2000-08-26，50）这些属性组合起来描述了一个具体的学生。

（3）联系（Relationship）。

在现实世界中，事物内部以及事物之间是有联系的，这些联系在信息世界中反映为两类：一类是实体内部的联系，即组成实体的各属性之间的联系；另一类是不同实体之间的联系。如学生选课实体和学生基本信息实体之间是有联系的，一名学生可以选修多门课程，一门课程可以被多名学生选修。

（4）关键字（Key）。

唯一标识实体的一个属性或多个属性的组合称为关键字。如学号是学生实体的关键字，而在学生选课关系中，学号和课程号组合在一起才能唯一标识某个学生某门课程的考试成绩。

（5）实体型（Entity Type）。

用实体名及其属性名集合来抽象和描述同类的实体，称为实体型，通常我们所说的实体就是指实体型。如学生（学号，姓名，专业，性别，出生时间，总学分，备注）就是一个实体型，它表示学生信息，不是指某一个具体的学生。

（6）实体集（Entity Set）。

同一类实体的集合称为实体集。例如，全体学生就是一个实体集。

（7）实体间的联系的类型。

实体间的联系可以分为如下 3 类。

① 一对一联系（1：1）。

如果对于实体集 A 中的每一个实体，实体集 B 中至多有一个实体与之有联系，反之亦然，则称实体集 A 与实体集 B 具有一对一联系，记为 1：1，如图 2-2（a）所示。如一所学校只有一名校长，而一名校长只能同时担任一所学校的校长职务。

② 一对多联系（1：n）。

如果对于实体集 A 中的每一个实体，实体集 B 中有 n（$n>1$）个实体与之有联系，而对于实体集 B 中的每一个实体，实体集 A 中只有一个实体与之有联系，则称实体集 A 与实体集 B 具有一对多联系，记为 1：n，如图 2-2（b）所示。如一所学校的校长和教师具有一对多联系。这类联系比较普遍。一对一联系可以看作一对多联系的一个特殊情况，即 $n=1$ 时的特例。

③ 多对多联系（m：n）。

如果对于实体集 A 中的每一个实体，实体集 B 中有 n（$n>1$）个实体与之有联系，而对于实体集 B 中的每一个实体，实体集 A 中有 m（$m>1$）个实体与之有联系，则称实体集 A 与实体集 B 具有多对多联系，记为 m：n，如图 2-2（c）所示。如一个学生可以选修多门课程，一门课程可被多名学生选修，因而学生和课程间存在多对多联系。实际上，一对多联系可以看作多对多联系的一个特殊情况。

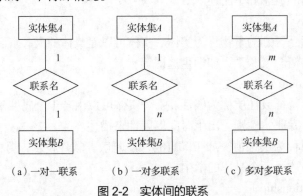

（a）一对一联系　　　（b）一对多联系　　　（c）多对多联系

图 2-2　实体间的联系

有时联系也可以有自己的属性，这类属性不属于任何实体。

2. 概念模型的表示方法

在概念模型的众多表示方法中，最常用的一种是实体-联系（E-R）方法，也称 E-R 模型。该方法用 E-R 图来描述现实世界的概念模型，可以直观地表示现实世界中各类对象的特征和对象之间的联系。下面对实体（型）、属性、联系进行简要介绍。

实体：用矩形表示，矩形内写明实体名。

属性：用椭圆形表示，椭圆形内注明属性名称，并用无向边将其与相应的实体连接起来。当属性较多时，可以将实体与其相应的属性单独用列表表示。

联系：用菱形表示，菱形内写明联系名，并用无向边将其与有关实体连接起来，同时在无向边上标注联系的类型（1：1、1：n 或 m：n）。

【例题 2.1】在学生选课的概念模型中，学生实体具有学号、姓名、专业名、性别、出生时间、总学分、备注等属性，用 E-R 图表示如图 2-3 所示。

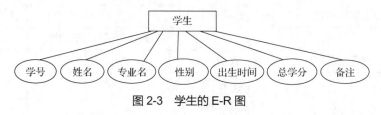

图 2-3　学生的 E-R 图

如果一个联系具有属性，也要用无向边将它们连接起来。

【例题 2.2】用 E-R 图表示学生选课的概念模型。

每个实体的属性如下。

学生的属性：学号、姓名、专业名、性别、出生时间、总学分、备注。

课程的属性：课程号、课程名、开课学期、学时、学分。

这些实体的联系为一个学生可以选修若干门课程，每门课程由多名学生选修。用 E-R 图表示如图 2-4 所示。

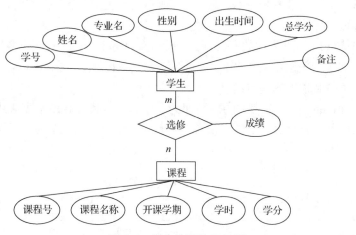

图 2-4　学生选课的 E-R 图

E-R 图是抽象和描述现实世界的有力工具。用 E-R 图表示的概念模型独立于具体的数据库管理系统支持的数据模型，它是各种数据模型的共同基础，因而比数据模型更抽象、更接近现实世界。

2.1.3　逻辑模型

数据库领域中主要的逻辑模型包括层次模型、网状模型、关系模型、面向对象数据模型、对象关系数据模型、半结构化数据模型等。表 2-1 对 4 种常用的逻辑模型做了简单的比较，本小节主要介绍关系模型。

表 2-1　4 种常用逻辑模型的比较

	层次模型	网状模型	关系模型	面向对象模型
创建时间	1968 年	1969 年	1970 年	20 世纪 80 年代
数据结构	复杂（树结构）	复杂（有向图结构）	简单（二维表）	复杂（嵌套递归）
数据联系	通过指针	通过指针	通过表间的公共属性	通过对象标识
查询语言	过程性语言	过程性语言	非过程性语言	面向对象语言
典型产品	IMS	IDS/Ⅱ IMAGE/3000 IDMS TOTAL	Oracle Sybase DB2 SQL Server Informix	ONTOS DB
盛行期	20 世纪 70 年代	20 世纪 70 年代至 20 世纪 80 年代中期	20 世纪 80 年代至现在	20 世纪 90 年代至 现在

关系模型是目前应用最广的一种数据模型，也是理论研究最完备的一种数据模型。

1. 关系模型的数据结构

关系模型的数据结构是关系。在用户看来，关系就是二维表，关系模型由一组二维表组成。下面以学生情况表为例介绍一些关系模型中常用的术语。

① 关系（Relation）：一个关系通常对应一张二维表，由行和列组成，表名即关系名。实体及实体间的联系都用二维表来表示，如表 2-2 所示的学生情况表。在数据库的物理组织中，二维表是以文件形式存储的。

② 元组（Tuple）：二维表中的一行即为一个元组（也称记录），是众多具有相同属性的对象中的一个，如学生关系中的（001104，严蔚敏，软件技术，男，2000-08-26，50）就是一个元组，记录了一名学生的基本信息。

③ 属性（Attribute）：二维表中的一列即为一个属性，代表相应数据表中存储对象的共有属性，属性的名称为属性名，属性的值称为属性值。表 2-2 中的学号、姓名等均为属性，001104 为学号的属性值。

表 2-2　学生情况表（部分显示）

学号	姓名	专业名	性别	出生时间	总学分	备注
001101	王金华	软件技术	男	2000-02-10 00:00:00	50	
001102	程周杰	软件技术	男	2001-02-01 00:00:00	50	
001103	王元	软件技术	女	2009-10-06 00:00:00	50	
001104	严蔚敏	软件技术	男	2000-08-26 00:00:00	50	
001106	李伟	软件技术	男	2000-11-20 00:00:00	50	
001108	李明	软件技术	男	2000-05-01 00:00:00	50	
001201	王稼祥	网络技术	男	1998-06-10 00:00:00	42	
001210	李长江	网络技术	男	1999-05-01 00:00:00	44	已提前修完一门课
001216	孙祥	网络技术	男	1998-03-09 00:00:00	42	

④ 域（Domain）：属性的取值范围称为属性的域。属性的域是由属性的性质及要表达的意义确定的，如学生性别的域是(男，女)。

⑤ 候选键（Candidate Key）：若关系中的某一属性或属性组的值能唯一地标识一个元组，则称该属性或属性组为候选键；候选键可以有多个。

⑥ 主键（Primary Key，PK）：关系中的某个属性或属性组能唯一确定一个元组，即确定一个实体，则该属性或属性组为主键。一个关系中的主键只能有一个，主键也被称为关键字。

如学生表中的学号可以唯一确定一个学生，因此学号是学生表的关键字。而在成绩表中，学号和课程号组合起来才能唯一地确定一个元组，所以，学号和课程号的组合称为成绩表的关键字。这种由多个属性组成的关键字称为复合关键字。

⑦ 外键或外部关键字（Foreign Key，FK）：一个关系中的属性或属性组不是本关系的主键，而是另一关系的主键，则称该属性或属性组是该关系的外键。

⑧ 关系模式（Relation Schema）：对关系的描述称为关系模式，它描述的是二维表的结构。一般表示为：关系名（属性1，属性2，…，属性n）。

例如，学生、课程、选课之间的联系在关系模型中可以表示为如下形式。

学生（学号，姓名，专业名，性别，出生时间，总学分，备注）主键：学号

课程（课程号，课程名，开课学期，学时，学分）主键：课程号

成绩（学号，课程号，成绩）主键：学号、课程号

外键：学号、课程号

⑨ 元数（Arity）：关系模式中属性的数目是关系的元数。

⑩ 分量（Component）：元组中的一个属性值称为元组的分量。

2. 关系模型的数据操作

关系模型给出了关系操作的能力，关系操作的对象和结果都是集合，主要包括以下两方面。

① 查询操作：选择（SELECT）、投影（PROJECT）、连接（JOIN）、除（DIVIDE）、并（UNION）、交（INTERSECTION）和差（DIFFERENCE）。

② 更新操作：插入（INSERT）、删除（DELETE）和修改（UPDATE）。

进行插入、删除、修改操作时要满足关系模型的完整性约束条件。

关系操作都是由关系操作语言实现的。关系模型使用的查询语言是关系代数和关系演算。关系代数用关系的运算来表达查询要求，关系演算用谓词来表达查询要求。SQL是介于关系代数和关系演算之间的语言。关系代数和关系演算也是关系数据库SQL的理论基础。

3. 关系模型的完整性约束

关系的完整性就是指关系模型的数据完整性，用于确保数据的准确性和一致性。关系模型的完整性有三大类：实体完整性、参照完整性和用户定义的完整性。其中，实体完整性和参照完整性是关系模型必须满足的完整性约束条件，称为关系的两个不变性。

（1）实体完整性。

实体完整性是指关系的关键字的所有属性都不能为空。它可确保关系中的每个元组都是可识别的、唯一的。

关系模型中的每个元组都对应客观存在的一个实例，若关系中的某个元组主键没有值，

则此元组在关系中一定没有任何意义。如在学生关系中，主键学号能够唯一地确定一个学生，如果某个学生的学号为空，则此学生将无法管理。

（2）参照完整性。

参照完整性也称引用完整性，是指两个表的主键和外键的数据对应一致。它可确保有主键的表中有对应其他表的外键的行存在。

现实世界中的实体之间往往存在某种联系，在关系模型中就自然存在关系与关系间的引用。参照完整性用于描述实体之间的引用规则，即一个实体中某个属性的值引用了另一个实体的关键字，其中引用关系称为参照关系，而被引用关系称为被参照关系，参照关系中的引用字段称为外键。关系模型中的参照完整性就是通过定义外键来实现的。

例如，学生、课程、学生与课程之间的多对多联系可以用如下 3 个关系表示。

学生（学号，姓名，专业名，性别，出生时间，总学分，备注）

课程（课程号，课程名，开课学期，学时，学分）

选修（学号，课程号，成绩）

这 3 个关系之间也存在着属性的引用，即选修关系引用了学生关系的主键"学号"和课程关系的主键"课程号"，选修关系中的"学号"值必须是确实存在的学生的学号，即学生关系中有该学生的记录，选修关系中的"课程号"值也必须是确实存在的课程的课程号，即课程关系中有该课程的记录。换句话说，选修关系中某些属性的取值需要参照其他关系的属性值。这里，选修关系是参照关系，学生关系和课程关系均是被参照关系。选修关系中的（学号，课程号）两个属性的组合是关键字，而学生关系中的学号和课程关系中的课程号分别是外键。

参照完整性就是限制一个关系中某个属性的取值受另一个关系中某个属性的取值范围的约束。不仅两个或两个以上的关系间可以存在引用关系，同一关系内部的属性间也可以存在引用关系。

参照完整性规定了关键字与外键之间的引用规则，要求主关键字必须是非空且不重复的，但对外键并无要求。外键可以有重复值，也可以为空。

（3）用户定义的完整性。

用户定义的完整性也称域完整性或语义完整性。它是指不同的关系数据库系统根据应用环境的不同，设定的一些特殊约束条件。

用户定义完整性常用于限定属性的类型及取值范围，这样可以防止属性值与数据库语义矛盾。例如学生的性别应该是男或女。

4. 关系模型的主要特点

关系模型的主要特点如下。

① 关系中的每一个数据项不可再分，是最基本的单位。

② 每一列数据项是同属性的。列数根据需要而定，且各列的顺序是任意的。

③ 每一行记录由一个事物的诸多属性构成。记录的顺序可以是任意的。

④ 一个关系可看作一张二维表，不允许有相同的字段名，也不允许有相同的记录行。

任务 2　了解数据库系统的结构

数据库系统的逻辑结构可以分为用户级、逻辑级和物理级 3 个层次，反映观察数据库的

3 种角度。

从数据库最终用户的角度看，数据库系统的结构分为单用户结构、主从式结构、分布式结构、客户端/服务器结构、浏览器/应用服务器/数据库服务器多层结构等，这是数据库系统外部的体系结构。

从数据库应用开发人员的角度看，虽然实际的数据库管理系统产品种类很多，支持不同的数据模型，使用不同的数据库语言，建立在不同的操作系统之上，数据的存储结构也各不相同，但它们在体系结构上通常都具有相同的外模式、模式和内模式三级模式结构的特征，各级模式之间通过映射关系进行联系和转换，如图 2-5 所示。这是数据库系统内部的体系结构。

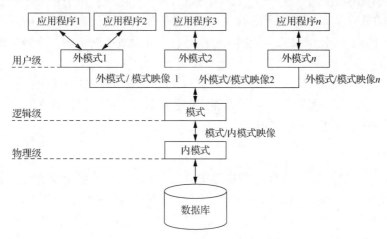

图 2-5　数据库系统的三级模式结构

2.2.1　了解数据库系统的三级模式结构

1. 模式

在数据模型中有"型"（Type）和"值"（Value）的概念。型是指某一类数据的结构和属性的说明，值是型的一个具体值。

模式（Schema）也称逻辑模式或概念模式，是数据库中全体数据的逻辑结构和特征的描述，它仅仅涉及型的描述，不涉及具体的值。模式的一个具体值称为模式的一个实例（Instance）。同一个模式可以有很多实例。例如，学生成绩管理数据库模式中，包含学生记录、课程记录和成绩记录，现在可以添加一个计算机学院的成绩管理数据库实例，也可以添加一个机电学院的成绩管理数据库实例。

因为数据库中的数据是在不断更新的，所以模式是相对稳定的，实例是相对变动的，模式反映的是数据的结构及其联系，而实例反映的是数据库某一时刻的状态。

构建数据库系统的模式结构是为了保证数据的独立性，以达到数据统一管理和共享的目的。数据的独立性包括物理独立性和逻辑独立性。物理独立性是指用户的应用程序与存储在磁盘上的数据库中的数据的相互独立性。即使数据库的逻辑结构改变了，用户的应用程序也可以不改变，这称为逻辑独立性。

数据库模式是所有用户的公共数据视图，是数据库管理员能看到的数据库，属于逻辑层抽象。它以某一种数据模型为基础，统一考虑所有用户的需求，并将这些需求有机地结合成一个逻辑整体。定义模式时不仅要定义数据的逻辑结构，还要定义数据之间的联系、与数据有关的安全性和完整性要求。数据库管理系统提供模式 DDL 来严格地定义模式。

一个数据库只有一个模式，它介于外模式与内模式之间，既不涉及数据的物理存储细节和硬件环境，也与具体的应用程序无关。

2. 外模式

外模式也称子模式或用户模式，它是数据库用户（包括应用程序开发人员和用户）能够看见和使用的局部数据的逻辑结构和特征的描述，是数据库用户的数据视图，是与某一应用程序有关的数据的逻辑表示，属于视图层抽象。

外模式通常是模式的子集。一个数据库可以有多个外模式。由于它是各个用户的数据视图，如果用户在应用需求、提取数据的方式、对数据保密的要求等方面存在差异，则其外模式描述会有所不同。即使是模式中的同一数据，它在外模式中的结构、类型、长度、保密级别等都可以不同。

每个用户只能看见和访问对应的外模式中的数据，数据库中的其余数据是不可见的，对于用户来说，外模式就是数据库。这样既能实现数据共享，又能保证数据库的安全性。数据库管理系统提供外模式 DDL 来严格定义外模式。

3. 内模式

内模式也称存储模式，是数据在数据库中的内部表示，是数据物理结构和存储方式的描述，属于物理层抽象，例如数据是否压缩存储、是否加密，数据的存储记录结构有何规定等。内模式是数据库管理系统管理的最底层。数据库管理系统提供内模式 DDL 来严格地定义内模式。一个数据库只有一个内模式。

2.2.2 了解数据库系统的两级映像

数据库系统的三级模式是对数据进行抽象的 3 个级别，为了能够在内部实现这 3 个抽象层次的联系和转换，数据库管理系统在这 3 级模式之间提供了两级映像：外模式/模式映像、模式/内模式映像。这两级映像保证了数据库系统中的数据具有较强的逻辑独立性和物理独立性。

（1）外模式/模式映像。

模式描述的是数据的全局逻辑结构，外模式描述的是数据的局部逻辑结构。同一个模式可以有多个外模式。对于每一个外模式，数据库系统都提供了一个外模式/模式映像，它定义了外模式与模式之间的对应关系。映像定义通常包含在各自外模式的描述中。

当模式改变（如增加新的关系或属性、改变属性的数据类型等）时，可由数据库管理员对各个外模式/模式映像做相应的修改，从而保持外模式不变。应用程序是依据数据的外模式编写的，因此应用程序不必修改，保证了数据与应用程序的逻辑独立性，简称数据的逻辑独立性。

（2）模式/内模式映像。

数据库中只有一个模式，也只有一个内模式，所以模式/内模式映像是唯一的，它用于定义数据全局逻辑结构与存储结构之间的对应关系。当数据库的存储结构改变（如选用了另一种存储结构），为了保持模式不变，也就是应用程序保持不变，可由数据库管理员对模式/内模式映像做相应改变。这样，就保证了数据与应用程序的物理独立性，简称数据的物理独立性。在数据库的三级模式结构中，数据库模式即全局逻辑结构，是数据库的中心与关键，它独立于数据库的其他模式。因此，设计数据库模式结构时应先确定数据库的逻辑模式。

数据库的内模式依赖于它的全局逻辑结构，但独立于数据库的用户视图，即外模式，也独立于具体的存储设备。它将全局逻辑结构中所定义的数据结构及其联系按照一定的物理存储策略进行组织，以达到较好的时间与空间效率。

数据库的外模式面向具体的应用程序，它定义在逻辑模式之上，但独立于存储模式和存储设备。当用户需求发生较大变化，相应外模式不能满足其视图要求时，外模式就要做相应的改动，所以设计外模式时应充分考虑应用程序的扩充性。

特定的应用程序是在外模式描述的数据结构上开发的，它依赖于特定的外模式，独立于数据库的模式和存储结构。不同的应用程序有时可以共用同一个外模式。数据库的两级映像保证了数据库外模式的稳定性，从而从底层保证了应用程序的稳定性，除非应用需求本身发生变化，否则应用程序一般不需要修改。

数据库的三级模式和两级映像保证了数据与应用程序之间的独立性，使得数据的定义和描述可以从应用程序中分离出去。另外，由于数据的存取由数据库管理系统管理，用户不必考虑存取路径等细节，从而简化了应用程序的开发，大大减少了应用程序的维护和修改成本。

任务 3 了解关系数据库

关系数据库是现代流行的数据管理系统中应用最普遍、最有效率的数据组织方式之一。目前常用的 Oracle、MySQL、DB2、SQL Server、Access 等数据库管理系统都是关系数据库管理系统。

关系数据库也有型和值之分。关系数据库的型也称为关系数据库模式，是对关系数据库的描述。关系数据库模式包括若干域的定义和在这些域上定义的若干关系模式。关系数据库的值是这些关系模式在某一时刻对应的关系的集合，通常称为关系数据库。

关系数据库是建立在关系模型基础上的数据库，是若干个依照关系模型设计的数据表文件的集合。一张二维表为一个数据表，数据表包含数据及数据间的关系。数据表又由若干个记录组成，而每一个记录是由若干个以字段属性加以分类的数据项组成的。

关系（二维表）有 3 种类型：基本关系（通常称为基本表或基表）、查询表和视图表。其中，基本表是实际存在的表，它是实际存储数据的逻辑表示。查询表是查询结果对应的表。视图表是由基本表或其他视图表导出的表，是虚表，不对应实际存储的数据。

关系数据库提供 SQL，SQL 是在关系数据库中定义和操作数据的标准语言。

关系数据库的优点十分突出，其结构简单，格式唯一，理论基础严格，数据表之间相对独立，同时可以在不影响其他数据表的情况下进行数据的增加、修改和删除。在进行查询时，还可以根据数据表之间的关联性，从多个数据表中查询及抽取相关的数据。

2.3.1 关系代数

在计算机上存储数据的目的是使用数据，选择好数据的组织形式后，就要确定如何使用这些数据。

关系代数是一种抽象的查询语言，它用关系的运算来表达查询。关系代数的运算对象是关系，运算结果亦为关系，它主要运用高等数学中关系代数的集合的相关理论。

关系代数的运算按运算符的不同可分为传统的集合运算和专门的关系运算两类。

① 传统的集合运算将关系看成元组的集合，其运算是从关系的行的角度进行的。它包

括并、差、交、笛卡儿积 4 种运算。

② 专门的关系运算包括选择、投影、连接和除等，它不仅涉及行而且涉及列，常用比较运算符和逻辑运算符来辅助专门的关系运算符进行操作。

关系代数中常用的运算及运算符如下。

集合运算：∪（并）、−（差）、∩（交）、×（笛卡儿积）。

关系运算：∏（投影）、σ（选择）、⋈（连接）、÷（除）。

比较运算：>（大于）、≥（大于等于）、<（小于）、≤（小于等于）、≠（不等于）。

逻辑运算：∨（或）、∧（与）、￢（非）。

下面仅对部分运算做简要介绍。

1. 投影运算

投影运算是对关系中的列（属性）进行的运算。它按给定的条件选取关系中的部分或全部列，将其重新排列后组成一个新的关系。投影运算属于单目运算。

【例题 2.3】将表 2-2 "学生情况表" 记作关系 R，它是一个 7 度关系，查询所有学生的姓名、专业名、总学分，将查询结果组成新表 "学生专业情况表"，如表 2-3 所示。

表 2-3　学生专业情况表

姓名	专业名	总学分
王金华	软件技术	50
程周杰	软件技术	50
……	……	……
刘敏	网络技术	42

将 "学生专业情况表" 记作关系 S，它是一个 3 度关系，并且是由 R 通过投影运算得到的。记作：

$$S=\prod_{\text{姓名, 专业名, 总学分}}(R)$$

2. 选择运算

选择运算是对关系中的行进行的运算，是从指定的关系中，选取满足条件的部分或全部行，组成一个新的关系。选择运算属于单目运算，选择的结果是原关系的一个子集，且关系的模型不变。

【例题 2.4】在表 2-2 所示的 "学生情况表" 中，查询网络技术专业的学生，查询得到的关系如表 2-4 所示。

表 2-4　网络技术专业学生情况表

学号	姓名	专业名	性别	出生时间	总学分	备注
001201	王稼祥	网络技术	男	1998-06-10 00:00:00	42	
001210	李长江	网络技术	男	1999-05-01 00:00:00	44	已提前修完一门课
001216	孙祥	网络技术	男	1998-03-09 00:00:00	42	
001218	廖成	网络技术	男	2000-10-09 00:00:00	42	
001220	吴莉丽	网络技术	女	1999-11-12 00:00:00	42	
001221	刘敏	网络技术	女	2000-03-18 00:00:00	42	

3. 连接运算

连接运算是按照给定的条件，把两个关系中的一切可能的组合方式拼接起来，形成一个新的关系，就是对两个关系进行笛卡儿积的选择运算。连接运算是双目运算。

连接运算中有两种很重要也很常用的连接：等值连接和自然连接。

（1）等值连接。

如果两个关系 R 和 S 中分别存在数目相等且可比的属性组 A 和 B，在 R 和 S 的笛卡儿积中选取 A、B 属性值相等的元组称为等值连接。

【例题 2.5】将学生关系和选课关系进行连接，能得到学生及其选课的情况，如表 2-5（关系 R）和表 2-6（关系 S）。查询关系 R 和 S 中姓名属性值相等的元组。

表 2-5　关系 R

学号	姓名	计算机基础	C 程序设计	数据结构
001201	程周杰	67	75	81
001210	李长江	98	85	70
001220	吴莉丽	87	84	76

表 2-6　关系 S

学号	姓名	Oracle 数据库
001201	程周杰	90
001210	李长江	85
001216	孙祥	84
001218	廖成	86
001220	吴莉丽	78
001221	刘敏	83

则关系 R 与 S 等值连接的结果如表 2-7 所示。

表 2-7　关系 R 与 S 等值连接的结果

学号	姓名	计算机基础	C 程序设计	数据结构	学号	姓名	Oracle 数据库
001201	程周杰	67	75	81	001201	程周杰	90
001210	李长江	98	85	70	001210	李长江	85
001220	吴莉丽	87	84	76	001220	吴莉丽	78

（2）自然连接。

自然连接是一种特殊的等值连接，它要求两个关系中进行比较的属性组的值必须相同，并且在结果中把重复的属性去掉。

自然连接是最常用的一种连接运算，在关系运算中起着重要作用。

【例题 2.6】例题 2.5 中关系 R 和 S 的自然连接结果如表 2-8 所示。

表 2-8　关系 R 与 S 的自然连接结果

学号	姓名	计算机基础	C 程序设计	数据结构	Oracle 数据库
001201	程周杰	67	75	81	90
001210	李长江	98	85	70	85
001220	吴莉丽	87	84	76	78

由此可见，查询时应考虑优化，以便提高查询效率。如果有可能，应当首先进行选择运算，使关系中元组的个数尽量少，然后进行投影运算，使关系中属性的个数较少，最后进行连接运算。

2.3.2　关系数据库标准语言 SQL

SQL 是关系数据库的标准语言。它是 1974 年由博伊斯（Boyce）和钱伯林（Chamberlin）提出，并在 IBM 公司 System R 原型系统上实现的，经各数据库厂商的不断修改、扩充和完善，SQL 成为了一种通用的、功能极强的、简单易学的关系数据库的语言，得到了业界的认可，大多数数据库用 SQL 作为共同的数据存取语言和标准接口。目前很多数据库厂商的数据库产品支持 SQL-92 标准，但对 SQL 做了一些修改和补充，所以不同数据库产品的 SQL 存在少量的差别。

1. SQL 的主要特点

SQL 具有数据查询（Data Query）、数据操纵（Data Manipulation）、数据定义（Data Definition）和数据控制（Data Control）功能，其主要特点如下。

① 综合统一。SQL 集 DDL、DML、DCL 的功能于一体，语言风格统一，可用于独立完成数据库生命周期中的全部活动，包括定义关系模式、插入数据、创建数据库；对数据库中的数据进行查询和更新；数据库重构和维护；数据库安全性、完整性控制等。这就为数据库应用系统的开发提供了良好的环境。

另外，关系模型中数据结构的单一性使数据操作符具有统一性，查找、插入、删除、更新等每一种操作都只需一种操作符，操作比较简单。

② SQL 是非过程化的语言。

③ SQL 采用面向集合的操作方式。

④ 以同一种语法结构提供多种使用方式。SQL 既是独立的语言，又是嵌入式语言。用户可以用联机交互的方式对数据库进行操作，也可以将其嵌入高级语言（如 C 语言、C++、Java）程序中使用。在两种不同的使用方式中，SQL 的语法结构基本是一致的。

⑤ 语言简洁，易学易用。SQL 十分简洁，其核心功能只涉及 SELECT、CREATE、ALTER、DROP、INSERT、UPDATE、DELETE、GRANT、REVOKE 等 9 个动词。

此外，SQL 支持数据库管理系统的三级模式结构，模式对应基本表，外模式对应视图或部分基本表，内模式对应存储文件。

2. SQL 的组成

SQL 由以下几部分组成。

（1）DDL。

DDL 用于执行数据库的任务，对数据库以及数据库中的各种对象进行创建、删除、修改等操作。DDL 的主要语句及功能如表 2-9 所示。

表 2-9 DDL 的主要语句及功能

语句	功能	说明
CREATE	创建数据库或数据库对象	不同数据库对象的 CREATE 语句的语法形式不同
ALTER	对数据库或数据库对象进行修改	不同数据库对象的 ALTER 语句的语法形式不同
DROP	删除数据库或数据库对象	不同数据库对象的 DROP 语句的语法形式不同

（2）DML。

DML 用于操纵数据库中的各种对象，检索和修改数据。DML 的主要语句及功能如表 2-10 所示。

表 2-10 DML 的主要语句及功能

语句	功能	说明
SELECT	从表或视图中检索数据	使用最频繁的 SQL 语句之一
INSERT	将数据插入表或视图中	
UPDATE	修改表或视图中的数据	既可修改表或视图的一行数据，也可修改一组或全部数据
DELETE	从表或视图中删除数据	可根据条件删除指定的数据

（3）DCL。

DCL 用于安全管理，确定哪些用户可以查看或修改数据库中的数据，DCL 的主要语句及功能如表 2-11 所示。

表 2-11 DCL 的主要语句及功能

语句	功能	说明
GRANT	授予权限	可把语句许可或对象许可的权限授予其他用户和角色
REVOKE	收回权限	与 GRANT 语句的功能相反，但不影响某用户或角色从其他角色中作为成员继承许可权限

以上 SQL 语句的具体用法将会在后面逐一讲解。

任务 4 实现关系的规范化

在创建一个具体的关系数据库时，需要确定构造几个关系模式，每个关系模式由哪些属性组成。由于思考的角度不同，不同的人设计同一个数据库时，标识的实体和实体的属性可能不一样。要找到一个最优的方案，则需要使用一些规则对数据库的设计进行规范。一个好的模式应当不会发生插入异常、删除异常和更新异常，数据冗余应尽可能少。

规范化理论认为，关系数据库中的每一个关系都要满足一定的规范。规范化的关系简称范式（Normal Form，NF）。根据满足规范的条件不同，可以分为第一范式（1NF）、第二范式（2NF）、第三范式（3NF）、BC 范式（BCNF）、第四范式（4NF）和第五范式（5NF）。各种范式之间的关系为 1NF⊃2NF⊃3NF⊃BCNF⊃4NF⊃5NF。

其中，1NF 满足规范的条件最低，5NF 满足规范的条件最高。

一个低一级范式的关系模式通过模式分解可以转换为若干个高一级范式的关系模式的集合，这个过程就叫规范化（Normalization）。通常情况下，能够达到 3NF 或 BCNF，就能减少数据冗余，消除插入异常、删除异常和更新异常，从而基本满足规范化的要求。关系模型的规范化理论是研究如何将一个不好的关系模型转化为一个比较好的关系模型的理论，它是围绕范式而创建的。下面简要介绍关系数据库的几种常用范式。

2.4.1 第一范式（1NF）

在关系数据库中，对关系模式的基本要求是满足第一范式，这样的关系模式就是合法的、允许的。第一范式是指数据表的每一列都是不可分割的基本数据项，同一列中不能有多个值，即实体中的某个属性不能有多个值或者不能有重复的属性。由此可见，第一范式主要针对列进行规范化。

从用户角度看，关系的逻辑结构是一个二维表，每个表代表一类信息（实体）的集合，但事实上不是所有的二维表都是关系。

例如，将学号、姓名、联系电话组成一张表，但一个学生可能有一个移动电话和一个家庭电话，所以这张表就不是关系。将其规范成第一范式有以下 3 种方法。

① 重复存储学号和姓名，关键字是联系电话。

② 学号为关键字，联系电话分为移动电话和家庭电话。

③ 学号为关键字，但每条记录只能有一个联系电话，要么是移动电话，要么是家庭电话。

以上 3 种方法中，第一种方法最不可取，按实际情况选取后两种方法。

这种将非关系的二维表转化为关系，就是关系规范化的过程。通过规范化可以使从数据库中得到的结果更加准确。

2.4.2 第二范式（2NF）

第二范式是在第一范式的基础上建立起来的，即满足第二范式必须先满足第一范式。

有些满足第一范式的关系模式存在插入异常、删除异常、修改复杂、数据冗余等问题。例如，在分析学生基本信息时，得到表 2-12 所示的表。

表 2-12 学生基本信息表

学号	姓名	专业名	性别	出生日期	课程号	成绩	学分	备注
190001	张三	软件技术	男	1999-09-10	100	95	5	必修
190002	李四	网络技术	男	2000-01-01	150	90	4	必修

表 2-12 用于保存学生基本信息，其中包括学生学号、姓名及课程成绩等信息，如果要删除其中的一个学生，就必须同时删除一个相应的成绩，规范化就是要解决这个问题。可以将这个表转化为两个表，一个用于存储每个学生的基本信息，另一个用于存储每个学生的成绩信息，这样对其中一个表进行添加或删除操作都不会影响另一个表。分解后的关系如表 2-13 和表 2-14 所示。

表 2-13 学生表

学号	姓名	专业名	性别	出生日期
190001	张三	软件技术	男	1999-09-10
190002	李四	网络技术	男	2000-01-01

表 2-14 成绩表

课程号	成绩	学分	备注
100	95	5	必修
150	90	4	必修

第二范式要求数据表中的每个实例或行必须可以被唯一地区分。为实现区分通常需要为表加上一个列，以存储各个实例的唯一标识。例如表 2-12 学生基本信息表中添加了学号列，因为每个学生的学号是唯一的，因此每个学生可以被唯一区分。这个唯一列被称为主键。

第二范式要求实体的属性完全依赖主键。完全依赖是指不能存在仅依赖主键一部分的属性。如果存在，那么这个属性和主键这一部分应该被分离出来形成一个新的实体，新实体与原实体之间具有一对多关系。

换言之，第二范式是指数据表中不存在非关键字段对任一候选关键字段的部分函数依赖（部分函数依赖指的是存在复合关键字中的某些字段决定非关键字段），即所有非关键字段都完全依赖于任意一组候选关键字。

数据库的设计范式是数据库设计需要满足的规范，满足这些规范的数据库是简洁的、结构明晰的，同时，不会发生插入、删除和更新操作异常。反之，数据库会比较混乱，可能会有大量不需要的冗余信息，给数据库应用程序开发人员制造麻烦。

【例题 2.7】在选课关系表 SelectCourse（学号，姓名，出生时间，课程名称，成绩，学分）中，关键字为复合关键字（学号，课程名称），因为存在如下决定关系：（学号，课程名称）→（姓名，出生时间，成绩，学分）。

这个数据表不满足第二范式，因为存在如下决定关系：（课程名称）→（学分）；（学号）→（姓名，出生时间）。

即存在复合关键字中的字段决定非关键字的情况。

由于不符合第二范式，这个选课关系表会存在如下问题。

（1）数据冗余。

同一门课程由 n 个学生选修，学分就重复 $n-1$ 次；同一个学生选修 m 门课程，姓名和出生时间就重复 $m-1$ 次。

（2）更新异常。

若调整了某门课程的学分，数据表中所有行的学分值都要更新，否则会出现同一门课程学分不同的情况。

（3）插入异常。

假设要开设一门新的课程，暂时还没有人选修。这时，由于还没有"学号"关键字，课程名称和学分也无法录入数据库。

（4）删除异常。

假设一批学生已经完成课程的选修，这些选修记录就应该从数据表中删除。但是，与此同时，课程名称和学分信息也被删除了。很显然，这也会导致插入异常。

假设把选课关系表 SelectCourse 改为如下 3 个表。

学生：xs（学号，姓名，出生时间）。

课程：kc（课程名称，学分）。

成绩：cj（学号，课程名称，成绩）。

这样的数据表是符合第二范式的，它已消除了数据冗余、更新异常、插入异常和删除异常。

另外，所有单关键字的数据表都符合第二范式，因为其中不可能存在复合关键字。

2.4.3　第三范式（3NF）

在第二范式的基础上，第三范式要求一个数据表中不包含已在其他表中包含的非主键信息。

例如，存在一个班级信息表，其中每个班级都有班级编号、班级名、班级简介等信息。那么在学生信息表中列出班级编号后就不能再将班级名、班级简介等与班级有关的信息加入学生信息表中。如果不存在班级信息表，则根据第三范式创建它，否则就会有大量的数据冗余。

换言之，第三范式是指在第二范式的基础上，数据表中不存在非关键字段对任一候选关键字段的传递函数依赖。所谓传递函数依赖，指的是如果存在"A→B→C"的决定关系，则C的传递函数依赖于A。因此，满足第三范式的数据表应该不存在依赖关系：关键字段→非关键字段 x→非关键字段 y。

假定学生关系表为 Student（学号，姓名，出生时间，所在学院，学院地点，学院电话），关键字为单一关键字"学号"，因为存在如下决定关系：（学号）→（姓名，出生时间，所在学院，学院地点，学院电话）。这个数据库是符合第二范式的，但是不符合第三范式，因为存在如下决定关系：（学号）→（所在学院）→（学院地点，学院电话）。

即存在非关键字段学院地点、学院电话对关键字段学号的传递函数依赖。

显然它也存在数据冗余、更新异常、插入异常和删除异常的问题。

如果把学生关系表分为如下两个表。

学生：（学号，姓名，出生时间，所在学院）。

学院：（学院，地点，电话）。

则这样的数据表是符合第三范式的，它已消除了数据冗余、更新异常、插入异常和删除异常。

2.4.4　BC 范式（BCNF）

鲍依斯—科得范式（Boyce Codd Normal Form，BCNF）是由鲍依斯（Boyce）和科德（Codd）提出的，比 3NF 又进了一步，通常认为是修正的第三范式。

BC 范式是指在第三范式的基础上，数据表中如果不存在任何字段对任一候选关键字段的传递函数依赖。

【例题 2.8】假设学生基本信息管理关系表为 StudentManage（学生 ID，班级 ID，班主任 ID，学生姓名，班级名），且存在一名学生在一个班级里，一个班里有一名班主任的关系。这个数据表中存在如下决定关系：（学生 ID，班级 ID）→（学生姓名，班级名，班主任 ID）；

（班主任 ID，学生 ID）→（班级名，班级 ID）。

所以，（学生 ID，班级 ID）和（班主任 ID，学生 ID）都是 StudentManage 表的候选关键字，表中非候选关键字不存在传递函数依赖，它是符合第三范式的。但是，由于存在如下决定关系：（学生 ID）→（班级 ID，班主任 ID）；（班主任 ID，班级 ID）→（学生 ID）。

即存在关键字段决定关键字段的情况，所以它不符合 BC 范式。它会出现如下异常情况。

（1）删除异常。

当班主任信息被清除后，所有"学生 ID"和"学生姓名"信息被删除的同时，"班级 ID"和"班级名"信息也会被删除。

（2）插入异常。

当班级里没有分配班主任时，无法给班级添加学生信息。

（3）更新异常。

如果班主任更换了，则表中所有行的班主任 ID 都要修改。

假设把学生基本信息管理关系表分解为两个关系表。

学生信息管理：StudentManage（学生 ID,学生姓名，班级 ID）。

班级信息管理：Class（班级 ID，班级名，班主任 ID）。

这样的数据表是符合 BC 范式的，它已消除了删除异常、插入异常和更新异常。

总之，关系模式规范化目的是使结构更合理，消除插入异常、删除异常和更新异常，使数据冗余尽量少，便于插入、删除和更新数据。

关系模式规范化的基本思想是逐步消除数据依赖中不合适的部分，使模式中的各关系模式达到某种程度的"分离"，让一个关系模式描述一个实体或实体间的一种联系。

关系模式规范化的方法是将关系模式投影分解为两个或两个以上的模式。

如果一个关系模式中的每一个属性都是不可再分的数据项，则称它满足第一范式。消除第一范式中非主属性对码的部分函数依赖，则得到第二范式。消除第二范式中非主属性对码的传递函数依赖，则得到第三范式。消除第三范式中主属性对码的部分函数依赖和传递函数依赖，则得到 BC 范式。消除 BC 范式中非平凡且非函数依赖的多值依赖，则得到第四范式。

任务5　了解数据库设计的过程

在实际项目开发中，如果系统的数据存储量较大，涉及的表较多，表与表之间的关系比较复杂，就必须先规范地设计数据库，然后创建数据库和表。

数据库设计是指对于一个给定的应用环境，设计优化的数据库的逻辑模式和物理结构，并据此创建数据库及其应用系统，使之能够有效地存储和管理数据，满足用户的应用需求，包括信息管理需求和数据操作需求。

数据库设计的目标是为用户提供一个高效、安全的数据库，满足用户的使用需求。良好的数据库设计表现为访问效率高；减少数据冗余，节省存储空间，便于进一步扩展；可以使应用程序的开发变得更容易。

数据库设计一般分为以下 6 个阶段，其中，需求分析和概念结构设计可以独立于任何数据库管理系统进行，逻辑结构设计和物理结构设计与选用的数据库管理系统密切相关。要创建一个完善的数据库是不可能一蹴而就的，往往要反复进行这 6 个阶段。

1. 数据库的需求分析

需求分析简单地说就是分析用户的要求。需求分析是数据库设计的第一步，是比较困难和耗费时间的一步，也是整个设计过程的基础。

需求分析阶段的主要任务是通过与用户沟通，充分调查研究，搜集基础数据，逐步明确用户对系统的需求，包括数据需求和业务处理需求，确定系统的功能，最终得到系统需求分析说明书。

需求分析做得是否充分和准确，直接决定了创建数据库的速度与质量。需求分析做得不好，会导致整个数据库设计返工重做。

2. 数据库的概念结构设计

将需求分析得到的用户需求抽象为概念模型的过程就是概念结构设计。它是整个数据库设计的关键。

概念结构设计的任务主要包括两个方面：概念数据库模式设计和事务设计。通常采用自顶向下、自底向上逐步求精的方法进行概念结构设计，产生多层 E-R 图。概念结构设计大致分为 3 步进行：对数据进行抽象并设计局部 E-R 图；将各局部 E-R 图进行合并，形成初步 E-R 图；消除不必要的冗余，形成基本的 E-R 图。

概念模型的作用是与用户沟通，确认系统的信息和功能。E-R 图主要用于在项目团队内部、设计人员和客户之间进行沟通，确认需求信息的正确性和完整性。

3. 数据库的逻辑结构设计

逻辑结构设计的任务是将概念结构设计阶段设计好的概念模型转换为与使用的数据库管理系统支持的数据模型相符合的逻辑模型，并对其进行优化，定义数据完整性、安全性，评估性能。

在关系数据库中，将 E-R 图转换为多张表，进行逻辑结构设计，确认各表的主键和外键，并应用数据库设计的三大范式进行审核，对其进行优化。在这个阶段，E-R 图非常重要，要根据各个实体定义的属性来画出总体的 E-R 图。

4. 数据库的物理结构设计

数据库在物理设备上的存储结构与存取方法称为数据库的物理结构，它依赖于选定的数据库管理系统、系统硬件环境和存储介质性能。

为一个设计好的逻辑数据模型选取一个最符合应用要求的物理结构的过程，就是数据库的物理结构设计。

物理结构设计的任务是确定数据库的物理结构（主要指确定数据的存放位置和存储结构，包括确定关系、索引、聚簇、日志、备份等的存储安排和存储结构，确定系统配置等），对物理结构的时间和空间效率进行评价和修改。

确定 E-R 图后，根据项目的技术实现、团队开发能力及项目的成本预算，选择具体的数据库（如 MySQL 或 Oracle 等）进行物理结构设计。

5. 数据库的实施

数据库实施的主要任务是运用数据库管理系统提供的数据库语言（如 SQL）、工具及宿主语言（如 Java），根据逻辑结构设计和物理结构设计的结果创建数据库、编制与调试应用程序、装载数据、试运行数据库。

6. 数据库的运行和维护

数据库进入运行阶段并不意味着数据库设计的结束，还需要在运行过程中对数据库进行不断地评价、调整与修改。数据库维护过程中的主要任务是对数据库和日志文件进行备份，对数据库的安全性、完整性进行控制，对数据库性能进行监督、分析和改进，对数据库进行重组和重构等。

单元小结

通过对本单元的学习，读者应理解了数据模型的 3 个世界、组成要素和结构分类；掌握了概念模型中的常用概念、实体间的 3 类联系、E-R 图的画法；理解了数据库系统三级模式/两级映像的体系结构；掌握了关系模型中常用的术语，了解了关系代数中传统的集合运算和专门的关系运算，初步了解了关系数据库标准语言 SQL；能初步运用关系规范化理论，使设计的数据库在结构上清晰、在操作上可避免数据冗余和操作异常；初步了解了数据库设计的基本方法和基本步骤。

数据库中的数据是按照一定的数据模型组织、描述和存储的。数据模型是数据库系统的核心和基础，是对现实世界的抽象描述。数据模型包括数据结构、数据操作和完整性约束 3 部分。

实体-联系模型是采用 E-R 图来描述现实世界的概念模型。E-R 图的组成元素有实体集、属性和联系。

现有的逻辑模型包括层次模型、网状模型和关系模型等。以二维表为基础结构建立的模型称为关系模型。

从数据库管理系统的角度看，数据库系统通常采用三级模式结构，即数据库系统由外模式、模式和内模式组成。两级映像机制保证了数据库系统的数据独立性，数据独立性包括逻辑独立性和物理独立性。

关系数据库中的关系必须满足一定级别的范式。目前关系模式有 6 种范式，一般来说，数据库设计只需要满足第三范式即可。

数据库设计分为 6 个阶段，即需求分析、概念结构设计、逻辑结构设计、物理结构设计、数据库的实施与数据库的运行和维护。

实验 2 设计人力资源管理数据库

一、实验目的

1. 掌握数据库设计的基本步骤和方法。
2. 设计一个人力资源管理数据库。

二、实验内容

对于如下人力资源管理的有关信息，设计一个人力资源管理数据库。

① employees 表的结构：员工号、名、姓、电子邮箱、手机号、聘用日期、工作号、工

资、佣金比、部门编号、经理编号。

② departments 表的结构：部门编号、部门名称、经理编号、地区编号。

③ jobs 表的结构：工作号、工作名、最低工资、最高工资。

④ job_history 表的结构：员工号、入职时间、离职时间、工作号、部门编号。

三、实验步骤

将数据表设计成如下形式。

（雇员编号，雇员姓名，邮箱，电话，入职日期，岗位名称，工资，奖金，部门名称，部门经理姓名，地区名称，最低工资，最高工资，辞职日期）。

这个数据表符合第一范式，但是没有任何一组候选关键字能决定数据表的整行，唯一的关键字段"雇员编号"也不能完全决定整个元组。需要增加部门 ID、经理 ID、岗位 ID、地区 ID 字段，即将表修改为如下形式。

（雇员编号，姓名，邮箱，电话，入职日期，岗位编号，岗位名称，工资，奖金，部门编号，部门名称，部门经理编号，部门经理姓名，地区编号，地区名称，最低工资，最高工资，辞职日期）。

这样数据表中的关键字（雇员 ID、部门 ID、经理 ID、岗位 ID、地区 ID）就能决定整行，即（雇员 ID、部门 ID、经理 ID、岗位 ID、地区 ID）→（姓名，邮箱，电话，入职日期，岗位名称，工资，奖金，部门名称，部门经理姓名，地区名称，最低工资，最高工资，辞职日期）。

但是，这样的设计不符合第二范式，因为存在如下决定关系。

（雇员 ID）→（姓名，邮箱，电话，入职日期，岗位名，工资，奖金）。

（部门 ID）→（部门名）。

（经理 ID）→（部门经理姓名）。

（岗位 ID）→（岗位名，最低工资，最高工资）。

（地区 ID）→（地区名）。

即非关键字段部分函数依赖于候选关键字段，很明显，这个设计会导致大量的数据冗余和操作异常。

将数据表分解为如下形式。

① employees 表的结构。

员工号，名，姓，电子邮箱，手机号，聘用日期，工作号，工资，佣金比，部门编号，经理编号。

② departments 表的结构。

部门编号，部门名称，地区编号。

③ departments 表的结构。

经理编号，经理姓名，地区编号。

④ jobs 表的结构。

工作号，工作名，最低工资，最高工资。

⑤ job_history 表的结构。

员工号，入职时间，离职时间，工作号，部门编号。

⑥ locations 表的结构。

位置号，街区地址，邮编，城市，省份，国家编号。

⑦ countries 表的结构。

国家编号，国家名，区域编号。

⑧ regions 表的结构。

地区编号，地区名。

这样的设计是满足第一、第二、第三范式和 BC 范式要求的，但是这样的设计不一定是最好的，分析如下。

观察可知，部门信息表中的"部门名称"和经理信息表中的"经理编号"之间具有 1∶1 的联系，因此可以把经理信息合并到部门信息表中，这样可以适量地减少数据冗余。新的设计如下。

① employees 表的结构。

员工号，名，姓，电子邮箱，手机号，聘用日期，工作号，工资，奖金，部门编号，经理编号。

② departments 表的结构。

部门编号，部门名称，经理编号，地区编号。

③ jobs 表的结构。

工作号，工作名，最低工资，最高工资。

④ job_history 表的结构。

员工号，入职时间，辞职时间，工作号，部门编号。

⑤ locations 表的结构。

地区号，街区地址，邮编，城市，省份，国家编号。

⑥ countries 表的结构。

国家编号，国家名，区域编号。

⑦ regions 表的结构。

地区编号，地区名

习题 2

一、选择题

1. 用二维表来表示实体与实体之间联系的数据模型称为（   ）。

    A. 层次模型   B. 网状模型   C. 关系模型   D. 数据的结构描述

2. 假设在某个公司中，一个部门有多名职工，一名职工只能属于一个部门，则部门与职工之间的联系是（   ）。

    A. 一对一   B. 一对多   C. 多对多   D. 不确定

3. 反映现实世界中实体及实体间联系的信息模型是（   ）。

    A. 关系模型   B. 层次模型   C. 网状模型   D. E-R 模型

4. 数据库三级模式体系结构的划分，有利于保持数据库的（   ）。

    A. 数据独立性   B. 数据安全性   C. 结构规范化   D. 操作可行性

5. 下面关于关系性质的说法中，错误的是（　　）。

    A. 表中的一行称为一个元组　　　　　　B. 行与列的交叉点不允许有多个值

    C. 表中的一列称为一个属性　　　　　　D. 表中的任意两行可能相同

6. 同一个关系模型的任意两个元组值（　　）。

    A. 不能全同　　　　B. 可全同　　　　C. 必须全同　　　　D. 以上都不是

7. 在关系模型中，一个关键字（　　）。

    A. 可由多个任意属性组成

    B. 至多由一个属性组成

    C. 可由一个或多个其值能唯一标识该关系模式中任何元组的属性组成

    D. 以上都不是

8. 关系数据库管理系统应能实现的专门关系运算包括（　　）。

    A. 排序、索引、统计　　　　　　　　　B. 选择、投影、连接

    C. 关联、更新、排序　　　　　　　　　D. 显示、输出、制表

9. 关系数据库中的投影操作是指从关系中（　　）。

    A. 抽出特定记录　　　　　　　　　　　B. 抽出特定字段

    C. 创建相应的映像　　　　　　　　　　D. 创建相应的图形

10. 在订单管理系统中，客户一次可以订购多种商品（只产生一张订单）。有订单关系 R（订单号，日期，客户名称，商品编码，数量），则 R 的主键是（　　）。

    A. 订单号　　　　　　　　　　　　　　B. 订单号，客户名称

    C. 商品编码　　　　　　　　　　　　　D. 订单号，商品编码

11. 下面的选项中不是关系数据库基本特征的是（　　）。

    A. 不同的列应有不同的数据类型　　　　B. 不同的列应有不同的列名

    C. 行的次序可以任意交换　　　　　　　D. 列的次序可以任意交换

12. 下面关于范式的说法正确的是（　　）。

    A. 第一范式包含其他几个范式，所以它满足的条件最高

    B. 通常在解决一般性问题时，只要把数据规范到第三范式就可以满足需要

    C. 范式就是规范数据库系统的"法律"

    D. 范式是从第一范式到第五范式，所以共有 5 个范式

13. 下面关于函数依赖的叙述中，不正确的是（　　）。

    A. 若 X→Y，Y→Z，则 X→YZ　　　　B. 若 XY→Z，则 X→Z，Y→Z

    C. 若 X→Y，Y→Z，则 X→Z　　　　　D. 若 X→Y，Y′包含 Y，则 X→Y′

14. 设有关系模式 R（A，B，C，D）和 R 上的函数依赖集 FD={ A→B，B→C}，则 R 的主键应是（　　）。

    A. A　　　　　　B. B　　　　　　C. AD　　　　　　D. CD

15. 关系模型中的关系模式至少满足（　　）范式。

    A. 第一　　　　　B. 第二　　　　　C. 第三　　　　　D. BC

16. 关系模式 R 中的属性全部是主键，则 R 的最高范式必定是（　　）范式。

    A. 第二　　　　　B. 第三　　　　　C. BC　　　　　　D. 第四

二、填空题

1. 数据库系统的核心是_____。

2. 常见的逻辑模型有_____、_____、_____和_____。

3. 数据库系统的三级模式结构是指_____、_____和_____。

4. 二维表中的列称为关系的____；二维表中的行称为关系的____。

5. 关键字是_____决定关系的属性全集。

6. 从关系规范化理论的角度讲，一个只满足第一范式的关系可能存在 4 个方面的问题：数据冗余度大、修改异常、插入异常和_____。

7. 如果一个满足第一范式关系的所有属性合起来组成一个关键字，则该关系最高满足的范式是_____（在第一范式、第二范式、第三范式范围内）。

三、简答题

1. 什么是概念模型？概念模型的表示方法是什么？

2. 解释概念模型中的常用术语：实体、属性、联系、属性值、关键字、实体型、实体集。

3. 什么是外模式、模式和内模式？试述数据库系统的三级模式结构是如何保证数据的独立性的。

4. 试述数据库系统的两级映像功能。

5. 解释关系模型中的常用术语：关系、元组、属性、关键字、外键、关系模式。

6. 简述关系模型与关系模式的区别与联系。

7. 关系模型的完整性约束包含哪些方面？各有什么含义？

8. 范式有哪几种？简述数据规范化的作用。

9. 简述数据库设计的步骤。

四、分析班级、学生和课程之间的关系，并画出 E-R 图。

五、设计一个图书馆借阅管理数据库。图书馆借阅管理数据库的信息如下。

1. 每种图书属于一个图书类别，每个图书类别有多种图书，每种图书有 ISBN、书名、版次、类型、作者、出版社、价格、可借数量和库存数量。

2. 每本图书有图书编号、ISBN、状态和状态更新时间。

3. 每个读者属于一个读者类型，每个读者类型有多个读者。每个读者有读者编号、姓名、类型、证件号、性别、联系方式、登记日期、有效日期、已借书数量和是否挂失。

4. 每个读者可以借阅多本图书，每本图书可以被多次借阅。每条借阅记录有借阅编号、图书编号、读者编号、借阅日期、到期日期、处理日期和状态。

先画出图书馆借阅管理数据库的 E-R 图，再将其转换成关系模型。

单元 ③ 创建与管理数据库

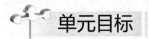

单元目标

【知识目标】

- 熟练掌握使用命令方式创建和管理数据库的方法。
- 掌握使用 MySQL Workbench 图形化工具创建和管理数据库的方法。
- 了解 MySQL 的体系结构。
- 理解存储引擎的概念、类型以及实际应用中的选择原则。
- 了解 MySQL 数据库的文件结构，了解数据目录和数据库文件的种类与作用。

【技能目标】

- 会使用命令方式创建和管理数据库。
- 会使用 MySQL Workbench 图形化工具创建和管理数据库。

【素质目标】

深入理解多种存储引擎的作用，培养创新思维和探索能力。

数据库可以看作一个专门存储数据对象的容器。数据库的逻辑结构设计好之后，就可以使用 MySQL 数据库管理系统来创建和管理数据库。创建和管理数据库既可以使用 MySQL Workbench 等图形化工具，也可以使用 SQL 语句。本单元将讲解在 MySQL 数据库管理系统中如何创建和管理学生成绩管理数据库。

任务1 创建学生成绩管理数据库

3.1.1 使用命令创建和查看学生成绩管理数据库

使用命令创建和查看 MySQL 的数据库

（1）查看 MySQL 的数据库。

可使用SHOW DATABASES语句来查看当前用户权限范围以内的数据库，其语法格式如下。

```
SHOW DATABASES [LIKE '数据库名'];
```

其中，[ ]中的内容是可选的。若省略，表示查看所有数据库。

"LIKE '数据库名'"用于匹配指定名称的数据库，数据库名用西文单引号引起来。

【例题 3.1】查看当前用户可查看的所有数据库。

执行如下语句。

```
mysql> SHOW DATABASES;
```

微课视频

3-1 创建学生成绩
管理数据库

结果如下。

```
+--------------------+
| Database           |
+--------------------+
| information_schema |
| mysql              |
| performance_schema |
| sakila             |
| sys                |
| world              |
+--------------------+
6 rows in set (0.00 sec)
```

由此可知，MySQL 中有 information_schema、mysql、performance_schema、sakila、sys 和 world 这 6 个系统数据库。

系统数据库主要用于存放、管理用户权限和其他数据库的信息，如数据库名、数据库中的对象及访问权限等。这 6 个系统数据库各自的功能如下。

① mysql：MySQL 的核心数据库，主要负责存储数据库用户、用户访问权限等 MySQL 需要使用的控制和管理信息，比如在 mysql 数据库的 user 表中修改 root 用户密码。

② information_schema：主要存储系统中的一些数据库对象信息，比如用户表、列、权限、字符集和分区等信息。

③ performance_schema：主要用于收集数据库服务器的性能参数。

④ sys：MySQL 5.7 安装完成后会出现一个 sys 数据库；sys 数据库主要提供一些视图，数据都来自 performance_schema，主要让开发者和使用者能更方便地查看性能问题。

⑤ sakila：MySQL 官方提供的样本数据库，该数据库共有 16 张表，这些数据表都是比较常见的，在设计数据库时，可以参照这些样例数据表来快速完成所需的数据表。

⑥ world：MySQL 自动创建的数据库，该数据库中只包括 3 张数据表，分别保存城市、国家和国家使用的语言等内容。

（2）创建 MySQL 的数据库。

可以使用 CREATE DATABASE 语句创建数据库，其语法格式如下。

```
CREATE DATABASE [IF NOT EXISTS] 数据库名
[[DEFAULT] CHARACTER SET 字符集名]
[[DEFAULT] COLLATE 校对规则名];
```

数据库名：要创建的数据库名称。MySQL 的数据存储区以目录方式表示 MySQL 数据库，因此数据库名称必须符合操作系统的文件夹命名规则，不能以数字开头。通常，数据库的名称都是有实际意义的，以便直观地看出数据库是用来存放什么数据的，如学生成绩管理数据库可命名为 cjgl。

数据库名和表名的默认大小写取决于服务器主机的操作系统在命名方面的规定。所以，运行在 Windows 操作系统的 MySQL 服务器也不用区分数据库名和表名的大小写，但运行在 Linux 操作系统的则需要区分大小写。

说明

IF NOT EXISTS：在创建某数据库之前进行判断，只有该数据库目前尚不存在时才能执行此操作，这样可以避免数据库已经存在而重复创建的错误。

[DEFAULT] CHARACTER SET：指定数据库的字符集。指定字符集的目的是避免在数据库中存储的数据出现乱码。如果不指定，就使用系统默认的字符集。

[DEFAULT] COLLATE：指定字符集的默认校对规则。

注意

MySQL 的字符集和校对规则是两个不同的概念。字符集用来定义 MySQL 存储字符串的方式，校对规则用来定义比较字符串的方式。

【例题 3.2】创建学生成绩管理数据库 cjgl。

执行如下语句。

```
mysql> CREATE DATABASE cjgl;
```

结果如下。

```
Query OK, 1 row affected (0.00 sec)
```

可使用 SHOW DATABASES 语句显示所有数据库名，执行如下语句。

```
mysql> SHOW DATABASES;
```

结果如下。

```
+--------------------+
| Database           |
+--------------------+
| information_schema |
| cjgl               |
| mysql              |
| performance_schema |
| sakila             |
| sys                |
| world              |
+--------------------+
7 rows in set (0.00 sec)
```

也可只显示新建的数据库。

```
mysql> SHOW DATABASES LIKE 'cjgl';
+-----------------+
| Database (cjgl) |
+-----------------+
| cjgl            |
+-----------------+
1 row in set (0.00 sec)
```

3.1.2 使用 MySQL Workbench 图形化工具创建数据库

打开 MySQL Workbench 图形化工具，在 SCHEMAS 栏的空白处单击鼠标右键，在弹出式菜单中选择 Create Schema…，可打开创建数据库的界面，如图 3-1 所示。

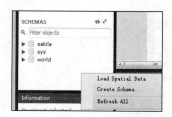

图 3-1 选择 Create Schema...

在"Name"文本框中输入数据库的名称 cjgl，在 Collation 下拉列表中选择数据库指定的字符集，如选择 Server Default，如图 3-2 所示。

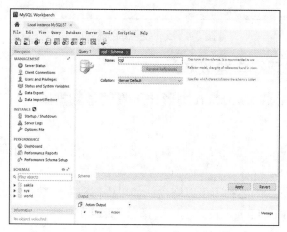

图 3-2 用 MySQL Workbench 图形化工具创建 cjgl 数据库

如果不手动选择字符集和排序规则，系统将会自动采用默认值。

单击 Apply 按钮，打开图 3-3 所示的 Apply SQL Script to Database 对话框，单击 Apply 按钮，在弹出的对话框中单击 Finish 按钮，完成 cjgl 数据库的创建。此时，在 SCHEMAS 栏中会出现 cjgl 数据库图标，如图 3-4 所示。

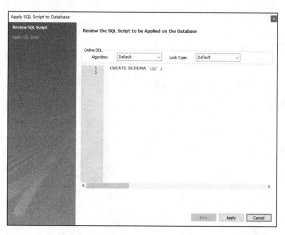

图 3-3 Apply SQL Script to Database 对话框

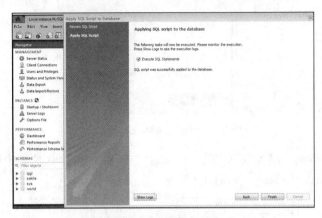

图 3-4　cjgl 数据库创建完成

任务 2　管理学生成绩管理数据库

3.2.1　使用 MySQL Workbench 图形化工具管理数据库

1. 修改数据库

在 SCHEMAS 栏中，右击需要修改的 cjgl 数据库，在图 3-5 所示的弹出式菜单中选择 Alter Schema…，弹出修改数据库的界面。

在本界面中，数据库的名称不可以修改。如果要修改 cjgl 数据库的字符集为 gb2312，可在 Collation 下拉列表中选择 gb2312-gb2312_chinese_ci，如图 3-6 所示。

微课视频

3-2　使用 MySQL Workbench 图形化工具管理数据库

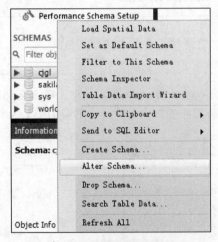

图 3-5　修改数据库的弹出式菜单

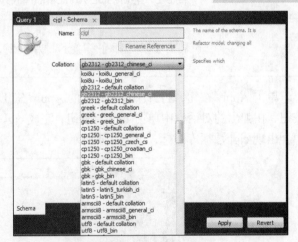

图 3-6　修改数据库界面

单击 Apply 按钮，打开图 3-7 所示的对话框，单击 Apply 按钮，在弹出的对话框中单击 Finish 按钮，完成对 cjgl 数据库的修改。

2. 设置默认数据库

在 SCHEMAS 栏中，右击要指定为默认数据库的 cjgl 数据库，在图 3-5 所示的弹出式菜单中

图 3-7　Apply SQL Script to Database 对话框

选择 Set As Default Schema，SCHEMAS 栏中的 cjgl 字体会加粗显示，如图 3-8 所示。

3．删除数据库

在 SCHEMAS 栏中，右击需要删除的 cjgl 数据库，在图 3-5 所示的弹出式菜单中选择 Drop Schema…，弹出 Drop Schema 对话框，如图 3-9 所示。

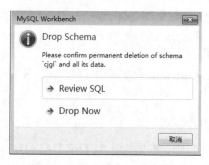

图 3-8　cigl 加粗显示　　　　图 3-9　Drop Schema 对话框

如果选择 Review SQL，将显示删除数据库操作对应的 SQL 语句，如图 3-10 所示，单击 Execute 按钮即可删除 cjgl 数据库。如果选择 Drop Now，则直接执行删除数据库操作。

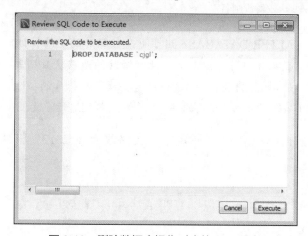

图 3-10　删除数据库操作对应的 SQL 语句

3.2.2　使用命令管理数据库

1．选择数据库

在 MySQL 中，只能对当前数据库及其中存储的数据对象进行操作。

创建 cjgl 数据库之后，该数据库不会自动成为当前数据库，需要使用 USE 语句将其指定为当前数据库。

USE 语句的语法格式如下。

3-3　使用命令管理数据库

```
USE <数据库名>
```

通过 USE 语句指定的数据库将保持为默认数据库，直到语段的结尾，或者遇见一个不同的 USE 语句。

【例题 3.3】创建数据库 mytest，指定字符集为 UTF-8，并把它设置为默认数据库。

执行如下语句。

```
mysql> CREATE DATABASE mytest CHARACTER SET UTF8;
mysql> USE mytest;
```

执行完以上语句后，如果出现 Database changed 提示，表示选择数据库成功。

打开 mytest 数据库的配置文件 db.opt，可以看到以下两行内容。

```
default-character-set=utf8
default-collation=utf8_general_ci
```

如果后续 mytest 数据库中创建的表没有指定字符集和排序规则，那么数据表将采用 db.opt 文件中指定的值。

2. 修改数据库

在 MySQL 中，可以使用 ALTER DATABASE 语句来修改已经存在的数据库的相关参数。其语法格式如下。

```
ALTER DATABASE [数据库名] {
[ DEFAULT ] CHARACTER SET <字符集名> |
[ DEFAULT ] COLLATE <校对规则名>}
```

（1）ALTER DATABASE 用于更改数据库的全局特性。

（2）数据库名称可以忽略，此时修改的是默认数据库。

（3）使用 ALTER DATABASE 需要获得数据库的 ALTER 权限。

（4）只能对数据库使用的字符集和校对规则进行修改，不能修改数据库的名称。

【例题 3.4】将数据库 mytest 的指定字符集修改为 gb2312，将默认校对规则修改为 gb2312_chinese_ci。

执行如下语句。

```
mysql> ALTER DATABASE mytest CHARACTER SET gb2312 COLLATE gb2312_chinese_ci;
```

结果如下。

```
Query OK, 1 row affected (0.00 sec)
```

执行如下语句。

```
mysql> SHOW CREATE DATABASE mytest;
```

结果如下。

```
+----------+---------------------------------------------------------------------+
| Database | Create Database                                                     |
+----------+---------------------------------------------------------------------+
| mytest   | CREATE DATABASE `mytest` /*!40100 DEFAULT CHARACTER SET gb2312 */ |
+----------+---------------------------------------------------------------------+
1 row in set (0.00 sec)
```

3. 删除数据库

当数据库不需要再使用时应该将其删除，以确保数据库存储空间中存放的是有效数据。

删除数据库是将已经存在的数据库从磁盘空间中清除，清除之后，数据库中的所有数据也将一同被删除。

在 MySQL 中，可以使用 DROP DATABASE 语句删除已创建的数据库。其语法格式如下。

```
DROP DATABASE [ IF EXISTS ] <数据库名>
```

（1）DROP DATABASE 用于删除数据库和其中存储的所有数据库对象及数据，且删除的数据库不能恢复。

（2）数据库名：用于指定要删除的数据库。

（3）IF EXISTS：用于防止当数据库不存在时删除数据库发生错误。

【例题 3.5】删除数据库 mytest。

执行语句及结果如下。

```
mysql> DROP DATABASE mytest;
Query OK, 0 rows affected (0.00 sec)
```

使用 DROP DATABASE 语句删除数据库时，MySQL 不会给出任何提示或确认信息。

如果删除不存在的数据库，系统会报错，示例如下。

```
mysql> DROP DATABASE mytest;
ERROR 1008 (HY000): Can't drop database 'mytest'; database doesn't exist
```

为避免这种情况发生，可使用 IF EXISTS 子句。

```
mysql> DROP DATABASE IF EXISTS mytest;
Query OK, 0 rows affected, 1 warning (0.00 sec)
```

任务 3　了解 MySQL 的结构

3.3.1　了解 MySQL 的体系结构

1. MySQL 的体系结构

MySQL 是基于客户端/服务器架构的数据库管理系统。首先启动客户端，然后通过相关命令告知数据库服务器进行连接以完成各种操作，数据库服务器处理后，将结果返回给客户端。

客户端可以是 MySQL 提供的工具（如 MySQL Workbench、SQLyog）、脚本语言、Web 应用开发语言（如 JSP 和 PHP）和程序设计语言（如 Java、C、C++）等。

服务器为 MySQL DBMS。服务器软件运行在称为数据库服务器的计算机上。

客户端和服务器可以安装在同一台计算机上，但实际工作中通常安装在不同的计算机上。

MySQL 的体系结构如图 3-11 所示。

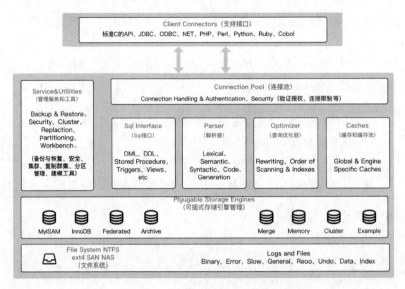

图 3-11　MySQL 体系结构图

Connectors 指的是与 MySQL 交互的使用不同语言（如 Java、PHP 等）开发的应用程序。

MySQL 整体主要分为 Server 层和存储引擎层。

Server 层主要用于完成 MySQL 大多数的核心服务功能，包括连接器、查询缓存、分析器、优化器、执行器，同时还包括一个日志模块，这个日志模块的所有执行引擎都可以共用。

（1）连接池。

连接池（Connection Pool）是为了解决资源频繁分配、释放造成的问题，为数据库连接创建的一个"缓冲池"。其作用为管理用户的连接、线程处理等需要缓存的需求，如进行身份验证、线程重用、连接限制、内存检查、数据缓存等。

其原理为预先在缓冲池中放入一定数量的连接，当需要建立数据库连接时，只需从缓冲池中取出一个连接，使用完毕之后再放回去。

（2）管理服务和工具。

管理服务和工具（Management Services & Utilities）是系统管理和控制工具，用于从备份和恢复、安全、复制、集群、管理、配置、迁移和元数据等方面管理数据库。

（3）SQL 接口。

SQL 接口（SQL Interface）接收用户的 SQL 命令，并且返回给用户查询的结果，从而进行 DML、DDL、存储过程、视图、触发器等的操作和管理。

（4）解析器。

SQL 语句传递到解析器（Parser）的时候会被解析器验证和解析（权限和语法结构）。

解析器将 SQL 语句分解成数据结构，如果遇到错误，SQL 语句将不会继续执行下去；否则，将分解的数据结构传递到后续步骤，后面 SQL 语句的传递和处理就基于这个数据结构。

（5）查询优化器。

SQL 语句在查询之前会使用查询优化器（Optimizer）对查询进行优化，即产生多种执行计划，数据库选择最优的方案执行，并尽快返回结果。其使用的是"选取—投影—连接"策略进行查询。

例如，SELECT id,name FROM user WHERE age = 20;，该查询先根据 WHERE 语句进行选取，而不是先将 user 表的数据全部查询出来以后再依据 age 进行过滤；该查询先根据 id 和 name 进行属性投影，而不是将属性全部取出以后再进行过滤；将这两个查询条件连接起来生成最终查询结果。

（6）缓存。

缓存组件由一系列小缓存组成，如表缓存、记录缓存、key 缓存、权限缓存等。缓存有 buffer 和 cache 两个，其中 buffer 用于写缓存，cache 用于读缓存。

如果查询缓存有对应的查询结果，查询语句就可以直接从查询缓存中取数据。

插件式的存储引擎负责 MySQL 中数据的存储和提取。存储引擎层包含多种常用的存储引擎，MySQL 5.7 常用的存储引擎有 MyISAM、InnoDB、BDB、MEMORY、ARCHIVE 等类型，每个存储引擎都有它的优势和劣势。

服务器通过 API 与存储引擎进行通信。API 包含几十个底层函数，用于执行有关操作。这些接口屏蔽了不同存储引擎之间的差异，使得这些差异对上层的查询过程透明。存储引擎不会解析 SQL 语句，不同存储引擎之间也不会互相通信，而只是简单地响应上层服务器的请求。

MySQL 5.7 支持的文件系统类型有 NTFS、UFS、EXT2/3、EXT4、NFS、SAN、NAS。

MySQL 5.7 支持的数据文件和日志文件类型有 Redo、Undo、Data、Index、Binary、Error、Query 和 Slow。

2. SQL 语句的执行过程

MySQL 数据库通常不会被应用程序直接使用，而是由应用程序通过 SQL 语句调用 MySQL，由 MySQL 处理并返回执行结果，如图 3-12 所示。

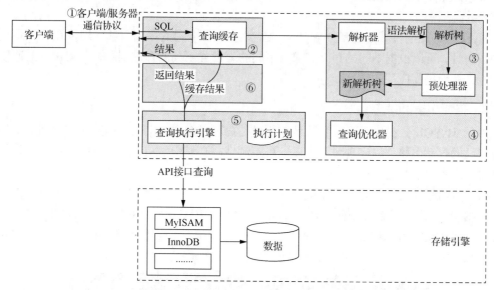

图 3-12 MySQL 中 SQL 语句的执行过程图

MySQL 接收到 SQL 语句后，先通过 Connectors 与应用程序进行交互，请求被接收到后，会暂时存放在连接池中并由管理服务和工具管理。当请求从等待队列进入处理队列时，管理器会将请求传递给 SQL 接口。SQL 接口接收到请求后，将请求进行 Hash 处理并与缓存中的

Hash 值进行对比，如果完全匹配，则直接通过缓存返回处理结果；否则，执行下面的流程。

① 由 SQL 接口传给解析器，解析器会判断 SQL 语句正确与否，若正确则将其转化为内部数据结构。

② 解析器处理完后，传给查询优化器，查询优化器会产生多种执行计划，最终数据库会选择最优方案执行，并尽快返回结果。

③ 确定最优执行计划后，SQL 语句传给存储引擎处理，存储引擎将从后端的存储设备中取得相应的数据，并原路返回给应用程序。

同时，它还会将查询的语句、执行结果等进行 Hash 处理，并保留在缓存 cache 中，以便更快速地处理下一次相同的请求。

3.3.2 认识存储引擎

1. 存储引擎的概念

存储引擎（Engine）是 MySQL 中具体的与文件打交道的子系统，它根据 MySQL AB 公司提供的文件访问层的一个抽象接口来定制一种文件访问机制（这种访问机制就叫存储引擎），也是 MySQL 最具有特色的一个地方。而 Oracle 和 SQL Server 等关系数据库系统都只提供一种存储引擎，数据存储的管理机制都一样。

存储引擎就是数据的存储技术。数据库的存储引擎决定了数据表在计算机中的存储方式，不同的存储引擎提供不同的存储机制、索引技巧、锁定水平等功能，使用不同的存储引擎还可以实现特定的功能。

MySQL 数据库管理系统使用数据存储引擎进行创建、查询、更新和删除数据操作。由于在关系数据库中，数据是以表的形式存储的，因此存储引擎也可以称为表类型（即存储和操作表的类型）。

MySQL 采用插件式的存储引擎架构，提供了多个不同的存储引擎，用户在处理不同类型的数据时，可以根据不同的存储需求为不同的表设置不同的存储引擎，获得额外的速度或者功能，从而提高应用的效率。

2. 存储引擎的类型

由于 MySQL 数据库具有开源特性，所以用户可以根据 MySQL 预定义的存储引擎接口编写自己的存储引擎，以实现最大程度的可定制性。存储引擎可以分为 MySQL 官方存储引擎和第三方存储引擎。

（1）查看系统支持的存储引擎类型。

MySQL 支持的存储引擎有 InnoDB、MyISAM、MEMORY、MERGE、ARCHIVE、CSV、BDB、EXAMPLE、NDB Cluster、BLACKHOLE、FEDERATED 等类型。可以通过语句 SHOW ENGINES;查询当前 MySQL 支持的存储引擎类型，如图 3-13 所示。

图 3-13　查看当前系统支持的存储引擎类型

参数说明如下。

① Engine：指存储引擎名称。

② Support：表示 MySQL 是否支持该类存储引擎，YES 表示支持，NO 表示不支持，DEFAULT 表示该存储引擎为当前默认的存储引擎。

③ Comment：指对该存储引擎的说明。

④ Transactions：表示是否支持事务处理。

⑤ XA：表示是否支持分布式交易处理的 XA 规范。

⑥ Savepoints：表示是否支持保存点，以便事务回滚到保存点。

（2）查看和修改默认存储引擎。

如果需要操作默认存储引擎，需要先查看默认存储引擎。可以通过语句 SHOW VARIABLES LIKE 'default_storage_engine%';来查询系统默认的存储引擎。

执行如下语句。

```
mysql> SHOW VARIABLES LIKE 'default_storage_engine%';
```

结果如下。

```
+----------------------------------+--------+
| Variable_name                    | Value  |
+----------------------------------+--------+
| default_storage_engine           | InnoDB |
+----------------------------------+--------+
1 row in set, 1 warning (0.01 sec)
```

由此可知，此时默认存储引擎为 InnoDB。

也可以通过语句 SET default_storage_engine=MyISAM;临时修改数据库的默认存储引擎。执行语句和结果如下。

```
mysql> SET default_storage_engine=MyISAM;
Query OK, 0 rows affected (0.04 sec)
mysql> SHOW VARIABLES LIKE 'default_storage_engine%';
+----------------------------------+--------+
| Variable_name                    | Value  |
+----------------------------------+--------+
| default_storage_engine           | MyISAM |
+----------------------------------+--------+
1 row in set, 1 warning (0.01 sec)
```

此时，MySQL 的默认存储引擎变成了 MyISAM。

当再次启动客户端时，默认存储引擎仍然是 InnoDB。

3. 几种常用的存储引擎

（1）InnoDB 存储引擎。

InnoDB 是 MySQL 5.5 版本之后最重要、使用最广泛的一种默认存储引擎，用来处理大量短期（Short-Lived）事务。InnoDB 存储引擎提供了具有提交、回滚和崩溃恢复能力的事务安全。InnoDB 的性能和自动崩溃恢复特性，使得它在非事务型存储中也很流行，在 MySQL 中一般优先使用该存储引擎。

InnoDB 存储引擎的主要特点如下。

① InnoDB 支持 4 种隔离级别的事务。默认的事务隔离级别是可重复读（Repeatable Read），InnoDB 使用一种称为 Next-Key Locking 的策略避免幻读。

② InnoDB 使用行级锁。

③ InnoDB 存储引擎的表的物理组织形式为簇表，其数据通过主键组织，即主键与数据在一起，按主键的顺序进行物理分布。在 MySQL 5.6 之后 InnoDB 也支持全文索引。

④ InnoDB 可实现缓冲管理，不仅能缓冲索引，而且能索引数据。

⑤ InnoDB 支持外键，能较好地保持数据的一致性。

⑥ InnoDB 支持热备份，具有良好的容灾性。

InnoDB 的设计借鉴了很多 Oracle 的架构思想，它由一系列后台线程和一个大的内存池组成，其体系架构如图 3-14 所示。后台进程可保证缓存池和磁盘数据的一致性，并保证数据异常宕机时能恢复到正常状态。

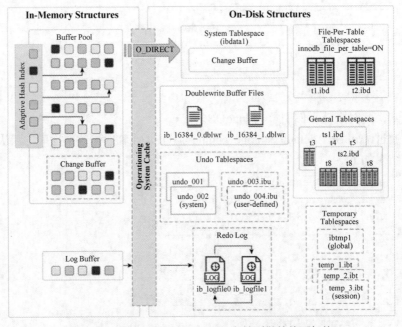

图 3-14　MySQL 5.7 的 InnoDB 存储引擎的体系架构

在 InnoDB 存储引擎中，存储结构分为逻辑存储结构和物理存储结构。

从 InnoDB 存储引擎的逻辑存储结构看，所有数据都被逻辑地存放在一个空间中，该空间称为表空间（tablespace），表空间又由段（segment）、区（extent）、页（page）组成，页中又包含行的概念（即一条一条的数据）。

从 InnoDB 存储引擎的物理存储结构看，InnoDB 的存储文件由共享表空间文件（ibdata1）、独立表空间文件（ibd）、表结构文件（.frm）以及日志文件等组成。

表空间可分为系统表空间（共享表空间）、file-per-table 表空间（独立表空间）、临时表空间、通用表空间和 Undo 表空间。

①系统表空间 System Tablespace。

系统表空间包含 InnoDB 数据字典、Doublewrite Buffers、Change Buffers 和 Undo Logs 的存储区域。默认情况下，系统表空间还包含任何用户在系统表空间中创建的表数据和索引数据。系统表空间是一个共享表空间。系统表空间可以对应文件系统上一个或多个数据文件。默认情况下，InnoDB 会在数据目录中创建一个名为 ibdata1、可自扩展大小的文件。

需要注意的是，在一个 MySQL 服务器中，系统表空间只有一个。

② 独立表空间。

在 MySQL5.6.6 以及之后的版本中，InnoDB 并不会默认把各个表的数据存储到系统表空间中，而是为每一个表建立一个独立表空间。系统会在该表所属数据库对应的子目录下创建一个表示该独立表空间的文件，文件名和表名相同，扩展名为 ibd。独立表空间只存放数据、索引和插入缓冲 Bitmap 页，其他的数据如回滚信息、插入缓冲索引页、系统事务信息、二次写缓冲等还是存放在原来的系统表空间中。

③ 其他类型的表空间。

临时表空间（temporary tablespace）有两种类型：会话临时表空间（session temporary tablespaces）和全局临时表空间（global temporary tablespace）。当 InnoDB 配置为磁盘上内部临时表的存储引擎时，会话临时表空间存储用户创建的临时表和优化器创建的内部临时表。全局临时表空间（ibtmp1）存储对用户创建的临时表所做更改的回滚段。当 MySQL 服务器正常关闭或异常终止时，临时表空间将在每次启动时删除并重新创建。

撤销表空间（Undo Tablespaces）由一个或多个撤销日志文件组成。

通用表空间（general tablespace）是使用 CREATE TABLESPACE 语法创建的共享 InnoDB 表空间。可以在 MySQL 数据目录之外的其他表空间中创建公共表空间，其作用是可以保存多个表并支持所有行格式。

（2）MyISAM 存储引擎。

MyISAM 是主要的非事务处理存储引擎。它提供了大量的特性，包括全文索引、压缩、空间函数，广泛应用在 Web 和数据仓库应用环境下，但不支持事务和等级锁，崩溃后无法安全恢复。由于 MyISAM 存储引擎设计简单，数据以紧密格式存储，对只读的数据性能较好。

　　相对于 MyISAM 存储引擎，InnoDB 的处理效率差一些，并且会占用更多的磁盘空间以保留数据和索引。

（3）MEMORY 存储引擎。

MEMORY 存储引擎将表中的数据存放在内存中，不需要进行磁盘的输入或输出，且支持 Hash 索引，因此查询速度非常快，主要适用于目标数据较小，且被非常频繁访问的情况。如果数据库重启或崩溃，数据会丢失，因此它非常适合存储临时数据。

（4）CSV 存储引擎。

CSV 存储引擎可将普通的 CSV 文件（在存储数据时，以逗号作为数据项之间的分隔符的文件）作为 MySQL 的表来处理。CSV 引擎可以在数据库运行时复制文件，将 Excel 电子表格软件中的数据存储为 CSV 文件，并复制到 MySQL 的数据目录中，就可以在 MySQL 中打开。

（5）ARCHIVE 存储引擎。

ARCHIVE 非常适合存储归档数据，如日志信息。它只支持 INSERT 和 SELECT 操作，其设计的主要目的是提供高速的插入和压缩功能。

4. 存储引擎的选择

在使用 MySQL 数据库管理系统时，使用合适的存储引擎，将会提高整个数据库的性能。然而选择一个合适的存储引擎是一个非常复杂的问题。不同的存储引擎有各自的特性、优势和使用的场合。为了能够正确地选择存储引擎，必须区分清楚各种存储引擎的特性。3 种常用存储引擎的性能比较如表 3-1 所示。

表 3-1　3 种常用存储引擎的性能比较

特点	MyISAM	InnoDB	MEMORY
存储限制	有	64TB	有
事务安全		支持	
锁机制	表锁	行锁	表锁
B-Tree 索引	支持	支持	支持
Hash 索引			支持
全文索引	支持		
集群索引		支持	
数据缓存		支持	支持
索引缓存	支持	支持	支持
数据可压缩	支持		
空间使用	低	高	
内存使用	低	高	中等
批量插入的速度	高	低	高
支持外键		支持	

要根据业务场景、数据特点、数据存储需要等各方面综合考虑，以选择合适的存储引擎。

① 如果业务的应用过程中需要高并发，就需要考虑数据库的存储引擎的锁级别，行级锁的并发性能要远高于表级锁。

② 数据的具体应用以及业务的繁杂处理是否需要用到数据库的事务支持等。

③ 数据的操作特点：如果需要频繁更新、删除数据等，就要考虑使用 InnoDB；如果数据量特别大，但只是单纯的数据增长，则考虑使用 MyISAM；如果数据量较小，且用于记录临时数据，则选择 MEMORY。

InnoDB 支持事务，并且提供行级的锁定，应用也相当广泛。如果要提供提交、回滚和崩溃恢复能力的事务安全，并要求实现并发控制，InnoDB 是个很好的选择。

MyISAM 查询速度快，有较好的索引优化和数据压缩技术。但是它不支持事务。如果数据表主要用来插入和查询记录，则 MyISAM 引擎能提供较高的处理效率。

MEMORY 适合存储临时数据。如果只是临时存放数据，数据量不大，并且不需要较强的数据安全性，可以选择将数据保存在内存中的 MEMORY 引擎，MySQL 中使用该引擎存放查询的中间结果。

ARCHIVE 适合存储历史数据。如果只有 INSERT 和 SELECT 操作，可以选择 ARCHIVE 存储引擎，ARCHIVE 存储引擎支持高并发的插入操作，但其本身并不是事务安全的。ARCHIVE 存储引擎非常适合存储归档数据，如记录日志信息。

使用哪一种引擎要根据需要灵活选择，一个数据库中的多个表可以使用不同存储引擎以满足各种性能和实际需求。

3.3.3　了解 MySQL 的文件结构

MySQL 的数据存储位置是通过 MySQL 的配置文件 my.ini 文件中设置的 MySQL 数据储存目录确定的，如下所示。

```
datadir=C:/ProgramData/MySQL/MySQL Server 5.7/Data
```

MySQL 的每个数据库都对应存放在一个与数据库同名的文件夹中。

由于 MySQL 使用可插拔的存储引擎，因此 MySQL 数据库文件分为两类，即 MySQL 创建并管理的数据库文件和 MySQL 所用存储引擎创建的数据库文件。

1. MySQL 创建并管理的数据库文件

MySQL 创建并管理的数据库文件存放在 MySQL 的数据存储目录中，主要有以下几种文件类型。

（1）参数文件。

Windows 操作系统中 MySQL 的配置参数文件是 my.ini，MySQL Server 5.7 默认安装在目录 C:/ProgramData/MySQL/MySQL Server 5.7 下。

my.ini 文件是 MySQL 服务器端和客户端主要的配置文件，包括编码集、默认引擎、最大连接数等设置。当 MySQL 实例启动时，MySQL 会先读取此配置文件，以寻找数据库的各种文件所在位置以及指定某些初始化参数，这些参数通常定义了某种内存结构有多大等。默认情况下，MySQL 实例会按照一定的顺序在指定位置读取。

Linux 操作系统中 MySQL 的配置文件是 my.cnf。

可以使用语句 SHOW VARIABLES 查看数据库中的所有参数，也可以通过 LIKE 来过滤参数名。

（2）日志文件。

MySQL 的日志文件用来记录 MySQL 实例对某种条件做出响应时写入的数据，和使用的具体存储引擎无关。

MySQL 的日志文件有下面几种类型。

① 错误日志文件用于对 MySQL 的启动、运行、关闭过程进行记录。该文件不仅记录所有的错误信息，也记录一些警告信息或正确的信息，默认情况下以.err 结尾。

MySQL 数据库管理员在遇到问题时应该先查看该文件以便定位问题。

---

② 二进制日志文件用于记录所有对 MySQL 数据库执行的更改操作，但是不包括 SELECT 和 SHOW 这类对数据本身没有修改的操作。二进制日志文件主要起帮助恢复和复制数据的作用。在默认情况下不启动，需要手动指定参数启动。

③ 查询日志文件用于记录所有的数据库请求，即使这些请求没有得到正确的执行。

④ 慢查询日志文件用于记录运行时间比较长的 SQL 语句。慢查询日志文件主要用于协助数据库管理员定位可能存在问题的 SQL 语句，从而进行 SQL 语句层面的优化。默认情况下不启动，可通过设置 log_slow_queries 参数为 ON 来启动它。

（3）.pid 文件。

它是 MySQL 实例的进程 ID 文件。当 MySQL 实例启动时，会将自己的进程 ID 写入.pid 文件中。.pid 文件存放在数据存储目录下，文件名为"主机名.pid"。

（4）MySQL 的表结构文件。

在 MySQL 中创建任何一张数据表，对应的数据库目录下都会有该表的.frm 文件。该文件的名称与数据表的名称相同，扩展名为.frm。.frm 文件用来保存每个数据表的元数据和表结构等信息，.frm 文件跟存储引擎无关。当数据库崩溃时，可以用.frm 文件恢复表结构。

.frm 文件存放在 data 文件夹中相应数据库的文件夹里。

　　　从 MySQL 8.0 开始，.frm 表结构定义文件被取消，MySQL 把表结构信息都写到了系统表空间，通过 InnoDB 存储引擎来实现表 DDL 语句操作的原子性。

（5）db.opt 文件。

它用来保存数据库的配置信息，比如默认字符集编码和字符集排序规则。如果用户创建数据库时指定了字符集和排序规则，后续创建的表没有指定字符集和排序规则，那么该表将采用 db.opt 文件中指定的属性。

2. MySQL 所用存储引擎创建的数据库文件

不同的 MySQL 存储引擎创建的数据库文件各不相同，下面简要介绍 MySQL 的几种常用存储引擎创建的数据库文件类型。

（1）存储引擎为 InnoDB 时。

MySQL 采用表空间来管理数据，存储表数据和索引。可以通过参数 innodb_data_file_path 来设置默认的表空间文件，该文件一般存放在 MySQL 的数据目录 C:\ProgramData\MySQL\ MySQL Server 5.7\data 下。

InnoDB 数据库文件包括以下几种。

① ibdata1、ibdata2 是 MySQL 数据库的系统表空间（共享表空间）文件，由所有表共用，存储 InnoDB 系统信息和用户数据表的数据和索引。随着表越来越多，这个文件会变得很大。

② ibd 是单表空间（独享表空间）文件，每个表使用一个表空间文件，存储用户数据表数据和索引。如果想基于每个表单独生成一个表空间文件，可以设置参数 innodb_file_per_ table 为 ON，这样表的数据、索引和插入缓冲等信息存储在单独的表空间文件中，但其余信息还是存储在默认的表空间文件中。

注意

InnoDB 在存储上模仿了 Oracle 的设计，数据按表空间进行存储，但是和 Oracle 不一样的是，Oracle 的表空间是个逻辑的概念，而 InnoDB 的表空间是个物理的概念。

③ ib_logfile0、ib_logfile1 是重做日志文件。每个 InnoDB 存储引擎至少有一个重做日志文件组，每个文件组至少有两个重做日志文件。在默认情况下，InnoDB 存储引擎的数据目录下会有名为 ib_logfile0 和 id_logfile1 的两个文件。

在日志组中每个重做日志文件的大小一致，并以循环写入的方式运行，即 InnoDB 存储引擎先写 ib_logfile0 文件，当到达文件的最后时，会切换至 ib_logfile1 文件，当 ib_logfile1 文件也被写满时，会切换到 ib_logfile0 文件。

重做日志文件对 InnoDB 存储引擎至关重要，它们用于记录对于 InnoDB 存储引擎的事务日志。如果数据库由于宕机导致使用实例失败，重新启动时，就可以利用重做日志文件将其恢复到宕机前的一致性状态，以此保证数据的准确性。

注意

同样是记录事务日志文件，InnoDB 的重做日志文件和 MySQL 自身的二进制文件是有区别的，具体如下。

① 范围不同。二进制文件记录所有与 MySQL 相关的日志记录，包括 InnoDB、MyISAM、Heap 等存储引擎的日志。而 InnoDB 的重做日志文件只记录 InnoDB 相关的事务日志。

② 内容不同。二进制文件记录的是关于一个事务的具体操作内容，而 InnoDB 的重做日志文件记录每个数据页更改的物理情况。

③ 写入的时间不同。二进制文件在事务提交之前记录，在事务进行过程中，不断有重做日志条目写入重做日志文件中。

（2）存储引擎为 MyISAM 时。

MyISAM 存储引擎的数据表使用 3 个文件来代表，这些文件的基本名与数据表的名字相同，扩展名则表明文件的具体用途。

MYD（MY Data）文件为表数据文件，用于存放 MyISAM 数据表中各个行的数据。
MYI（MY Index）文件为索引文件，用于存放 MyISAM 数据表的全部索引信息。
LOG 文件为日志文件，用于存储数据表的日志信息。

这些文件默认存放在 MySQL 的数据目录 data 下的相应数据库文件夹中。

注意

MyISAM 不缓存数据文件，只缓存索引文件。

（3）存储引擎为 MEMORY 时。

MEMORY 存储引擎的数据表是创建在内存中的数据表。因为 MySQL 服务器把 MEMORY 数据表的数据和索引都存放在内存中而不是硬盘上，所以除了相应的.frm 文件外，MEMORY 引擎的表在文件系统里没有其他相应的代表文件。

（4）存储引擎为 CSV 时。

CSV 引擎的表包含一个.frm 表结构定义文件，同时还包含一个扩展名为.csv 的数据文件。这个文件是 CSV 格式的文本文件，用来保存表中的实际数据。.csv 文件可以直接在 Excel 中打开，或者使用其他文件编辑工具查看。

另外，还有一个同名的元信息文件，文件扩展名为.csm，用来保存表的状态及表中保存的数据量。

CSV 存储引擎基于 CSV 格式文件存储数据，由于自身文件格式的原因，所有列必须强制指定为 NOT NULL。

（5）存储引擎为 ARCHIVE 时。

ARCHIVE 存储引擎的数据表包含一个.frm 表结构定义文件和一个扩展名为.arz 的数据文件，它们用来存储历史归档数据。执行优化操作时，可能还会包含一个扩展名为.arn 的文件。

单元小结

本单元详细讲解了在 MySQL 中使用命令和 MySQL Workbench 图形化工具创建、查看、选择、修改和删除数据库的方法，这是本单元的重点；同时，也介绍了 MySQL 的体系结构和 MySQL 数据库的文件结构，以期读者能对 MySQL 数据库的结构和工作原理有一定的了解。

实验 3　创建与管理人力资源管理数据库

一、实验目的

1. 了解 MySQL 数据库文件的结构。

2. 掌握利用命令方式创建、查看、选择、修改和删除数据库的操作。

3. 掌握利用 MySQL Workbench 图形化工具创建、查看、选择、修改和删除数据库的操作。

二、实验内容

1. 利用命令方式创建、查看、选择、修改和删除名为 HR 的人力资源管理数据库。

2. 利用 MySQL Workbench 图形化工具创建、查看、选择、修改和删除名为 HR 的人力资源数据库。

3. 查看人力资源管理数据库 HR 的文件结构。

三、实验步骤

1. 分别用命令和 MySQL Workbench 图形化工具两种方法完成以下操作。

（1）创建一个名为 HR 的人力资源管理数据库。

（2）查看当前系统中的所有数据库。

（3）设置数据库 HR 为当前数据库。

（4）将数据库 HR 的指定字符集修改为 gb2312，默认校对规则修改为 gb2312_unicode_ci。

（5）删除数据库 HR。

2. 查看人力资源管理数据库 HR 的文件结构。

四、实验报告要求

1. 实验报告分为实验目的、实验内容、实验步骤、实验心得 4 个部分。
2. 把相关的语句、结果和关键步骤的截图放在实验报告中。
3. 写出详细的实验心得。

习题 3

一、选择题

1. 在 MySQL 中，创建数据库使用（　　　）语句。
   A. CREATE mytest
   B. CREATE TABLE mytest
   C. DATABASE mytest
   D. CREATE DATABASE mytest
2. 在 MySQL 5.7.20 中，用于放置数据库和日志文件的目录是（　　　）。
   A. bin
   B. data
   C. include
   D. lib
3. 在 MySQL 中，用于显示当前所有数据库的命令是（　　　）。
   A. SHOW DATABASES;
   B. SHOW DATABASE;
   C. LIST DATABASES;
   D. LIST DATABASE;
4. MySQL 5.7.20 默认的存储引擎是（　　　）。
   A. MyISAM
   B. InnoDB
   C. CSV
   D. MEMORY
5. 在 MySQL 5.7.20 中，表结构文件的扩展名是（　　　）。
   A. .mdf
   B. .myd
   C. .myi
   D. .frm

二、简答题

1. 简述 MySQL 的体系结构。
2. 简述在 MySQL 5.7.20 中，SQL 语句的执行过程。
3. 什么是存储引擎？其作用是什么？
4. InnoDB 存储引擎和 MyISAM 存储引擎各有什么特点？
5. 简述 MySQL 中常用的存储引擎 InnoDB、MyISAM、MEMORY、CSV、ARCHIVE 的应用场景。

单元 ④ 创建与管理表

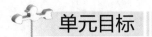 单元目标

【知识目标】

- 熟练掌握用命令方式创建和管理数据表的方法。
- 熟练掌握用 MySQL Workbench 图形化工具创建和管理数据表的方法。
- 熟练掌握用命令方式插入、修改、删除记录的方法。
- 熟练掌握用 MySQL Workbench 图形化工具插入、修改、删除记录的方法。
- 理解索引的作用、类型。
- 熟练掌握创建、修改和删除索引的方法。
- 熟练掌握使用检查约束、默认约束等实现域完整性的方法。
- 熟练掌握使用主键约束、唯一性约束实现实体完整性的方法。
- 熟练掌握使用主键约束、外键约束实现表与表之间的参照完整性的方法。

【技能目标】

- 会创建数据表。
- 会修改已创建的数据表。
- 会查看表的结构和表中的数据等。
- 会删除数据表。
- 会向数据表中插入数据。
- 会修改、删除数据表中的数据。
- 会创建、修改和删除索引。
- 会使用主键约束、唯一性约束实现实体完整性。
- 会使用检查约束、默认约束等实现域完整性。
- 会使用主键约束、外键约束实现表与表之间的参照完整性。

【素质目标】

使学生熟练掌握各种操作命令的用法，培养学生吃苦耐劳的品质和精益求精的工匠精神。

创建好数据库之后，接下来要确定在数据库中创建哪些数据表。数据表是用于存储数据库中数据的数据库对象。数据在表中是按行和列的格式组织排列的，每行代表一条记录（Record），每列代表记录中的一个字段（Field）。

本单元将分别用命令方式和 MySQL Workbench 图形化工具创建、查看、修改、复制、

删除 cjgl 数据库中的表以及操作表中数据，创建索引和实现数据的完整性约束。

任务 1 操作学生成绩管理数据库的表

在 cjgl 数据库中有 3 张表：学生表 xs、课程表 kc 和成绩表 cj，这些表的结构分别如表 4-1～表 4-3 所示，表的初始数据分别如表 4-4～表 4-6 所示。

表 4-1 学生表 xs 的结构

列名	数据类型	长度	是否允许为空值	默认值	说明
学号	定长字符型（CHAR）	6	×	无	主键
姓名	定长字符型（CHAR）	8	×	无	
专业名	定长字符型（CHAR）	10	√	无	
性别	枚举型（ENUM）	1	×	男	
出生时间	日期时间类型（DATETIME）	4	×	无	
总学分	整数型（TINYINT）	1	√	无	
备注	文本型（TEXT）	16	√	无	

表 4-2 课程表 kc 的结构

列名	数据类型	长度	是否允许为空值	默认值	说明
课程号	定长字符型（CHAR）	3	×	无	主键
课程名	定长字符型（CHAR）	16	×	无	
开课学期	整数型（TINYINT）	1	×	无	只能为 1～6
学时	整数型（TINYINT）	1	×	无	
学分	整数型（TINYINT）	1	√	无	

表 4-3 成绩表 cj 的结构

列名	数据类型	长度	是否允许为空值	默认值	说明
学号	定长字符型（CHAR）	6	×	无	主键
课程号	定长字符型（CHAR）	3	×	无	主键
成绩	整数型（TINYINT）	1	√	无	

表 4-4 学生表 xs 的数据

学号	姓名	专业名	性别	出生时间	总学分	备注
001101	王金华	软件技术	男	2000-02-10 00:00:00	50	
001102	程周杰	软件技术	男	2001-02-01 00:00:00	50	
001103	王元	软件技术	女	2009-10-06 00:00:00	50	
001104	严蔚敏	软件技术	男	2000-08-26 00:00:00	50	
001106	李伟	软件技术	男	2000-11-20 00:00:00	50	

学号	姓名	专业名	性别	出生时间	总学分	备注
001108	李明	软件技术	男	2000-05-01 00:00:00	50	
001109	张飞	软件技术	男	1999-08-11 00:00:00	50	
001110	张晓晖	软件技术	女	2001-07-22 00:00:00	50	三好学生
001111	胡恒	软件技术	女	2000-03-18 00:00:00	50	
001113	马可	软件技术	女	1999-08-11 00:00:00	48	
001201	王稼祥	网络技术	男	1998-06-10 00:00:00	42	
001210	李长江	网络技术	男	1999-05-01 00:00:00	44	已提前修完一门课
001216	孙祥	网络技术	男	1998-03-09 00:00:00	42	
001218	廖成	网络技术	男	2000-10-09 00:00:00	42	
001220	吴莉丽	网络技术	女	1999-11-12 00:00:00	42	
001221	刘敏	网络技术	女	2000-03-18 00:00:00	42	

表 4-5　课程表 kc 的数据

课程号	课程名	开课学期	学时	学分
101	计算机基础	1	40	2
102	C 程序设计	2	80	4
206	高等数学	1	80	4
208	数据结构	2	60	3
209	操作系统	2	60	3
210	计算机组装	1	40	2
212	Oracle 数据库	3	60	3
301	计算机网络	2	60	3
302	软件工程	3	60	3

表 4-6　成绩表 cj 的数据

学号	课程号	成绩
001101	206	76
001101	101	80
001101	102	78
001102	102	78
001102	206	78
001103	101	62
001103	102	70
001103	206	81
001104	101	90
001104	102	84
001104	206	65

续表

学号	课程号	成绩
001106	101	65
001106	102	71
001106	206	80
001107	101	78
001107	102	80
001107	206	68
001108	101	85
001108	102	64
001108	206	87
001109	101	66
001109	102	83
001109	206	70
001110	101	95
001110	102	95
001111	206	76
001113	101	63
001113	102	79
001113	206	60
001201	101	80
001201	102	90

4.1.1 用命令方式创建和管理数据表

创建数据表的过程是定义表中数据列的过程，也是实施数据完整性（包括域完整性、实体完整性和参照完整性）约束的过程。

1. 查看表

在 MySQL 中，可以用 SHOW TABLES 语句查看当前数据库中有哪些表。其语法格式如下。

```
SHOW TABLES [LIKE 匹配模式];
```

省略[LIKE 匹配模式]，表示查看当前数据库中的所有数据表。

添加[LIKE 匹配模式]，则按照"匹配模式"查看数据表。"%"用于匹配任意长度的字符串；"_"用于仅匹配一个字符。

【例题 4.1】查看示例数据库 world 中的表。

执行的 SQL 语句及结果如下。

```
mysql> USE world;
Database changed
mysql> SHOW TABLES;
+-----------------------+
| Tables_in_world       |
+-----------------------+
| city                  |
```

微课视频

4-1 用命令方式
创建和管理数据表
（1）

```
| country                      |
| countrylanguage              |
+------------------------------+
3 rows in set (0.00 sec)
mysql> SHOW TABLES LIKE 'ci%';
+------------------------------+
| Tables_in_world (ci%)        |
+------------------------------+
| city                         |
+------------------------------+
1 row in set (0.00 sec)
```

在 MySQL 中，可以用 SHOW TABLE STATUS 语句查看数据库中数据表的状态信息，如数据表的名称、存储引擎、结构文件版本号、记录的存储格式、创建时间等。其语法格式如下。

```
SHOW TABLE STATUS [FROM 数据库名] [LIKE 匹配模式];
```

【例题 4.2】查看示例数据库 world 中表 city 的状态信息。

执行如下 SQL 语句。

```
mysql>SHOW TABLE STATUS LIKE 'city'\G;
```

2. 创建表

在 MySQL 中，可以使用 CREATE TABLE 语句创建表，该语句完整的语法比较复杂，主要由表创建定义（create_definition）、表选项（table_options）和分区选项（partition_options）等部分组成。其基本语法格式如下。

```
CREATE [TEMPORARY] TABLE [IF NOT EXISTS] 表名
    [(create_definition,...)]        -- 表创建定义
    [table_options]                  -- 表选项
    [partition_options]              -- 分区选项
    [IGNORE | REPLACE]
    [AS] query_expression
```

（1）CREATE TABLE：用于创建给定名称的表。

注意：创建表的用户必须拥有创建表的权限。

（2）tbl_name：用于指定要新建的表的名称。表名称必须符合标识符命名规则。在 Windows 操作系统中表名不区分大小写，在 Linux 操作系统中区分。

完整的表名称格式为"数据库名.数据表名"，表示在指定的数据库中创建表。默认的情况下，表被创建在当前的数据库中，此时可以省略数据库名。如果使用加引号的识别名，则应对数据库名和表名分别加引号。例如，'cjgl'.'xs'是合法的，但'cjgl.xs'是不合法的。

（3）TEMPORARY：指新建的表是临时表，该表在当前会话结束后自动消失。

（4）IF NOT EXISTS：在创建新表前进行判断，如果要新建的表不存在，则创建该表；如果存在，则直接返回，不再重新创建该表。这样可以避免出现表已经存在于数据库中，无法再新建的错误。

（5）表创建定义（create_definition）子句：由列名（col_name）、列的定义（column_definition）以及可能的空值说明、完整性约束或表索引组成。其基本格式如下。

列名 1　数据类型 [完整性约束] [,…,] 列名 n 数据类型 [完整性约束]

（6）table_options 子句：用于指定表的各种属性。

（7）IGNORE | REPLACE：唯一索引中重复值的行根据指定的是 IGNORE 还是 REPLACE，选择忽略或者替换现有行。如果两者都未指定，出现重复值时将报错。

（8）[AS]query_expression：利用查询返回的结果创建表，此时 create_definition 子句可省略。

语法说明如下。

① 如果创建多个列，要用英文逗号将它们隔开。

② 列定义的完整形式比较复杂，涉及如下关键字。

AUTO_INCREMENT：用于设置某列有自增属性，仅用于整数列。当插入 NULL 或 0 到一个 AUTO_INCREMENT 列中时，列被设置为该列的最大值+1。AUTO_INCREMENT 顺序从 1 开始。每个表只能有一个 AUTO_INCREMENT 列，并且它必须被索引。

COMMENT 'string'：表的注释；最大长度为 60 个字符。

COLLATE collation_name：用于指定表的校验方式。

COLUMN_FORMAT: FIXED | DYNAMIC | DEFAULT;

STORAGE：DISK | MEMORY。

③ FULLTEXT：表示全文索引，在检索长文本的时候效果最好，检索短文本时建议使用 Index。

SPATIAL：表示空间索引，是对空间数据类型的字段创建的索引。

唯一索引中重复值的行根据指定的是 IGNORE 还是 REPLACE，选择忽略或者替换现有行。如果两者都未指定，出现重复值时将报错。

【例题 4.3】在学生成绩管理数据库 cjgl 中，用命令方式创建学生表 xs1。

在创建数据表之前，应先指定当前数据库。默认的情况下，表被创建在当前数据库中。若没有当前数据库、指定数据库不存在或表已存在，则数据库系统会报错。

执行如下 SQL 语句。

```
mysql> USE  cjgl;
mysql>CREATE TABLE xs1 (
 学号 CHAR(6) ,
 姓名 CHAR(8),
 专业名 CHAR(10),
 性别 ENUM('男', '女') ,
 出生时间 DATETIME,
 总学分 TINYINT(1) COMMENT ' ',
 备注 TEXT(2));
```

以上语句执行后，可查看数据表是否创建成功，执行如下语句。

```
mysql> SHOW TABLES;
```

3. 实现主键约束、空值约束、唯一性约束、默认约束和检查约束

完整性约束是 MySQL 提供的自动保持数据完整性的一种方法。它通过限制列中数据、记录中的数据和表之间的数据来保证数据库中数据的正确性和有效性。在 MySQL 中有 6 种约束：主键约束、空值约束、唯一性约束、默认约束、外键约束和检查约束。在这 6 种约束中，一个数据表中只能有一个主键约束，其他约束可以有多个。

完整性约束的基本语法格式如下。

```
[CONSTRAINT <约束名>] <约束类型>
```

注意　在创建约束不指定名称时，系统会自动给定一个名称。

在 MySQL 中，对于基本表的约束分为列约束和表约束。

列约束是对某一个特定列的约束，包含在列定义中，直接跟在列的其他定义之后，用空格分隔，不必指定列名。

表约束与列定义相互独立，不包括在列定义中，通常用于对多个列一起进行约束，与列定义之间用 "," 分隔，定义表约束时必须指出要约束的列的名称。

此处仅介绍主键约束、空值约束、唯一性约束、默认约束和检查约束，外键约束将在任务 4 中介绍。

（1）主键约束。

主键（Primary Key）是数据表中的一列或多列的组合，能够唯一地确定表中的每一条记录。

在设计数据表时，一般情况下都会在表中设置一个主键。例如，学号是学生表的主键，学号和课程号是成绩表的主键。

主键约束的基本语法格式如下。

```
列名 数据类型 PRIMARY KEY                              --列级约束
```
　　或
```
[CONSTRAINT 约束名] PRIMARY KEY(列名1,…,列名n)        --表级约束
```

主键约束用于定义基本表的主键，要求主键列的数据唯一，并且不允许为空。

主键既可用于列约束，也可用于表约束。

主键可以结合外键来定义不同数据表之间的关系，并且可以加快数据库查询的速度。

【例题 4.4】在学生成绩管理数据库 cjgl 中，用命令方式创建课程表 kc，主键为课程号。单字段组成的主键可以在定义列的同时指定。

执行如下 SQL 语句。

```
mysql> USE cjgl;
mysql>CREATE TABLE kc
     ( 课程号 CHAR(3) NOT NULL  PRIMARY KEY,
       课程名 CHAR(16) NOT NULL,
       开课学期 TINYINT NOT NULL CHECK (开课学期>=1 AND  开课学期<=6),
```

```
      学时 TINYINT  NOT NULL,
      学分 TINYINT  NULL ) ;
```

以上 SQL 语句执行后，可查看数据表是否创建成功，执行如下 SQL 语句。

```
mysql> SHOW TABLES;
```

多字段联合组成的主键只能在定义完所有列之后指定。

【例题 4.5】在学生成绩管理数据库 cjgl 中，用命令方式创建成绩表 cj，主键为（学号，课程号）。

执行如下 SQL 语句。

```
mysql>CREATE TABLE cj
    ( 学号 CHAR(6) NOT NULL ,
     课程号 CHAR(3) NOT NULL  ,
     成绩 TINYINT ,
     PRIMARY  KEY(学号,课程号));
```

以上 SQL 语句执行后，可查看数据表是否创建成功，执行如下 SQL 语句。

```
mysql> SHOW TABLES;
```

（2）非空约束。

非空约束（NOT NULL）用来控制是否允许某列的值为 NULL。列的值默认为 NULL。当某一列的值一定要不为 NULL 才有意义的时候，应为其设置非空约束。非空约束的基本语法格式如下。

```
列名 数据类型  NOT NULL
```

非空约束只能用于定义列约束。

创建非空约束的方法如例题 4.4 所示。

对于使用了非空约束的字段，如果在添加数据时没有指定值， 数据库系统会报错。

（3）唯一性约束。

唯一性约束（UNIQUE）是指一个或者多个列的组合值具有唯一性，用于防止在列中输入重复的值。定义了唯一性约束的列称为唯一键，系统自动为唯一键创建唯一索引，从而保证了唯一键的唯一性。唯一性约束的基本语法格式如下。

```
列名 数据类型 UNIQUE                              -- 列级约束
```

或

```
[CONSTRAINT <约束名>] UNIQUE (列名1,...,列名 n)        -- 表级约束
```

例如，在学生表中，如果要避免表中的学生姓名重复，就可以为姓名列设置唯一性约束。

唯一性约束与主键约束的共同之处是它们都能够确保表中对应列不存在重复值，但两者之间有着较大的区别：在一个基本表中只能定义一个主键约束，但可定义多个唯一性约束；对于指定为主键的一个列或多个列的组合，其中任何一个列都不能出现空值，而对于具有唯一性约束的唯一键，则允许为空，但只能有一个空值；一般创建主键约束时，系统会自动产生索引，索引的默认类型为聚集索引，而创建唯一性约束时，系统会自动产生一个唯一索引，索引的默认类型为非聚集索引。

不能为同一个列或一组列既定义唯一性约束，又定义主键约束。

（4）默认值约束。

默认值约束（DEFAULT）用来指定某列的默认值。当数据表中的某个列未输入值时，系统自动为其添加一个已经设置好的值。如班里的男同学较多，学生表中的性别就可以默认为"1"，即男。如果插入一条新记录时没有为某列赋值，那么系统会自动将这个列赋值为 1。

默认值约束的基本语法格式如下。

```
列名 数据类型 DEFAULT
```

默认值约束只能用于定义列约束。

默认值约束通常用在已经设置了非空约束的列，这样能够防止数据表在录入数据时出现错误。

如果没有为列指定默认值，MySQL 会自动分配一个默认值。

如果列可以取 NULL 作为值，那么其默认值是 NULL。

如果列被声明为 NOT NULL，那么其默认值取决于列类型，具体说明如下。

① 对于数值列，除 AUTO_INCREMENT 列外，其余默认值为 0。而对于 AUTO_INCREMENT 列，其默认值为该列的序列中的下一个数。

② 对于非 TIMESTAMP 的日期和时间类型列，其默认值是该类型适当的"零"值。例如，DATE 类型的"零"值为"0000-00-00"。

对于表中第一个 TIMESTAMP 列，其默认值是当前的日期和时间。

③ 对于非 ENUM 的字符串类型列，其默认值是空字符串。

对于 ENUM 列，其默认值是第一个枚举值。

（5）检查约束。

检查约束（CHECK）用来检查数据表中的字段值是否有效。

检查约束在创建表时定义，可以定义成列级约束，也可以定义成表级约束。其基本语法格式如下。

```
列名 数据类型 CHECK (表达式)
```

例如，课程表 kc 中的"开课学期"列的取值范围应该为 1～6，所以可以设置"开课学期>=1 AND 开课学期<=6"，如例题 4.4 所示。

学生表 xs 中的性别列的值只能是男或女，所以可以设置"(性别='男' OR 性别='女')"或"性别 IN ('男', '女')"，这样能够减少无效数据的输入。

【例题 4.6】在学生成绩管理数据库 cjgl 中，用命令方式创建学生表 xs，表的结构见表 4-1。创建一个结构与学生表 xs 相同的表 xs2。

执行如下 SQL 语句。

```
mysql> USE cjgl;
mysql>CREATE TABLE xs (
学号 CHAR(6) NOT NULL  PRIMARY KEY ,
姓名 CHAR(8) NOT NULL,
```

```
专业名 CHAR(10) NULL,
性别 ENUM('男', '女') NOT NULL DEFAULT '男' CHECK(性别='男' OR 性别='女'),
出生时间 DATETIME NOT NULL,
总学分 TINYINT(1) NULL COMMENT ' ',
备注 TEXT(2) NULL);
```

以上 SQL 语句执行后，可查看数据表 xs 是否创建成功，执行如下 SQL 语句。

```
mysql> SHOW TABLES;
mysql>CREATE TABLE xs2 AS SELECT * FROM xs;
```

查看数据表 xs2 是否创建成功，执行如下 SQL 语句。

```
mysql> SHOW TABLES;
```

4. 查看表的结构

在数据库中创建表后，有时需要查看表的结构（如表的属性、列属性和索引等）是否被正确定义。在 MySQL 中，可以使用 DESCRIBE 或 SHOW CREATE TABLE 语句来查看数据表的结构。

（1）使用 DESCRIBE 语句查看表的结构。

DESCRIBE 语句的语法格式如下。

```
DESCRIBE 表名；
```

或

```
DESC 表名；
```

该语句会以表格的形式来展示表的字段信息，包括字段名、字段类型、是否为主键、默认值等。

【例题 4.7】使用 DESC 语句查看学生表 xs 和表 xs1 的结构。

执行如下 SQL 语句，结果如图 4-1 所示。

```
mysql> desc xs;
```

```
mysql> desc xs;
+-----------+---------------+------+-----+---------+-------+
| Field     | Type          | Null | Key | Default | Extra |
+-----------+---------------+------+-----+---------+-------+
| 学号      | char(6)       | NO   | PRI | NULL    |       |
| 姓名      | char(8)       | NO   |     | NULL    |       |
| 专业名    | char(10)      | YES  |     | NULL    |       |
| 性别      | enum('男','女')| NO   |     | 男      |       |
| 出生时间  | datetime      | NO   |     | NULL    |       |
| 总学分    | tinyint(1)    | YES  |     | NULL    |       |
| 备注      | tinytext      | YES  |     | NULL    |       |
+-----------+---------------+------+-----+---------+-------+
7 rows in set (0.01 sec)
```

图 4-1　例题 4.7 的运行结果

```
mysql> describe xs1;
```

其中，各个字段的含义如下。

① Null：表示该列是否可以存储 NULL。

② Key：表示该列是否已编制索引；PRI 表示该列是表中主键的一部分，UNI 表示该列是 UNIQUE 索引的一部分，MUL 表示在该列中某个给定值允许出现多次。

③ Default：表示该列的默认值。

④ Extra：表示可以获取的与给定列有关的附加信息，如 AUTO_INCREMENT 等。

（2）使用 SHOW CREATE TABLE 语句查看表的详细结构。

SHOW CREATE TABLE 语句以 SQL 语句的形式展示表结构，其语法格式如下。

```
SHOW CREATE TABLE 表名;
```

和 DESCRIBE 语句相比，SHOW CREATE TABLE 语句展示的内容更加丰富，通过它可以查看表的存储引擎和字符编码，还可以在语句的结尾处通过\g 或者\G 参数来控制展示格式。

【例题 4.8】使用 SHOW CREATE TABLE 语句查看表 xs 的详细信息，该语句以\g 或\G 结尾。

执行如下 SQL 语句。

```
mysql> SHOW CREATE TABLE xs\G;
```

5. 修改表

修改表指的是修改数据库中已经存在的数据表的结构。

在 MySQL 中可以使用 ALTER TABLE 语句修改表的名称和结构，例如增加列、修改列的名称、修改列的类型、修改列的位置、修改表的存储引擎、取消表的外键、删除列等。其语法格式如下。

```
ALTER TABLE 表名 [修改选项] [分区选项]
```

其中，修改选项的语法格式如下。

```
{ RENAME  [TO|AS] <新表名>
| ADD COLUMN <列名> <新列定义> [FIRST|AFTER <列名>]
| DROP COLUMN <列名>
| CHANGE COLUMN <旧列名> <新列名> <新列定义>[FIRST|AFTER <列名>]
| ALTER COLUMN <列名> { SET DEFAULT <默认值> | DROP DEFAULT }
| MODIFY COLUMN <列名> <类型> [FIRST|AFTER <列名>]
| CHARACTER SET <字符集名>
| COLLATE <校对规则名> }
```

（1）修改表名。

在 MySQL 中可以使用 ALTER TABLE 语句修改表名，其语法格式如下。

```
ALTER TABLE 表名 RENAME [TO|AS] <新表名>;
```

【例题 4.9】将数据表 xs1 的名称改为 student。

执行如下 SQL 语句。

```
mysql> ALTER TABLE xs1 RENAME TO student;
```

查看修改结果，执行如下 SQL 语句。

```
mysql> SHOW TABLES;
```

（2）修改表的字符集。

在 MySQL 中可以使用 ALTER TABLE 语句修改表的字符集，其语法格式如下。

```
ALTER TABLE 表名 [DEFAULT] CHARACTER SET <字符集名> [DEFAULT] COLLATE <校对规则名>;
```

【例题 4.10】将数据表 student 的字符集修改为 gb2312，将校对规则修改为 gb2312_chinese_ci。

执行如下 SQL 语句。

```
mysql>ALTER TABLE student CHARACTER SET gb2312 DEFAULT COLLATE gb2312_chinese_ci;
```

查看修改结果，执行如下 SQL 语句。

```
mysql> SHOW CREATE TABLE student\G;
```

（3）添加列。

在 MySQL 中可以使用 ALTER TABLE 语句为数据表添加新列，其语法格式如下。

```
ALTER TABLE 表名 ADD <新列名><数据类型>[约束条件] [FIRST|AFTER <已有列名>];
```

① MySQL 默认在表的最后一列的后面添加新列。

② FIRST 关键字：在第一列的前面添加新列。

③ AFTER 关键字：在指定的列之后添加列。

【例题 4.11】在学生成绩管理数据库 cjgl 中，用命令方式在学生表 xs 的总学分后增加新列奖学金等级。

执行如下 SQL 语句。

```
mysql>ALTER TABLE xs ADD 奖学金等级 TINYINT  NULL AFTER 总学分;
```

查看修改结果，执行如下 SQL 语句。

```
mysql> DESC xs;
```

（4）修改列名。

在 MySQL 中可以使用 ALTER TABLE 语句修改表中列的名称，其语法格式如下。

```
ALTER TABLE 表名 CHANGE <旧列名> <新列名> <新数据类型>;
```

① 如果不需要修改列的数据类型，可以将新数据类型设置为原类型，但数据类型不能为空。

② CHANGE 也可以只修改数据类型，只需要将"新列名"和"旧列名"设置为相同的，其效果等同于 MODIFY 语句。

【例题 4.12】在学生成绩管理数据库 cjgl 中，用命令方式将学生表 xs 中的奖学金等级列名改为"奖学金"，数据类型不变。

执行如下 SQL 语句。

```
mysql>ALTER TABLE xs CHANGE 奖学金等级 奖学金 TINYINT;
```

查看修改结果，执行如下 SQL 语句。

```
mysql> DESC xs;
```

（5）修改字段数据类型。

在 MySQL 中可以使用 ALTER TABLE 语句修改列的数据类型，其语法格式如下。

```
ALTER TABLE 表名 MODIFY <列名> <数据类型>;
```

【例题 4.13】在学生成绩管理数据库 cjgl 中，用命令方式将学生表 xs 中的奖学金等级列的数据类型改为 INT。

执行如下 SQL 语句。

```
mysql>ALTER TABLE xs MODIFY 奖学金 INT;
```

查看修改结果，执行如下 SQL 语句。

```
mysql> DESC xs;
```

（6）修改字段的位置。

在 MySQL 中可以使用 ALTER TABLE 语句修改列在表中的排列位置，其语法格式如下。

```
ALTER TABLE 表名 MODIFY <列名 1> <数据类型> FIRST|AFTER <列名 2>;
```

【例题 4.14】在学生成绩管理数据库 cjgl 中，用命令方式将表 student 中的姓名列放在表的第一位。

执行如下 SQL 语句。

```
mysql>ALTER TABLE student MODIFY 姓名 CHAR(8) FIRST;
```

查看修改结果，执行如下 SQL 语句。

```
mysql> SHOW CREATE TABLE student\G;
```

（7）删除字段。

在 MySQL 中可以使用 ALTER TABLE 语句将数据表中的某个列从表中移除，其语法格式如下。

```
ALTER TABLE 表名 DROP <列名>;
```

【例题 4.15】在学生成绩管理数据库 cjgl 中，用命令方式删除学生表 xs 中名为"奖学金"的列。

执行如下 SQL 语句。

```
mysql> ALTER TABLE xs DROP COLUMN 奖学金;
```

查看修改结果，执行如下 SQL 语句。

```
mysql> DESC xs;
```

（8）修改数据表的存储引擎。

在 MySQL 中可以使用 ALTER TABLE 语句修改数据表的存储引擎，其语法格式如下。

```
ALTER TABLE 表名 ENGINE=新存储引擎名;
```

【例题 4.16】在学生成绩管理数据库 cjgl 中，用命令方式更改表 student 的存储引擎为 MyISAM。

执行如下 SQL 语句。

```
mysql>ALTER TABLE student ENGINE=MyISAM;
```

查看修改结果，执行如下 SQL 语句。

```
mysql> SHOW CREATE TABLE student\G;
```

6. 删除表

在 MySQL 数据库中，使用 DROP TABLE 语句可以删除一个或多个不再需要的表，其语法格式如下。

```
DROP TABLE [IF EXISTS] <表名 1> [, <表名 2>, ...]
```

说明

① 删除表时，表的结构和表中的记录以及与表有关的所有索引、约束、触发器等都会被删除。

② 用户必须拥有执行 DROP TABLE 命令的权限，否则数据表不会被删除。表被删除时，用户在相应表上的权限不会自动删除。

③ IF EXISTS 关键字用于在删除数据表之前判断该表是否存在。如果删除不存在的数据表，MySQL 将报错，中断 SQL 语句的执行。

④ 如果要删除的表不在当前数据库中，则应在表名中指明其所属的数据库和用户名。

⑤ 在删除一个表之前要先删除与此表关联的表中的外键约束。当删除表后，绑定的规则或者默认值会自动解绑。

⑥ 可以同时删除多个表。

【例题 4.17】在学生成绩管理数据库 cjgl 中，用命令方式删除表 student 和表 xs。

执行如下 SQL 语句。

```
DROP TABLE student;
```

查看删除结果。

```
mysql> SHOW TABLES;
mxsql> DROP TABLE xs;
```

4.1.2 使用 MySQL Workbench 图形化工具创建和管理数据表

1. 创建数据表

打开 MySQL Workbench 图形化工具，在 SCHEMAS 栏中展开当前默认的 cjgl 数据库，右击 Tables，在弹出式菜单中选择 Create Table…，如图 4-2 所示。

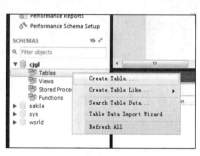

图 4-2　选择 Create Table…

微课视频

4-3　使用 MySQL Workbench 图形化工具创建和管理数据表

打开创建数据表的界面，如图 4-3 所示，在上方区域填写表信息，如在 Table Name 文本框中输入数据表的名称 xs。

在中间区域的列名栏填写列名，在数据类型栏通过下拉列表选择数据类型，通过控制 PK 列复选框的勾选情况来设置数据表的主键约束，若勾选，该列就是数据表的主键；取消勾选，则取消该列的主键约束。同理，可以通过 NN 列的勾选情况设置数据表的非空约束；通过 UQ 列的勾选情况设置数据表的唯一约束；通过 AI 列的勾选情况设置主键的值为自动增长等。在 Default/Expression 列中编辑字段的默认值或检查约束的表达式。

也可以在下方编辑区逐行编辑表的列信息。

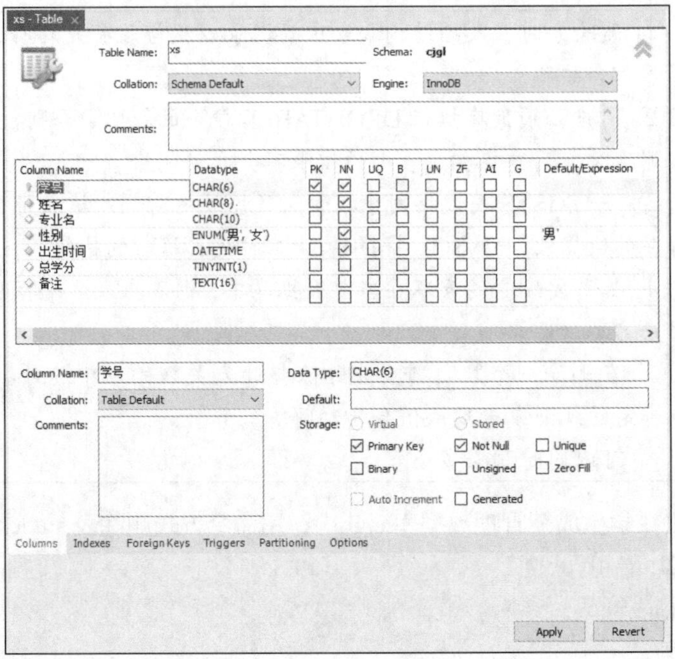

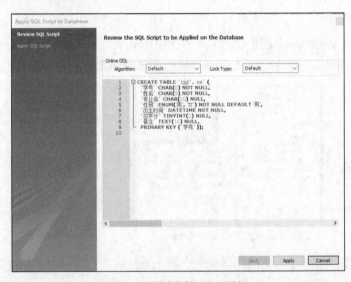

图 4-3　创建表的界面

编辑完数据表的基本信息后单击 Apply 按钮，弹出一个确认对话框，其中有自动生成的当前操作的 SQL 语句，如图 4-4 所示。

图 4-4　创建表的 SQL 语句

确认无误后，单击 Apply 按钮，在弹出的对话框中直接单击 Finish 按钮，执行相应的 SQL 语句，即可完成 xs 数据表的创建。此时，在 cjgl 数据库的 Tables 节点下可以看到 xs 表。

2. 查看数据表

右击需要查看的 xs 数据表，在弹出式菜单中选择 Table Inspector，如图 4-5 所示，即可查看数据表 xs 的结构信息，如图 4-6 所示。

图 4-5 选择 Table Inspector 选项

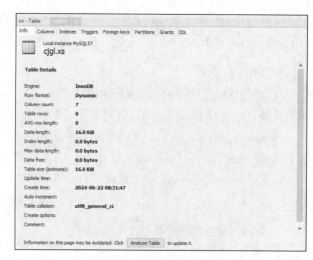

图 4-6 数据表的结构信息

其中，Info 选项卡中显示了 xs 表的名称、存储引擎、列数、空间大小等信息。

Columns 选项卡中显示了 xs 表中列的信息，包括列名、数据类型、默认值、非空标识、字符集、校对规则和使用权限等信息。

DDL 选项卡中显示了生成 xs 表的 SQL 语句。

3. 修改数据表

在 SCHEMAS 栏中的 cjgl 数据库的 Tables 下，右击需要修改的 xs 数据表，在图 4-5 所示的弹出式菜单中选择 Alter Table…，即可打开图 4-7 所示的窗口，修改数据表的基本信息和结构。在这里可以修改数据表的名称，编辑数据表的列信息，包括编辑列名、编辑数据类型、新建列，右击列通过弹出式菜单来操作列（如上下移动、复制、剪切、粘贴、删除列），也可以通过上下拖曳列来调整列的顺序。

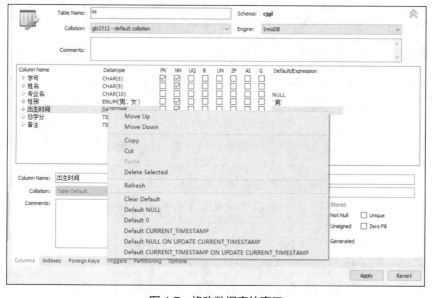

图 4-7 修改数据表的窗口

编辑完成后，单击 Apply 按钮，可以预览当前操作的 SQL 语句，单击 Apply 按钮，在弹出的对话框中直接单击 Finish 按钮，执行相应的 SQL 语句，即可完成对 xs 数据表的修改。

4. 删除数据表

在 SCHEMAS 栏中的 cjgl 数据库的 Tables 下，右击需要删除的数据表，在图 4-5 所示的弹出式菜单中选择 Drop Table…，打开图 4-8 所示的删除数据表对话框。

如果选择 Review SQL，则会显示删除数据表操作对应的 SQL 语句，如图 4-9 所示。单击 Execute 按钮就可以删除 xs 表。

如果选择 Drop Now，则会直接执行删除操作。

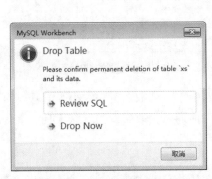

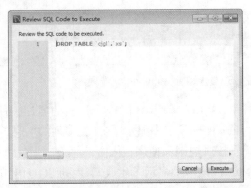

| 图 4-8 删除数据表对话框 | 图 4-9 删除数据表操作对应的 SQL 语句 |

任务 2 操作学生成绩管理数据库中表的数据

表创建成功以后，需要先向表中插入数据，及时修改错误数据，当数据不再使用时，要删除数据。对表中数据的增、删、改、查是数据库中最常见的数据操作，在 MySQL 中可以分别使用 INSERT 语句、UPDATE 语句和 DELETE 语句实现对表中记录的插入、更新和删除操作。本任务将介绍在 MySQL 中如何使用命令方式和图形化工具操作数据表中的记录。

微课视频

4-4 操作学生成绩管理数据库中表的数据

4.2.1 用命令方式向数据表中插入数据

在 MySQL 中，可以使用 INSERT 语句向数据表中插入一条或多条记录，也可以向数据表中的指定列插入数据，还可以将一个表的查询结果插入另一个表中。INSERT 语句的基本语法格式如下。

```
INSERT INTO 表名 [( <列名 1> [ ,…,<列名 n>]) ] VALUES (值 1) [,…, (值 n) ];
```

① 列名：用于指定需要插入数据的列名。
② VALUES 子句：用于指定需要插入数据的列值，列值和列名要对应。

1. 向数据表中插入一条记录

向表中的所有列插入数据时有如下两种方法。

① 指定全部列名。此时列名的顺序可以不是表中列定义时的顺序，但要保证值的顺序与列的顺序相同。

② 省略全部列名。此时需要为表的每一个列指定值，并且值的顺序必须和数据表中列定义时的顺序相同。

【例题 4.18】在学生成绩管理数据库 cjgl 中创建一个与学生表 xs 结构相同的表 student，向表 student 中插入如下的一行记录。

（001112, 刘国梁, 计算机应用, 男, 1/30/2000 0:0:0, 46）

执行如下 SQL 语句。

```
mysql>CREATE TABLE student AS SELECT * FROM xs;
mysql>INSERT INTO student (姓名,学号,专业名,性别,出生时间,总学分,备注) VALUES
('刘国梁','001112', '计算机应用', '男', '2000-1-30 0:0:0', 46,NULL);
```

或

```
mysql>INSERT INTO student VALUES('001112', '刘国梁', '计算机应用', '男', '2000-1-30
0:0:0', 46,NULL);
```

查看插入结果，执行如下 SQL 语句。

```
mysql>SELECT * FROM student;
```

虽然使用 INSERT 语句插入数据时可以忽略插入数据的列名称，但 VALUES 关键字后面的值不仅要完整，而且顺序必须和表定义时列的顺序相同。如果表的结构被修改，对列进行增加、删除或者位置调整操作，将使得用这种方式插入数据时的顺序也同时改变。如果指定列名称，插入数据就不会受到表结构改变的影响。

2. 向数据表中插入多条记录

当使用单条 INSERT 语句插入多条记录时，只需将每条记录用圆括号括起来即可，即一个列名对应多个列值。这样处理比使用多条 INSERT 语句更快。

【例题 4.19】向学生成绩管理数据库 cjgl 的表 student 中插入如下两行记录。

（001113, 刘国梁, 计算机应用, 男, 01/30/2000 0:0:0, 46）

（001114, 马龙, 计算机应用, 男, 06/12/2000 0:0:0, 46）

执行如下 SQL 语句。

```
mysql>INSERT INTO student
VALUES
('001113', '刘国梁', '计算机应用', '男', '2000-01-30 0:0:0', 46,NULL),
('001114', '马龙', '计算机应用', '男', '2000-06-12 0:0:0', 46,NULL);
```

查看插入结果，执行如下 SQL 语句。

```
mysql>SELECT * FROM student;
```

3. 向数据表中的指定列插入数据

可以使用 INSERT 语句向表的指定列中插入数据，其他列的值为表定义时的默认值。

【例题 4.20】向学生成绩管理数据库 cjgl 的表 student 中插入如下记录。

（001115, 樊振东, 男, 2/12/2001 0:0:0）

执行如下 SQL 语句。

```
mysql>INSERT INTO student (学号,姓名,性别,出生时间)
VALUES
('001115','樊振东','男','2001-2-12 0:0:0');
```

查看插入结果，执行如下 SQL 语句。

```
mysql>SELECT * FROM student;
```

4. 向数据表中插入查询得到的记录集

在某些业务中，需要把查询到的多条记录复制到另一个表中来满足业务需求。在 MySQL 数据库中，利用 INSERT 语句可以将 SELECT 语句的查询结果插入另一个表中，这样可以快速地从一个或多个表中向另一个表中插入满足条件的多条记录。其基本语法格式如下。

```
INSERT INTO 表名1(列名1)
SELECT 列名2 FROM 表名2 WHERE <条件表达式> LIMIT 0,n;
```

此语句的功能为将从表 2 中查询到的符合条件的记录插入表 1 中，表 2 中原来的记录保持不变。其中，"LIMIT 0,*n*"用于指定查询出多少条记录，即从第几条记录开始返回。

【例题 4.21】向学生成绩管理数据库 cjgl 的表 student 中插入学生表 xs 的所有记录。

执行如下 SQL 语句。

```
mysql>INSERT INTO student SELECT * FROM xs;
```

查看插入结果，执行如下 SQL 语句。

```
mysql>SELECT * FROM student;
```

使用上述语法时，必须保证"列名 1"和"列名 2"中的列名个数相等，每个对应列的数据类型相同。如果数据类型不同，系统会报错。

4.2.2 用命令方式更新数据表中的数据

在 MySQL 中，使用 UPDATE 语句可以更新表中的所有记录，也可以更新表中满足更新条件的记录，其基本语法格式如下。

```
UPDATE 表名 SET  <列名1>=值1 [,<列名2>=值2,… ]
[WHERE 子句]
```

① SET 子句：用于指定表中要修改的列名及其值；其中，每个指定的列值可以是表达式，也可以是该列对应的默认值；如果指定的是默认值，可用关键字 DEFAULT 表示列值。

② WHERE 子句：用于限定表中要修改的行；若不指定，则修改表中所有的行。

1. 更新数据表中的所有记录

如果忽略 WHERE 子句，MySQL 将更新表中所有的行。

【例题 4.22】在学生成绩管理数据库 cjgl 中，将 student 表中的所有学生的总学分都增加 10。

执行如下 SQL 语句。

```
mysql> UPDATE student SET 总学分=总学分+10;
```

查看更新结果，执行如下 SQL 语句。

```
mysql>SELECT * FROM student;
```

2. 更新数据表中的特定记录

根据 WHERE 子句的条件确定要更新的记录。

【例题 4.23】在学生成绩管理数据库 cjgl 中，将 student 表中学号为 001221 的同学的专业改为"软件技术"。

执行如下 SQL 语句。

```
mysql> UPDATE student SET 专业 = '软件技术' WHERE 学号= '001221';
```

查看更新结果，执行如下 SQL 语句。

```
mysql>SELECT * FROM student;
```

4.2.3 用命令方式删除数据表中的数据

在 MySQL 中，可以使用 DELETE 语句或 TRUNCATE TABLE 语句来删除表数据。

（1）使用 DELETE 语句删除数据。

使用 DELETE 语句可以删除表的一行或者多行数据，其语法格式如下。

```
DELETE FROM 表名[WHERE 子句]
```

其中，WHERE 子句用于指定删除条件。如果没有 WHERE 子句，将删除表中的所有记录。

【例题 4.24】在学生成绩管理数据库 cjgl 中，删除 student 表中学号为 001112 的记录。删除 student 表中所有网络技术专业的学生记录。

执行如下 SQL 语句。

```
mysql> DELETE FROM student WHERE 学号='001112';
```

查看删除结果，执行如下 SQL 语句。

```
mysql>SELECT * FROM student WHERE 学号='001112';
```

执行如下 SQL 语句。

```
mysql> DELETE FROM student WHERE 专业名='网络技术';
```

查看删除结果，执行如下 SQL 语句。

```
mysql>SELECT * FROM student;
```

（2）使用 TRUNCATE TABLE 语句删除表。

使用 TRUNCATE TABLE 语句可以删除表中的所有数据，其语法格式如下。

```
TRUNCATE [TABLE] 表名
```

【例题 4.25】在学生成绩管理数据库 cjgl 中，删除 student 表中的所有记录。

执行如下 SQL 语句，查看删除结果。

```
mysql> DELETE FROM student;
mysql>SELECT * FROM student;
```

执行如下 SQL 语句。

```
mysql> TRUNCATE TABLE student;
```

查看表 student 是否存在，执行如下 SQL 语句。

```
mysql>SHOW TABLES;
```

（3）DELETE 语句和 TRUNCATE 语句的区别。

① 虽然两者都能用于删除表中的所有数据，但 TRUNCATE 语句只能用于删除表中的所有记录，而 DELETE 语句可用于删除满足条件的部分记录。

② DELETE 是 DML 类型的语句。使用 DELETE 语句时，是逐行删除记录，每删除一条记录都会在日志中有相应记录，配合事件回滚可以找回数据。

TRUNCATE 是 DDL 类型的语句。TRUNCATE 语句在删除表数据时是直接删除原来的表，并重新创建一个同结构的表，不会在日志中记录删除的内容。因此，使用 TRUNCATE 语句删除表数据后，原数据不可恢复，且执行删除操作的速度比 DELETE 语句快。

③ 使用 TRUNCATE 语句删除表中的数据后，系统会重新设置自增字段的计数器，默认初始值由 1 开始。而使用 DELETE 语句时，自增字段的值为删除时该字段的最大值加 1。

当不需要某表时，用 DROP 语句；当要保留某表，但要删除其中的所有记录时，用 TRUNCATE 语句；当要删除部分记录时，用 DELETE 语句。

4.2.4　使用 MySQL Workbench 图形化工具管理数据表中的数据

打开 MySQL Workbench 图形化工具，在 SCHEMAS 栏中展开当前默认的 cjgl 数据库，展开 Tables，右击 xs 表，在图 4-5 所示的弹出式菜单中选择 Select Rows–Limit 1000，打开图 4-10 所示的编辑数据表的界面，即可对 xs 表中的数据进行编辑操作，其中，Edit 栏中包含 3 个按钮，分别为"修改""插入""删除"按钮。

图 4-10　编辑数据表

数据编辑完成后单击 Apply 按钮，可以预览当前操作的 SQL 语句，如图 4-11 所示。在下一个弹出的对话框中直接单击 Finish 按钮，即可完成对数据表 xs 中数据的修改。

图 4-11　预览当前操作的 SQL 语句

任务 3 操作学生成绩管理数据库中的索引

索引是 MySQL 中十分重要的数据库对象，常用于实现数据的快速查询，是数据库性能调优技术的基础。

4.3.1 认识索引

1. 索引的概念

在 MySQL 中，访问数据表的行数据有如下两种方式。

① 顺序访问，即在表中从头到尾逐行扫描，直到找到符合条件的所有行。顺序访问的实现比较简单，但是当表中有大量数据的时候，效率非常低。

② 索引访问，即通过遍历索引来直接访问表中的行。使用这种方式的前提是为表创建一个索引。

所谓索引就是根据数据表中的一列或若干列，按照一定顺序创建的列值与记录行之间的对应关系表，类似于书籍的目录，可以快速定位需要的信息，而无须从头到尾查阅整本书。索引存储了指定列数据值的指针，在列上创建了索引之后，查找数据时可以直接根据列的索引找到对应记录行的位置，从而快速地查找到数据，提高了数据库的查询性能。

2. 索引的类型

索引是在存储引擎中实现的，每种存储引擎的索引不一定完全相同，并且每种存储引擎也不一定支持所有索引类型。按照索引结构的特点，MySQL 中支持的索引主要分为 B-Tree 索引和 Hash 索引两种类型。MyISAM 和 InnoDB 存储引擎只支持 B-Tree 索引。

按照索引值的特点，可以将索引分为以下几类。

（1）普通索引。

普通索引是 MySQL 中的基本索引类型，是由 KEY 或 INDEX 定义的索引，允许在定义索引的列中插入重复值和空值。它可以创建在任何数据类型的列上。

（2）唯一索引。

唯一索引是由 UNIQUE 定义的索引，索引列的值必须是唯一的，但允许有空值。如果是组合索引，则列值的组合必须是唯一的。主键索引是一种特殊的唯一索引。

唯一索引要求所有数据行中任意两行的被索引列或索引列组合中不能存在重复值，包括不能有两个 NULL。因此，创建唯一索引的列最好设置为 NOT NULL。

对于已创建了唯一索引的数据表，当向表中添加记录或修改原有记录时，系统将检查添加的记录或修改后的记录是否满足唯一性的要求，如果不满足这个条件，系统会给出信息，提示操作失败。

（3）单列索引和组合索引。

单列索引指只包含单个列的索引。

组合索引是在数据表的多个列的组合上创建的索引，只有在查询条件中使用了这些列的左边列时，索引才会被使用。使用组合索引时遵循最左前缀集合原则。

（4）全文索引。

全文索引是由 FULLTEXT 定义的索引，是指在定义索引的列上支持值的全文查找。它用于查找文本中的关键词，而不是直接比较索引中的值。它只能创建在 CHAR、VARCHAR

或 TEXT 类型的列上。

FULLTEXT 用于搜索长文本时效果最好。

（5）空间索引。

空间索引是由 SPATIAL 定义的索引，只能在空间数据类型的列上创建，MySQL 的空间数据类型有 GEOMETRY、POINT、LINESTRING、POLYGON 4 种。

注意　要创建空间索引的列，必须将其声明为 NOT NULL，空间索引只能在存储引擎为 MyISAM 的表中创建。

3. 索引的优缺点

在数据库中创建索引主要有以下作用。

① 可以大大加快数据查询的速度。

② 在使用 ORDER BY、GROUP BY 子句进行数据查询时，利用索引可以显著减少排序和分组的时间。

③ 通过创建唯一索引可以保证数据表中每一行数据的唯一性。

④ 实现表与表之间的参照完整性时，可以加速表与表之间的连接。

索引使查询速度提高也是有代价的，主要表现在以下几个方面。

① 索引本身需要占用磁盘空间。

② 创建和维护索引需要耗费时间，并且随着数据量的增加耗费的时间也会增加。

③ 当对表中的数据进行增、删、改操作时，数据库要执行额外的操作来维护索引。例如，向有索引的表中插入记录时，数据库系统会按照索引进行排序，这样就降低了插入记录的速度，插入大量记录时对速度的影响会更加明显。

所以，设计索引时需要综合考虑索引的优点和缺点，科学地设计，才能使数据库整体性能提高。

4. 索引的创建原则

在实际操作过程中，创建索引时需要考虑以下原则。

① 索引并非越多越好。

② 不要在数据量小的表中创建索引。

③ 避免对经常更新的表创建过多的索引。

④ 尽量使用占用存储空间小的、具有简单数据类型的列创建索引。

⑤ 为常作为查询条件的列创建索引。

⑥ 为经常需要进行排序、分组和连接操作的列创建索引。

⑦ 不要在包含 NULL 值的列上创建索引。

⑧ 在经常更新修改的列上不要创建索引。

⑨ 选用字符串作为索引时，应尽可能指定前缀长度。

4.3.2　用命令方式创建索引

MySQL 支持多种方法来创建索引，可以在创建表的同时通过指定索引列来创建索引，也可以在已有表上使用 CREATE INDEX 语句或 ALTER TABLE 语句创建索引,使用 CREATE INDEX 语句一次只能创建一个索引,使用 ALTER TABLE 语句一次可以创建多个索引。

1. 查看索引

可以使用 SHOW INDEX 语句查看指定数据库的表中已经存在的索引,其语法格式如下。

```
SHOW INDEX FROM 表名 [FROM <数据库名>]
```

【例题 4.26】查看成绩管理数据库 cjgl 的学生表 xs 中已定义的索引。

执行如下 SQL 语句。

```
mysql> SHOW INDEX FROM xs FROM cjgl;
```

2. 使用 CREATE INDEX 语句在已有表上创建索引

可以使用 CREATE INDEX 语句为指定的表按照指定的列创建索引,其语法格式如下。

```
CREATE [UNIQUE|FULLTEXT|SPATIAL] INDEX|KEY [索引名]
 ON 表名(列名[(length)][ASC|DESC] [,...]);
```

说明

① 索引名:用于指定索引名;若不指定,则默认用创建索引的列名作为索引名称;一个表可以创建多个索引,但每个索引在表中的名称是唯一的。

② 表名:用于指定要创建索引的表。

③ 列名:用于指定要创建索引的列(索引列)。

④ length:用于指定列的前几个字符来创建索引;若不指定,则默认用整个列创建索引;使用列的一部分创建索引有利于减小索引文件的大小,节省索引列所占的空间。

⑤ ASC|DESC:分别表示创建索引时的排序方式为升序或降序,默认为升序。

⑥ UNIQUE:表示创建唯一索引。

FULLTEXT:表示创建全文索引。

SPATIAL:表示创建空间索引。

【例题 4.27】在成绩管理数据库 cjgl 中,为学生表 xs 的"姓名"列创建名为 idx_xs_xm 的普通索引。

添加索引之前,使用 SHOW INDEX 语句查看指定表中已创建的索引。

执行如下 SQL 语句。

```
mysql>CREATE INDEX idx_xs_xm ON xs(姓名);
```

使用 SHOW CREATE TABLE 语句查看表结构,检查索引是否创建成功。

```
mysql>SHOW CREATE TABLE xs\G
```

使用 EXPLAIN 语句查看索引是否正在使用。

```
mysql>EXPLAIN SELECT * FROM xs WHERE 姓名= '王元'\G
```

【例题 4.28】在成绩管理数据库 cjgl 中,在成绩表 cj 的"学号"列和"课程号"列上创建组合索引。

执行如下 SQL 语句。

```
mysql>CREATE INDEX idx_cj ON cj (学号,课程号);
```

查看创建结果，执行如下 SQL 语句。

```
mysql>SHOW CREATE TABLE cj\G
```

3. 在创建表时创建索引

在使用 CREATE TABLE 语句创建索引时，可以采用直接在某个列定义后面添加 INDEX 的方式。其语法格式如下。

```
CREATE TABLE 表名
( 列名 数据类型 [完整性约束条件],
 UNIQUE|FULLTEXT|SPATIAL] INDEX|KEY 索引名(列名[(length)][ASC|DESC]),)
```

【例题 4.29】在成绩管理数据库 cjgl 中，在课程表 kc 的"课程名"列上创建唯一索引 idx_kc。

执行如下 SQL 语句。

```
mysql>CREATE TABLE kc
    ( 课程号 CHAR(3) NOT NULL  PRIMARY  KEY,
     课程名 CHAR(16) NOT NULL,
     开课学期 TINYINT  NOT NULL CHECK  (开课学期 >=1 AND 开课学期<=6),
     学时 TINYINT  NOT NULL,
     学分 TINYINT  NULL ,
     UNIQUE INDEX idx_kc(课程名));
```

查看创建结果，执行如下 SQL 语句。

```
mysql>SHOW CREATE TABLE kc\G
```

4.3.3　用命令方式管理索引

1. 修改索引

在 MySQL 中没有修改索引的语句，可以通过删除原索引，再根据需要创建一个同名的索引来实现修改索引的操作。

2. 删除索引

不再需要的索引会降低表的更新速度，影响数据库的性能，可以使用 DROP INDEX 或 ALTER TABLE 语句将其删除。DROP INDEX 语句在内部被映射到 ALTER TABLE 语句中，其语法格式如下。

```
DROP  INDEX  索引名  ON 表名
```

【例题 4.30】在成绩管理数据库 cjgl 中，删除 xs 表的索引 idx_xs_xm。

执行如下 SQL 语句。

```
mysql> SHOW INDEX FROM xs\G
mysql> DROP INDEX idx_xs_xm ON xs;
```

查看索引是否删除，执行如下 SQL 语句。

```
mysql> SHOW INDEX FROM xs\G
```

如果删除的列是索引的组成部分，那么在删除该列时，也会将该列从索引中删除；如果组成索引的所有列都被删除，那么整个索引将被删除。

4.3.4 使用 MySQL Workbench 图形化工具创建和管理索引

1. 创建索引

在 MySQL Workbench 图形化工具中，打开修改数据表的窗口，单击下方的 Indexes 选项卡，打开图 4-12 所示的创建和管理索引对话框。

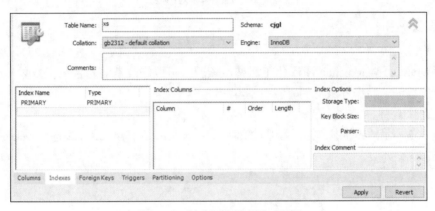

图 4-12　创建和管理索引对话框

在 Index Name 列中输入索引名 idx_xs_xm，从 Type 下拉列表中选择 UNIQUE，Index Columns 栏会自动显示学生表 xs 中的所有列名，勾选"姓名"复选框，在 Index Options 栏中的 Storage Type 下拉列表中选择 BTREE，其他参数采用默认值，如图 4-13 所示。

图 4-13　相关参数设置

设置完成后，单击 Apply 按钮，出现图 4-14 所示的应用脚本对话框。

单击 Apply 按钮，进入完成对话框，单击 Finish 按钮，即可完成在 cjgl 数据库的学生表 xs 的"姓名"列上创建唯一索引 idx_xs_xm。

在 MySQL Workbench 图形化工具中创建其他索引的操作步骤基本相同。

图 4-14　应用脚本对话框

2．管理索引

（1）修改索引。

利用 MySQL Workbench 图形化工具修改索引，可以修改索引的名字、类型、索引引用列和索引参数等，操作方法与创建索引基本相同。

（2）删除索引。

在图 4-13 所示的界面中，右击要删除的索引 idx_xs_xm，在弹出式菜单中选择 Delete Selected，如图 4-15 所示。

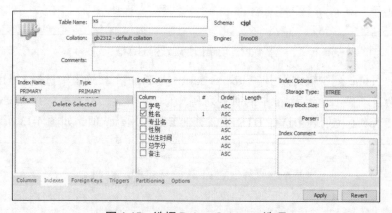

图 4-15　选择 Delete Selected 选项

单击 Apply 按钮，出现图 4-16 所示的删除索引的应用脚本对话框。再单击 Apply 按钮，进入完成对话框。单击 Finish 按钮，即可完成索引的删除。

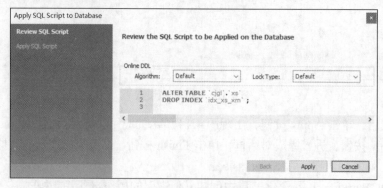

图 4-16　删除索引的应用脚本对话框

任务 4 实现学生成绩管理数据库中表的数据完整性

微课视频

4-6 实现学生成绩管理数据库中表的数据完整性

4.4.1 认识数据完整性

数据完整性是指数据库中的数据在逻辑上的一致性和准确性。使用完整性约束的目的是防止不合法的数据进入基表中。

数据库的完整性是通过数据库内容的完整性约束来实现的，用来表明数据库的存在状态是否合理。

在 MySQL 中，数据完整性包括实体完整性、域完整性和参照完整性。每一种数据完整性，都可以由不同的约束类型来实现。对于数据库的每个操作都要判定其是否符合完整性约束，只有当全部判定为符合时才可以执行。

当选择使用哪种方法维护数据完整性时，需要考虑系统开销和功能。一般来说，就系统开销而言，使用约束的系统开销最低，其次为使用默认值和规则的系统，开销最高的是使用触发器和存储过程的系统；而就功能而言，功能最强的是触发器和存储过程，其次为默认值和规则，最后是约束。因此，使用何种方法，要看具体情况。对于一些基本的完整性逻辑，尽量使用约束或规则，如对字段值的合法性限定等，只有在需要复杂的业务规则时，才使用触发器和存储过程。

4.4.2 用命令方式实现数据完整性

1. 实施实体完整性

实体完整性又称行完整性，它要求表中的每一行必须是唯一的。

可以通过主键约束、唯一约束、索引或标识属性来实现实体完整性。

2. 实施域完整性

域完整性又称列完整性，用于判断某一个列的输入是否有效，以保证数据库中的数据取值的合理性。

域完整性的实现方法有：通过定义列的数据类型来实现；通过定义 CHECK 约束、默认值和非空属性等来限定数据的格式及取值范围，以确保有效的数据输入列中。

3. 实施参照完整性

（1）参照完整性的概念。

参照完整性又称引用完整性，要求对两个关联的表进行数据插入和删除操作时，它们之间的数据是一致的。这两个表中一个称为主表，另一个称为从表。

所谓主表也称父表或引用表（Referenced Table），即对于两个具有关联关系的表而言，关联字段中主键所在的那个表，而关联字段中外键所在的那个表称为从表也称子表或被引用表。例如，对于 cjgl 数据库中的学生表和成绩表而言，学号是学生表的主键、成绩表的外键，所以学生表是主表，成绩表是从表。

主表和从表间的参照完整性是通过定义主键和外键之间的对应关系来实现的。

外键用来建立主表与从表的关联关系，为两个表的数据建立连接。它可以由一列或多列组成。

外键可以不是从表的主键，但必须关联主表的主键，且关联字段的个数必须相同、数据类型必须匹配，否则系统会报错。外键可以为空值，若不为空值，则每一个外键值必须等于主表中主键的某个值。从表定义外键后，不允许删除主表中具有关联关系的行，从而保持两个表数据的一致性、完整性。

一个表可以有一个或多个外键。例如，对于 cjgl 数据库中的课程表和成绩表来说，将课程号定义为课程表的主键、成绩表的外键，从而建立主表和从表之间的联系，实现了参照完整性。此时，成绩表有学号和课程号两个外键。

（2）实现参照完整性的方法。

可通过创建外键约束的方法来实现表的参照完整性。

① 创建表时定义外键约束。

在 CREATE TABLE 语句中，通过 FOREIGN KEY 关键字来指定外键，其语法格式如下。

```
CREATE TABLE 表名
(外键列名 数据类型 [FOREIGN KEY] REFERENCES 主表名(主键列名),
... );
```

或

```
[CONSTRAINT 外键约束名] FOREIGN KEY(外键列名) REFERENCES 主表名 (主键列名)
```

【例题 4.31】 在成绩管理数据库 cjgl 中创建学生表 xs 和成绩表 cj，同时实现两表的参照完整性。

在定义外键前必须先创建主表并定义主表的主键。主表为学生表 xs，定义学号为主键。执行如下 SQL 语句。

```
mysql>CREATE TABLE xs (
'学号' CHAR(6) NOT NULL PRIMARY KEY ,
'姓名' CHAR(8) NOT NULL,
'专业名' CHAR(10) NULL,
'性别' ENUM('男', '女') NOT NULL DEFAULT '男'  CHECK(性别='男' OR 性别='女') ,
'出生时间' DATETIME NOT NULL,
'总学分' TINYINT(1) NULL COMMENT ' ',
'备注' TEXT(2) NULL);
```

然后创建从表成绩表 cj，定义学号为外键。执行如下 SQL 语句。

```
mysql>CREATE TABLE cj
( 学号 CHAR(6) NOT NULL,
  课程号 CHAR(3) NOT NULL,
  成绩 TINYINT(1),
  PRIMARY  KEY(学号,课程号),
  CONSTRAINT FK_xh FOREIGN KEY(学号) REFERENCES xs(学号));
```

使用 SHOW CREATE TABLE 命令查看成绩表 cj 的外键约束，执行如下 SQL 语句。

```
mysql>SHOW CREATE TABLE cj\G
```

② 通过修改表定义外键约束。

也可以在修改数据表时添加外键约束，其语法格式如下。

```
ALTER TABLE 表名
ADD CONSTRAINT 外键约束名 FOREIGN KEY (外键列名) REFERENCES 主表名(主键列名);
```

【例题 4.32】在成绩管理数据库 cjgl 中实现课程表 kc 和成绩表 cj 的参照完整性。

执行如下 SQL 语句。

```
mysql>ALTER TABLE cj
ADD CONSTRAINT FK_kch FOREIGN KEY(课程号) REFERENCES kc(课程号);
```

使用 SHOW CREATE TABLE 命令查看成绩表 cj 的外键约束，执行如下 SQL 语句。

```
mysql> SHOW CREATE TABLE cj\G
```

在为已经创建好的数据表添加外键约束时，要确保添加外键约束的列的值全部来源于主键列，并且外键列不能为空。

（3）删除表间的参照关系。

删除从表的外键约束即可删除主表和从表间的参照关系，其语法格式如下。

```
ALTER TABLE 表名 DROP FOREIGN KEY 外键约束名;
```

【例题 4.33】删除例题 4.32 中创建的 FK_kch 外键约束。

执行如下 SQL 语句。

```
ALTER TABLE cj DROP FOREIGN KEY FK_kch;
```

使用 SHOW CREATE TABLE 语句查看成绩表 cj 的外键约束，执行如下 SQL 语句。

```
mysql> SHOW CREATE TABLE cj\G
```

对定义了参照完整性的两个表进行操作时必须遵循以下原则。

① 从表不能引用不存在的键值。

② 如果主表中的某个键值更改了，那么在整个数据库中，对从表中该键值的所有引用要进行一致的更改。

③ 如果主表中没有关联的记录，则不能将记录添加到从表。

④ 如果要删除主表中的某一记录，应先删除从表中与该记录匹配的相关记录。

当主表中存在外键约束时，不能被直接删除。此时删除主表有两种方法：一是先删除与它关联的从表，再删除主表；二是先将关联表的外键约束取消，再删除主表，这种方法适用于需要保留从表的数据、只删除主表的情况。

4.4.3 使用 MySQL Workbench 图形化工具实现数据完整性

在本单元的 4.1.2 小节中，已经介绍了在 MySQL Workbench 图形化工具中的修改数据表窗口中如何设置主键约束、唯一约束、默认值约束、非空约束，本小节主要介绍如何设置外键约束。

在 MySQL Workbench 图形化工具中，打开修改数据表的窗口，单击下方的 Foreign Keys 选项卡，打开图 4-17 所示的对话框。

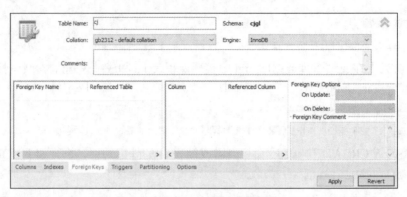

图 4-17　创建和管理外键的对话框

1. 创建外键约束

在 Foreign Key Name 列中填入外键名称 FK_kch，在 Referenced Table 列的下拉列表中选择当前数据库中的课程表 kc，在 Column 列中勾选"课程号"复选框，选择主表 kc 的关联字段"课程号"，如图 4-18 所示。

图 4-18　设置外键的相关参数

设置完成之后，单击 Apply 按钮可以预览当前操作的 SQL 语句，如图 4-19 所示。然后单击 Apply 按钮，在弹出的完成对话框中单击 Finish 按钮，即可创建成绩表 cj 的外键 FK_kch。

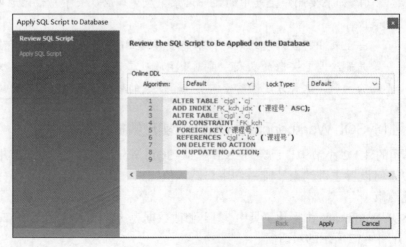

图 4-19　创建外键的 SQL 语句

2. 取消外键约束

在外键约束的列表中，右击要删除的外键，在弹出式菜单中选择 Delete selected，如图 4-20 所示。

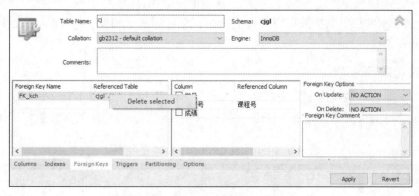

图 4-20   选择 Delete selected 选项

单击 Apply 按钮，可以预览当前操作的 SQL 语句，如图 4-21 所示。单击 Apply 按钮，在弹出的完成对话框中单击 Finish 按钮，即可完成对成绩表 cj 中外键 FK_kch 的删除。

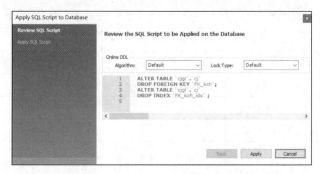

图 4-21   删除外键的 SQL 语句

单元小结

表是数据库中最重要的数据库对象之一，它包含数据库中所有的数据，表的好坏直接关系到数据库应用的成功与否。索引是对数据表中的一个或多个列的值进行排序的结构，通过索引可以快速访问表中的记录，提高数据库的查询性能。数据完整性是指数据库中的数据正确、一致、完整。数据完整性包括实体完整性、域完整性和参照完整性。

通过完成本单元的任务，应该掌握在 MySQL 中利用命令和 MySQL Workbench 图形化工具创建、修改、查看、删除数据表和操作表中数据的方法；了解索引的作用和类型，能在数据表上实现索引；了解数据完整性的概念和类型，掌握其实现方法。

实验 4   创建人力资源管理数据库中的表和操作表数据

一、实验目的

1. 了解表的结构特点。

2. 掌握利用 MySQL Workbench 图形化工具创建、修改、查看、删除表的操作。

3. 掌握利用命令创建、修改、查看、删除表的操作。

4. 掌握利用 MySQL Workbench 图形化工具插入、修改、查看、删除记录的操作。

5. 掌握利用命令插入、修改、查看、删除记录的操作。

6. 了解 MySQL 中维护数据完整性的机制，掌握用命令和 MySQL Workbench 图形化工具实现数据完整性的方法。

二、实验内容

在人力资源管理数据库 HR 中有 7 张数据表，它们的结构如表 4-7～表 4-13 所示，表数据参见附录。本实验要求创建这 7 张表，并输入相关数据，为后面的实验做好准备。

表 4-7　部门表 departments 的结构

列名	数据类型	长度	是否允许为空值	说明
department_id	INT	4	×	部门编号，主键
department_name	VARCHAR	30	×	部门名称
manager_id	INT	6	√	经理编号
location_id	INT	4	√	位置号

表 4-8　员工表 employees 的结构

列名	数据类型	长度	是否允许为空值	说明
employee_id	INT	6	×	员工号，主键
firstname	VARCHAR	20	√	名
lastname	VARCHAR	25	×	姓
email	VARCHAR	25	×	电子邮箱
phone_number	VARCHAR	20	√	手机号
hire_date	DATE		×	聘用日期
job_id	VARCHAR	10	×	工作号
salary	DECIMAL	8,2	√	工资
commision_pct	DECIMAL	2,2	√	佣金比
manager_id	INT	6	√	经理编号
department_id	INT	4	√	部门编号

表 4-9　工作表 jobs 的结构

列名	数据类型	长度	是否允许为空值	说明
job_id	VARCHAR	10	×	工作号，主键
job_title	VARCHAR	35	×	工作名
min_salary	INT	6	√	最低工资
max_salary	INT	6	√	最高工资

表 4-10 工作变动表 job_history 的结构

列名	数据类型	长度	是否允许为空值	说明
employee_id	INT	6	×	员工号，主键
start_date	DATE		×	入职时间，主键
end_date	DATE		×	离职时间
job_id	VARCHAR	10	×	工作号
department_id	INT	4	√	部门编号

表 4-11 位置表 locations 的结构

列名	数据类型	长度	是否允许为空值	说明
location_id	INT	4	×	位置号，主键
street_address	VARCHAR	40	√	街区地址
postal_code	VARCHAR	12	√	邮编
city	VARCHAR	30	×	城市
state_province	VARCHAR	25	√	省份
country_id	CHAR	2	√	国家编号

表 4-12 地区表 regions 的结构

列名	数据类型	长度	是否允许为空值	说明
region_id	INT	2	×	地区编号，主键
region_name	VARCHAR	25	√	地区名

表 4-13 国家表 countries 的结构

列名	数据类型	长度	是否允许为空值	说明
country_id	CHAR	2	×	国家编号，主键
country_name	VARCHAR	30	×	国家名
region_id	INT	2	×	地区编号

数据表的主要业务规则和它们之间的联系如图 4-22 所示，具体说明如下。

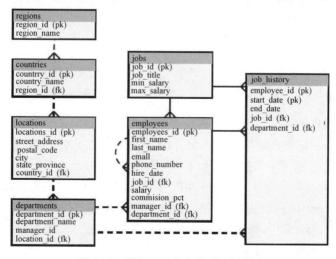

图 4-22 数据表的业务规则及其联系

- 每个部门可以雇佣一个或多个员工。每个员工被分配到一个（仅一个）部门。
- 每个职务必须是一个或多个员工的职务。当前必须已为每个员工分配了一个（仅一个）职务。
- 当一个员工更改了其部门或职务时，job_history 表中会记录相关数据。
- job_history 表由复合主键，即 employee_id 和 start_date 列标识。

实线表示必须使用的外键约束条件，虚线表示可选的外键约束条件。

- employees 表自身也有一个外键约束条件。

三、实验步骤

1. 利用 MySQL Workbench 图形化工具创建、修改和查看员工表 employees 的结构。
2. 利用命令创建和修改部门表 departments 的结构。
3. 利用 MySQL Workbench 图形化工具向员工表 employees 中插入员工记录。
4. 利用 MySQL Workbench 图形化工具修改、查看和删除员工表 employees 中的记录。注意在对数据进行操作时，必须保持数据的完整性。
5. 利用命令插入、修改和删除员工表 employees 中的记录。
6. 利用命令插入、修改和删除部门表 departments 中的记录。
7. 利用命令删除部门表 departments。
8. 依次创建其他表。

四、实验报告要求

1. 实验报告分为实验目的、实验内容、实验步骤、实验心得 4 个部分。
2. 把相关的语句、结果和关键步骤的截图放在实验报告中。
3. 写出详细的实验心得。

实验 5 创建和管理人力资源管理数据库中的索引

一、实验目的

1. 掌握使用 MySQL Workbench 图形化工具创建、修改、查看、删除索引的方法。
2. 掌握利用命令创建、修改、查看、删除索引的方法。

二、实验内容

根据实验 4 中的员工表 employees，创建并管理索引。

三、实验步骤

1. 对于员工表 employees，完成下列操作。

（1）为 employee_id 列创建唯一聚集索引 EMP_EMP_ID_PK。

（2）为姓名列创建非唯一非聚集索引 EMP_NAME_IX。

（3）为 manager_id 列创建唯一索引 EMP_MANAGER_IX，并查看、修改、删除该索引。

（4）为 department_id 列创建唯一索引 EMP_DEPARTMENT_IX。

（5）为 email 列创建索引 EMP_EMAIL_UK。

（6）为 job_id 列创建索引 EMP_JOB_IX。

2. 依次在其他表上创建下列索引。

```
COUNTRY_C_ID_PK
DEPT_ID_PK
DEPT_LOCATION_IX
JHIST_DEPARTMENT_IX
JHIST_EMPLOYEE_IX
JHIST_EMP_ID_ST_DATE_PK
JHIST_JOB_IX
JOB_ID_PK
LOC_CITY_IX
LOC_COUNTRY_IX
LOC_ID_PK
LOC_STATE_PROVINCE_IX
REG_ID_PK
```

四、实验报告要求

1. 实验报告分为实验目的、实验内容、实验步骤、实验心得 4 个部分。
2. 把相关的语句、结果和关键步骤的截图放在实验报告中。
3. 写出详细的实验心得。

习题 4

一、选择题

1. 下面的（　　）语句用来创建数据表。

    A. CREATE DATABASE   B. CREATE TABLE

    C. DELETE TABLE   D. ALTER TABLE

2. 设置表的默认字符集的关键字是（　　）。

    A. DEFAULT CHARACTER   B. DEFAULT SET

    C. DEFAULT   D. DEFAULT CHARACTER SET

3. 创建表时，不允许某列的值为空可以使用（　　）

    A. NOT NULL   B. NOT BLANK   C. NO NULL   D. NO BLANK

4. 修改表结构时，使用的命令是（　　）。

    A. UPDATE   B. INSERT   C. ALTER   D. MODIFY

5. 在 MySQL 中，用于删除列的 SQL 语句是（　　）。

    A. ALTER TABLE...DELETE

    B. ALTER TABLE...DELETE COLUMN...

    C. ALTER TABLE...DROP

    D. ALTER TABLE...DROP COLUMN...

6. 用于删除表的命令是（　　）。

    A. DELETE   B. DROP   C. CLEAR   D. REMOVE

7. 以下不是输入数据无效的原因是（　　）。

    A 列的取值范围   B. 列值需要的存储空间

C. 列值的精度 　　　　　　　　　　D. 设计者的习惯

8. 要快速清空一张表的数据，可以使用（　　）语句。

A. DELETE TABLE 　　　　　　　　　B. TRUNCATE TABLE

C. DROP TABLE 　　　　　　　　　　D. CLEAR TABLE

9. 关于 TRUNCATE TABLE 语句描述不正确的是（　　）。

A. TRUNCATE TABLE 语句用于删除表中的所有数据

B. 表中包含 AUTO_INCREMENT 列，使用 TRUNCATE TABLE 语句可以重置序列值为列的初始值

C. TRUNCATE 操作比 DELETE 操作占用的资源多

D. TRUNCATE TABLE 语句先删除表，然后重新构建表

10. 以下关于主键的描述正确的是（　　）。

A. 标识表中唯一的实体 　　　　　　B. 创建唯一索引，允许空值

C. 只允许以表中第一个字段建立 　　D. 表中允许有多个主键

11. 主键约束是非空约束和（　　）的组合。

A. 检查约束 　　　B. 唯一性约束 　　　C. 空值约束 　　　D. 默认约束

二、简答题

1. 列的命名要求是什么？

2. 简要说明空值的概念及其作用。

3. 试述主键约束与唯一性约束的异同点。

4. 索引有何优缺点？

5. 试说明数据完整性的种类及其实现方法。

单元 ⑤　查询数据

单元目标

【知识目标】

■　熟练掌握使用 SELECT 语句查询单个数据表中列数据的方法。

■　熟练掌握使用 SELECT 语句查询单个数据表中行数据的方法。

■　熟练掌握对查询结果进行排序的方法。

■　熟练掌握利用聚合函数对查询结果进行统计的方法。

■　熟练掌握分组查询的方法，理解 HAVING 与 WHERE 子句的区别。

■　理解交叉连接、等值连接、自然连接之间的关系，熟练掌握使用连接查询查询多个数据表中数据的方法。

■　掌握左外连接和右外连接的方法。

■　理解子查询，掌握使用子查询查询数据的方法。

【技能目标】

■　会进行精确查询和模糊查询。

■　会根据需要使用聚合函数进行查询结果的统计或汇总。

■　会按照要求对查询结果排序。

■　会根据需要对查询结果分组。

■　会根据需要实现多表查询。

■　会实现子查询。

【素质目标】

使学生理解数据库的主要用途，培养学生主动探索和自主学习的能力。

使用数据库和表的主要目的是存储数据，以便在需要的时候进行查询、统计和输出，数据库的查询是数据库应用中最核心和最常用的操作。在 MySQL 中，对数据库的查询使用 SELECT 语句，该语句是 SQL 的核心，具有十分强大的功能且使用灵活。

使用 SELECT 语句既可以完成简单的单表查询，也可以完成复杂的连接查询和子查询，其基本语法格式如下。

```
SELECT
    [ALL|DISTINCT|DISTINCTROW ]
    select_expr [,select_expr] ...
    [FROM table_references
```

```
[PARTITION partition_list]]
[WHERE where_condition]
[GROUP BY {col_name|expr|position}[ASC|DESC],...[WITH ROLLUP]]
[HAVING where_condition]
[ORDER BY {col_name|expr|position}[ASC|DESC],...]
[LIMIT {[offset,] row_count|row_count OFFSET offset}]
```

① SELECT 子句：用于指定要从表中查询的列或行及其限定条件，它可以是星号（*）、列表、变量、表达式等。

② FROM 子句：用于指定查询的数据源，可以是表或视图。

③ WHERE 子句：用于指定查询的范围和条件，以控制结果集中的记录构成。

④ GROUP BY 子句：用于将查询结果按指定的列进行分组；其中 HAVING 为可选参数，用于对分组后的结果集进行筛选。

⑤ ORDER BY 子句：用于对查询结果集按指定的一个或多个列进行排序；ASC 表示升序，DESC 表示降序，默认情况下是升序。

⑥ LIMIT 子句：用于限制查询结果集的行数；OFFSET 为偏移量。

任务1 实现学生成绩管理数据库的单表查询

单表查询是指仅涉及一个表的查询。

5.1.1 选择列

最基本的 SELECT 语句仅有要返回的列和这些列的来源表，这种不使用 WHERE 子句的查询称为无条件查询，也称作投影查询。

微课视频

5-1 实现学生成绩管理数据库的单表查询（1）

1. 查询表中所有的列

使用 SELECT 语句查询表中所有的列时，不必逐一列出列名，可用"*"通配符代替所有列名，但此时只能按照数据表中列的原有顺序进行排列。

【例题 5.1】在学生成绩管理数据库 cjgl 中，查询学生表 xs 中每位学生的信息。

可以通过 MySQL Workbench 图形化工具执行 SELECT 语句来实现查询。

打开 MySQL Workbench 图形化工具，单击工具栏上的"Create a new SQL tab for executing queries"按钮，创建用于执行查询的新 SQL 选项卡，在代码编辑区输入如下语句，然后单击代码编辑区上方的执行按钮，得到图 5-1 所示的查询结果。

```
USE cjgl;
SELECT * FROM xs;
```

2. 查询表中指定的列

许多情况下，用户只对表中的部分列感兴趣，可以使用 SELECT 语句查询表中指定的列，各列名之间要以英文逗号分隔，列的显示顺序可以改变。

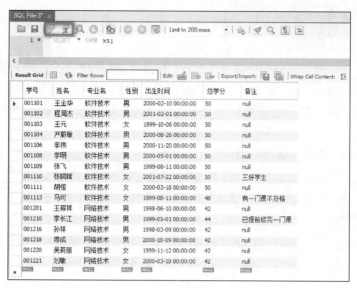

图 5-1 例题 5.1 的运行结果

当列名很长或者涉及计算列时，为了方便阅读，可以在列名之后使用 AS 子句来自定义列标题（别名）以取代原来的列名。AS 关键字可以省略，省略后列名和别名用空格隔开。

【例题 5.2】在学生成绩管理数据库 cjgl 中，查询学生表 xs 中每位同学的姓名、学号和专业名。

可以通过 MySQL 命令行客户端执行如下语句来实现查询，结果如图 5-2 所示。

```
mysql>USE cjgl;
mysql>SELECT 姓名,学号,专业名 AS 专业  FROM  xs;
```

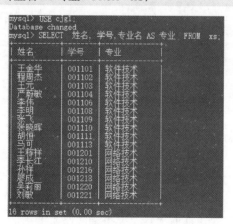

图 5-2 例题 5.2 的运行结果

若自定义的别名中含有空格，则必须使用引号将别名引起来。

如 SELECT 姓名,学号,专业名 '专 业' FROM xs;

可以用同样的方式为数据表指定别名。表别名只在执行查询时使用，并不在返回结果中显示。例如下面的语句。

```
SELECT  姓名,学号,专业名  '专 业' FROM  xs AS a;
```

3. 查询经过计算的列

SELECT 子句中的列名列表可以是表达式，如例题 5.3 中用到了日期函数 year()，用于输出对列值计算后的值。

【例题 5.3】 在学生成绩管理数据库 cjgl 中，查询学生表 xs 中每位同学的学号、姓名和年龄。

执行如下语句，结果如图 5-3 所示。

```
USE cjgl;
SELECT  学号,姓名,year(now())-year(出生时间) AS 年龄 FROM  xs;
```

4. 消除重复行

关键字 DISTINCT 可用于消除查询结果中以某列为依据的重复行，以保证行的唯一性。

DISTINCT 关键字必须放在列名列表的前面，如果涉及多个列，则会对多个列进行组合去重。

【例题 5.4】 在学生成绩管理数据库 cjgl 中，查询选修了课程的学生的学号。

执行如下语句，结果如图 5-4 所示。

```
USE cjgl;
SELECT  DISTINCT 学号 FROM  cj;
```

学号	姓名	年龄
001101	王金华	22
001102	程周杰	21
001103	王元	23
001104	严蔚敏	22
001106	李伟	22
001108	李明	22
001109	张飞	23
001110	张晓晖	21
001111	胡恒	22
001113	马可	23
001201	王稼祥	24
001210	李长江	23
001216	孙祥	24
001218	廖成	22
001220	吴莉丽	23
001221	刘敏	22

图 5-3　例题 5.3 的运行结果

学号
001 07
001101
001102
001103
001104
001106
001107
001108
001109
001110
001111
001113
001201

图 5-4　例题 5.4 的运行结果

成绩表中相同学号的记录可能有多行，要查询选修了课程的学生的学号，只需要保留一条选课记录。

5. 限制返回的行数

当数据表中有很多行数据时，一次性查询出表中的全部数据会降低数据返回的速度。可以用 LIMIT 子句来限制查询结果返回的行数。

LIMIT 子句可用于指定查询结果从哪条记录开始显示多少条记录，其基本语法格式如下。

```
LIMIT [offset,] row_count | row_count OFFSET offset
```

说明

① row_count：表示显示的记录条数。

② OFFSET：表示偏移量；偏移量为 0 表示从第 1 条记录开始显示，偏移量为 1 表示从第 2 条记录开始显示，以此类推。

【例题 5.5】在学生成绩管理数据库 cjgl 中，查询选修了课程的前 6 位学生的学号，返回从第 3 条记录开始的 4 条记录。

执行如下语句，结果如图 5-5 所示。

```
USE cjgl;
SELECT 学号 FROM cj LIMIT 6;
SELECT 学号 FROM cj LIMIT 2,4;
```

或

```
SELECT 学号 FROM cj LIMIT 4 OFFSET 2;
```

学号
001101
001101
001101
001102
001102
001103

学号
001101
001102
001102
001103

图 5-5　例题 5.5 的运行结果

5.1.2　选择行

当要在表中查找出满足某些条件的行时，需要使用 WHERE 子句指定查询条件，这种查询称为选择查询，其语法格式如下。

```
WHERE <search_condition>
```

其中，查询条件可以是表达式比较、范围比较、确定集合、模糊查询、空值判断和子查询等表达式，其结果为 TRUE、FALSE 或 UNKNOWN。

微课视频

5-2　实现学生成绩管理数据库的单表查询（2）

1. 表达式比较

比较运算符用于比较两个表达式的值。比较运算的语法格式如下。

```
expression {=|<|<=|>|>=|<>} expression
```

其中，expression 是除 TEXT、NTEXT 和 IMAGE 类型外的表达式。

【例题 5.6】在学生成绩管理数据库 cjgl 中，查询软件技术专业的学生的信息。

执行如下语句，结果如图 5-6 所示。

```
USE cjgl;
SELECT * FROM xs WHERE 专业名='软件技术';
```

当需要通过 WHERE 子句指定一个以上的查询条件时，则需要使用逻辑运算符 AND、OR、XOR 和 NOT 将其连成复合的逻辑表达式。

AND 表示记录满足所有查询条件时，才会被查询出来。

OR 表示记录满足任意一个查询条件时，就会被查询出来。

XOR 表示记录满足其中一个条件，并且不满足另一个条件时，才会被查询出来。

学号	姓名	专业名	性别	出生时间	总学分	备注
001101	王金华	软件技术	男	2000-02-10 00:00:00	50	null
001102	程周杰	软件技术	男	2001-02-01 00:00:00	50	null
001103	王元	软件技术	女	1999-10-06 00:00:00	50	null
001104	严蔚敏	软件技术	男	2000-08-26 00:00:00	50	null
001106	李伟	软件技术	男	2000-11-20 00:00:00	50	null
001108	李明	软件技术	男	2000-05-01 00:00:00	50	null
001109	张飞	软件技术	男	1999-08-11 00:00:00	50	null
001110	张晓晖	软件技术	女	2001-07-22 00:00:00	50	三好学生
001111	胡恒	软件技术	女	2000-03-18 00:00:00	50	null
001113	马可	软件技术	女	1999-08-11 00:00:00	48	
NULL	NULL	NULL	NULL	NULL	NULL	NULL

图 5-6　例题 5.6 的运行结果

NOT 表示记录不满足查询条件时，才会被查询出来。

这些逻辑运算符的优先级由高到低为 NOT、AND、XOR、OR，可以使用括号改变优先级。

【例题 5.7】在学生成绩管理数据库 cjgl 中，查询软件技术专业的男同学的信息。

执行如下语句，结果如图 5-7 所示。

```
USE cjgl;
SELECT * FROM xs WHERE 专业名='软件技术' AND 性别='男';
```

学号	姓名	专业名	性别	出生时间	总学分	备注
001101	王金华	软件技术	男	2000-02-10 00:00:00	50	null
001102	程周杰	软件技术	男	2001-02-01 00:00:00	50	null
001104	严蔚敏	软件技术	男	2000-08-26 00:00:00	50	null
001106	李伟	软件技术	男	2000-11-20 00:00:00	50	null
001108	李明	软件技术	男	2000-05-01 00:00:00	50	null
001109	张飞	软件技术	男	1999-08-11 00:00:00	50	null

图 5-7　例题 5.7 的运行结果

2. 范围比较

当要查询的条件是某个值的范围时，可以使用关键字 BETWEEN。BETWEEN 用于检查某个值是否在两个值之间，其语法格式如下。

```
expression [NOT] BETWEEN expression1 AND expression2
```

expression1 的值不能大于 expression2 的值。

【例题 5.8】在学生成绩管理数据库 cjgl 中，查询 2000 年出生的学生的信息。

执行如下语句，结果如图 5-8 所示。

```
USE cjgl;
SELECT * FROM xs
WHERE 出生时间 BETWEEN '2000-1-1' AND '2000-12-31';
```

或

```
SELECT * FROM xs WHERE year(出生时间)=2000;
```

学号	姓名	专业名	性别	出生时间	总学分	备注
001101	王金华	软件技术	男	2000-02-10 00:00:00	50	null
001104	严蔚敏	软件技术	男	2000-08-26 00:00:00	50	null
001106	李伟	软件技术	男	2000-11-20 00:00:00	50	null
001108	李明	软件技术	男	2000-05-01 00:00:00	50	null
001111	胡恒	软件技术	女	2000-03-18 00:00:00	50	null
001218	廖成	网络技术	男	2000-10-09 00:00:00	42	null
001221	刘敏	网络技术	女	2000-03-18 00:00:00	42	null

图 5-8 例题 5.8 的运行结果

3. 确定集合

IN 运算符用来查询属性值属于指定集合的元组，主要用于表达子查询，其语法格式如下。

```
expression [NOT] IN ( subquery|expression[,...n] )
```

使用 IN 运算符时不允许值列表中出现空值。

【例题 5.9】在学生成绩管理数据库 cjgl 中，查找选修了课程号为"101"或"102"的同学的信息。

执行如下语句，结果如图 5-9 所示。

```
USE cjgl;
SELECT 学号,课程号 FROM  cj WHERE  课程号 IN ('101','102');
```

或

```
SELECT 学号,课程号 FROM  cj WHERE  课程号='101' OR 课程号=
'102';
```

由此可以看出，IN 运算符实际上是多个 OR 运算符的缩写。

4. 模糊查询

当不知道精确的值时，可以使用 LIKE 关键字进行部分匹配查询，也称模糊查询。LIKE 关键字用于判断一个字符串是否与指定的字符串匹配，其运算对象可以是 CHAR、VARCHAR、TEXT、NTEXT、DATETIME 和 SMALLDATETIME 类型的数据，返回逻辑值 True 或 False。模糊查询的一般语法格式如下。

```
string_expression [NOT] LIKE string_expression [ESCAPE
escape_character]
```

字符串常量可以包含表 5-1 所示的 MySQL 通配符。

学号	课程号
001101	101
001101	102
001102	102
001103	101
001103	102
001104	101
001104	102
001106	101
001106	102
001107	101
001107	102
001108	101
001108	102
001109	101
001109	102
001110	101
001110	102
001113	101
001113	102
001201	101
001201	102

图 5-9 例题 5.9 的运行结果

表 5-1　MySQL 的通配符及其说明

通配符	说明
_	表示单个字符
%	表示任意长度的字符串
[ ]	与特定范围（如［a-f］）或特定集（如［abcdef］）中的任意单个字符匹配
[^]	与特定范围（如［^a-f］）或特定集（如［^abcdef］）之外的任意单个字符匹配

"%"通配符不能用于匹配 NULL。

若要匹配用作通配符的字符，可用关键字 ESCAPE，ESCAPE escape_character 表示将字符 escape_character 作为实际的字符对待。

【例题 5.10】在学生成绩管理数据库 cjgl 中，查找所有王姓同学的学号和姓名；查询姓名中第 2 个汉字是"长"的同学的学号和姓名。

执行如下语句，结果如图 5-10 所示。

```
USE cjgl;
SELECT 学号,姓名 FROM  xs  WHERE 姓名 LIKE  '王%';
SELECT 学号,姓名 FROM  xs  WHERE  姓名 LIKE  '_长%';
```

学号	姓名
001101	王金华
001103	王元
001201	王稼祥

学号	姓名
001210	李长江

图 5-10　例题 5.10 的运行结果

5. 空值判断

当需要判定一个表达式的值是否为空值时，可使用 IS NULL 关键字，其语法格式如下。

```
expression IS [NOT] NULL
```

【例题 5.11】在学生成绩管理数据库 cjgl 中，查询没有考试成绩的学生的学号和相应的课程号。

在查询窗口中输入如下 SQL 语句并执行。

```
USE cjgl;
SELECT 学号,课程号 FROM cj WHERE 成绩 IS NULL;
```

这里的空值条件不能写成"成绩=NULL"。

5.1.3　对查询结果进行排序

使用 ORDER BY 子句可以对查询结果进行排序，其语法格式如下。

```
ORDER BY {col_name|expr|position} [ASC|DESC][,...n]
```

其中，列名、表达式和位置值用于指定排序关键字。位置值表示排序列在选择列表中所处位置的序号。

多个列名间以英文逗号分隔，查询结果先按指定的第一列进行排序，然后按指定的下一列进行排序。

排序方式可以指定为降序（DESC）或升序（ASC），默认为升序。

ORDER BY 子句必须出现在其他子句之后。

【例题 5.12】在学生成绩管理数据库 cjgl 中，将软件技术专业的学生按出生时间降序排列。
执行如下语句，结果如图 5-11 所示。

```
USE cjgl;
SELECT * FROM xs
WHERE 专业名 = '软件技术'
ORDER BY 出生时间,姓名 DESC;
```

学号	姓名	专业名	性别	出生时间	总学分	备注
001109	张飞	软件技术	男	1999-08-11 00:00:00	50	null
001113	马可	软件技术	女	1999-08-11 00:00:00	48	有一门课不及格
001103	王元	软件技术	女	1999-10-06 00:00:00	50	null
001101	王金华	软件技术	男	2000-02-10 00:00:00	50	null
001111	胡恒	软件技术	女	2000-03-18 00:00:00	50	null
001108	李明	软件技术	男	2000-05-01 00:00:00	50	null
001104	严蔚敏	软件技术	男	2000-08-26 00:00:00	50	null
001106	李伟	软件技术	男	2000-11-20 00:00:00	50	null
001102	程周杰	软件技术	男	2001-02-01 00:00:00	50	null
001110	张晓晖	软件技术	女	2001-07-22 00:00:00	50	三好学生

图 5-11 例题 5.12 的运行结果

5.1.4 使用聚合函数查询

在 SELECT 语句中，可以利用聚合函数对查询结果进行统计。

聚合函数也称为统计函数，主要用于对数据集合进行统计，返回单个计算结果，如总和、平均值、最大值、最小值、行数，一般用于 SELECT 子句、HAVING 子句和 ORDER BY 子句中。

MySQL 提供的聚合函数如表 5-2 所示。

微课视频

5-3 实现学生成绩管理数据库的单表查询（3）

表 5-2 MySQL 中的聚合函数及说明

函数	说明
AVG()	求一组值的平均值
BINARY_CHECKSUM()	返回对表中的行或表达式列表计算的二进制校验值，可用于检测表中行的更改
CHECKSUM()	返回在表的行上或在表达式列表上计算的校验值，用于生成 Hash 索引
CHECKSUM_AGG()	返回一组值的校验值

续表

函数	说明
COUNT()	求组中值的项数，返回 INT 类型的整数
COUNT_BIG()	求组中值的项数，返回 BIGINT 类型的整数
GROUPING()	产生一个附加的列
MAX()	求最大值
MIN()	求最小值
SUM()	返回表达式中所有值的和
STDEV()	返回给定表达式中所有值的统计标准差
STDEVP()	返回给定表达式中所有值的填充统计标准差
VAR()	返回给定表达式中所有值的统计方差
VARP()	返回给定表达式中所有值的填充统计方差

下面介绍几个常用的聚合函数。

1. SUM()和 AVG()

SUM()和 AVG()分别用于求表达式中所有值的总和与平均值，忽略空值。其语法格式如下。

```
SUM/AVG([ALL|DISTINCT]expression)
```

【例题 5.13】在学生成绩管理数据库 cjgl 中，查询学号为"001101"的学生的总分和平均分。

执行如下语句，结果如图 5-12 所示。

```
USE cjgl;
SELECT  SUM(成绩) AS 总分,AVG(成绩) AS 平均分
FROM cj
WHERE 学号= '001101';
```

总分	平均分
234	78.0000

图 5-12　例题 5.13 的运行结果

2. MAX()和 MIN()

MAX()和 MIN()分别用于求表达式中所有值的最大值与最小值，忽略空值。其语法格式如下。

```
MAX/MIN([ALL|DISTINCT]expression);
```

【例题 5.14】在学生成绩管理数据库 cjgl 中，查询选修了课程号为"206"课程的学生的最高分和最低分。

执行如下语句，结果如图 5-13 所示。

```
USE cjgl;
SELECT MAX(成绩) AS 最高分,MIN(成绩) AS 最低分
FROM cj
WHERE 课程号= '206';
```

最高分	最低分
87	60

图 5-13　例题 5.14 的运行结果

3. COUNT()

COUNT()用于统计满足条件的行数或总行数，COUNT()函数对空值不进行计算，但会对 0 进行计算。其语法格式如下。

```
COUNT({[ALL|DISTINCT]expression}|*)
```

【例题 5.15】在学生成绩管理数据库 cjgl 中，查询学生的总人数。

执行如下语句，结果如图 5-14 所示。

```
USE cjgl;
SELECT  COUNT(*) AS  学生总数
FROM xs;
```

学生总数
16

图 5-14　例题 5.15 的运行结果

5.1.5　分组统计查询

在 SELECT 语句中，可以利用 GROUP BY 子句和 HAVING 子句等实现分组查询。

1. GROUP BY 子句

使用 GROUP BY 子句可以将查询结果按列或列的组合在行的方向上进行分组或分组统计，如对各个分组求总和、平均值、最大值、最小值、行数，每组在列或列的组合上具有相同的聚合值。GROUP BY 子句的语法格式如下。

```
GROUP BY [ALL] group_by_expression[,...,n] [WITH {CUBE|ROLLUP}]
```

注意　使用 GROUP BY 子句后，SELECT 子句的列表中只能包含聚合函数中指定的列或 GROUP BY 子句中指定的列。

【例题 5.16】在学生成绩管理数据库 cjgl 中，将学生表 xs 中的数据按性别分组；查询各专业的学生人数；查询每位学生的学号及其选课的数量。

执行如下语句，结果如图 5-15 所示。

```
USE cjgl;
SELECT 学号,姓名,性别 FROM xs GROUP BY 性别;
SELECT 专业名,COUNT(*) AS 学生人数 FROM xs GROUP BY 专业名;
SELECT 学号,COUNT(*) AS 选课门数 FROM  cj GROUP BY 学号;
```

单独使用 GROUP BY 子句时，查询结果只显示每个分组的第一条记录，在实际应用中意义不大。因此，GROUP BY 子句通常和聚合函数配合使用，以达到分组统计的目的。

在本例题中，GROUP BY 子句按学号分组，所有具有相同学号的记录为一组，对每一组使用函数 COUNT()进行计算，统计出各位学生选课的数量。

学号	选课门数
001101	3
001102	2
001103	3
001104	3
001106	3
001107	3
001108	3
001109	3
001110	2
001111	1
001113	3
001201	2

学号	姓名	性别
001101	王金华	男
001103	王元	女

专业名	学生人数
网络技术	6
软件技术	10

图 5-15　例题 5.16 的运行结果

2. HAVING 子句

使用 GROUP BY 子句对数据进行分组后，还可以使用 HAVING 子句对分组数据集合进行筛选。HAVING 子句支持 WHERE 子句中所有的操作符和语法。

HAVING 子句须与 GROUP BY 配合使用，不能单独使用。

【例题 5.17】在学生成绩管理数据库 cjgl 中，查询平均成绩大于 85 的学生的学号及平均成绩。

执行如下语句，结果如图 5-16 所示。

```
USE cjgl;
SELECT 学号,AVG(成绩) AS 平均成绩 FROM cj
GROUP BY 学号
HAVING AVG(成绩)>85;
```

学号	平均成绩
001110	95.0000

图 5-16　例题 5.17 的运行结果

在包含 GROUP BY 子句的查询中，有时需要同时使用 WHERE 子句和 HAVING 子句，此时应注意 WHERE、GROUP BY 及 HAVING 这 3 个子句的执行顺序及含义。首先，用 WHERE 子句筛选 FROM 关键字指定的数据，将不符合 WHERE 子句中的条件的行剔除；然后，用 GROUP BY 子句对 WHERE 子句的查询结果分组；最后，用 HAVING 子句对 GROUP BY 子句的分组结果进行筛选。

【例题 5.18】在学生成绩管理数据库 cjgl 中，查询选课门数在 3 门以上且各门课程均及格的学生的学号及其总分。

执行如下语句，结果如图 5-17 所示。

```
USE cjgl;
SELECT 学号,SUM(成绩) AS 总分
FROM cj
```

```
WHERE 成绩>=60
GROUP  BY  学号
HAVING   COUNT(*)>=3;
```

学号	总分
001101	234
001103	213
001104	239
001106	216
001107	226
001108	236
001109	219
001113	202

图 5-17　例题 5.18 的运行结果

WHERE 子句和 HAVING 子句的区别有如下几点。

一般情况下，WHERE 子句用于过滤数据行，HAVING 子句用于过滤分组结果。

WHERE 子句的查询条件中不可以使用聚合函数，HAVING 子句的查询条件中可以使用聚合函数。

WHERE 子句在对数据分组前进行过滤，而 HAVING 子句在对数据分组后进行过滤。

WHERE 子句的查询条件中不可以使用列的别名，而 HAVING 子句的查询条件中可以使用列的别名。

3. WITH ROLLUP 关键字

WITH ROLLUP 关键字用来在所有记录的最后加上一条记录，该记录是前面所有记录的总和，起到总计的作用。

【例题 5.19】在学生成绩管理数据库 cjgl 中，进行如下操作。

（1）查找各专业的学生人数，并生成一个学生总人数行。

（2）查找各专业的学生人数和学生姓名，并生成一个学生总人数行。

执行如下语句，操作（1）的结果如图 5-18（a）所示。

```
USE cjgl;
SELECT  专业名, COUNT(*) AS 人数
FROM  xs
GROUP BY 专业名 WITH ROLLUP;
```

执行如下语句，操作（2）的结果如图 5-18（b）所示。

函数 GROUP_CONCAT(name)用于显示每个分组的所有 name 列的值。

```
SELECT  专业名, COUNT(*) AS 人数,GROUP_CONCAT(姓名) 该专业学生姓名
FROM  xs
GROUP BY 专业名 WITH ROLLUP;
```

注意　GROUP_CONCAT()函数必须跟 GROUP BY 子句一起使用。

专业名	人数
网络技术	6
软件技术	10
NULL	16

（a）

专业名	人数	该专业学生姓名
网络技术	6	王稼祥,李长江,孙祥,廖成,吴莉丽,刘敏
软件技术	10	王金华,程周杰,王元,严蔚敏,李伟,李明,张飞,张晓晖,胡恒,马可
NULL	16	王稼祥,李长江,孙祥,廖成,吴莉丽,刘敏,王金华,程周杰,王元,严蔚敏,李伟,李明,张飞,张晓晖,胡恒,马可

（b）

图 5-18　例题 5.19 的运行结果

5.1.6　用查询结果生成新表

使用 CREATE TABLE 语句可以将通过 SELECT 语句查询所得的结果保存到一个新建的表中，其语法格式如下。

```
CREATE TABLE new_table [AS] SELECT * FROM table;
```

其中，new_table 是要创建的新表名。

【例题 5.20】在学生成绩管理数据库 cjgl 中，依据学生表 xs 创建软件技术专业学生表 rjxs1，其中包括学号、姓名和性别列。

执行如下语句，结果如图 5-19 所示。

```
USE cjgl;
CREATE TABLE  rjxs1
SELECT 学号，姓名，性别
FROM  xs
WHERE 专业名= '软件技术' ;
```

学号	姓名	性别
001101	王金华	男
001102	程周杰	男
001103	王元	女
001104	严蔚敏	男
001106	李伟	男
001108	李明	男
001109	张飞	男
001110	张晓晖	女
001111	胡恒	女
001113	马可	女

图 5-19　例题 5.20 的运行结果

5.1.7　合并结果表

两个或多个 SELECT 查询的结果可以合并到一个表中，并且不需要对这些行进行任何修改，但要求所有查询结果中的列数和列的顺序必须相同、数据类型必须兼容，这种操作称为联合查询。

联合查询常用于归档数据，其运算符为 UNION，语法格式如下。

```
{ <query specification>|(<query expression>)}
UNION [ALL]
```

```
{<query specification>|(<query expression>)}
[...n]
```

其中，query specification 和 query expression 都是 SELECT 查询语句。

【例题 5.21】在学生成绩管理数据库 cjgl 中，新建软件技术专业学生表 rjxs、网络技术专业学生表 wlxs，分别存储两个专业的学生信息，表结构与学生表 xs 相同，将这两个表的数据合并到学生表 xs 中。

执行如下语句。

```
USE cjgl;
SELECT * FROM xs
UNION ALL
SELECT * FROM rjxs
UNION ALL
SELECT * FROM wlxs;
```

执行以上代码后可以看到查询结果中出现了重复的行。如果想去掉这些重复行，只需将上述代码中的 UNION ALL 改成 UNION 即可。

任务 2　实现学生成绩管理数据库的连接查询

微课视频

5-4　实现学生成绩管理数据库的连接查询

在关系数据库中，表与表之间是有联系的，所以在实际应用中，经常使用多表查询。

当一个查询涉及两个以上的表时，则该查询称为连接查询。

连接查询中用来连接两个表的条件叫作连接条件或连接谓词，连接条件的一般语法格式如下。

```
[<表1>.]<列名1> <比较运算符> [<表2>.]<列名2>
```

其中，比较运算符主要有=、>、<、>=、<=、<>。

连接条件中的列名称为连接字段。

连接查询的目的就是通过连接条件将多个表连接起来，以便从多个表中查询数据。

连接查询是关系数据库中最主要的查询。在 MySQL 中，根据查询方式的不同，连接主要分为交叉连接、内连接、自身连接和外连接等。

连接查询的类型可以在 SELECT 语句的 FROM 子句中指定，也可以在 WHERE 子句中指定。

在 MySQL 中，一般使用内连接和外连接，它们的效率要高于交叉连接。

5.2.1　交叉连接查询

交叉连接（CROSS JOIN）又称笛卡儿连接，实际上是将两个表进行笛卡儿积运算，结果表是由第 1 个表的每行与第 2 个表的每行拼接后形成的表，因此，结果表的行数等于两个表的行数之积。

交叉连接查询的语法格式如下。

```
SELECT 查询列表 FROM 表1 CROSS JOIN 表2;
```

或

```
SELECT 查询列表 FROM <表1>, <表2>;
```

说明

（1）以上两种语法的返回结果是相同的，但是第一种语法是官方建议的标准写法。

（2）当进行多个表的交叉连接时，在 FROM 后连续使用 CROSS JOIN 或，即可。

【例题 5.22】在学生成绩管理数据库 cjgl 中，列出学生所有可能的选课情况。

执行如下语句。

```
USE cjgl;
SELECT * FROM xs CROSS JOIN kc;
```

由此例可知，当表中的数据较多时，通过交叉连接查询得到的结果非常长，而且得到的许多记录也没太大的意义。所以，一般很少通过交叉连接的方式进行多表查询。

另外，如果在交叉连接时使用 WHERE 子句，MySQL 会先生成两个表的笛卡儿积，然后再选择满足 WHERE 条件的记录。因此，表的数量较多时，交叉连接查询的速度非常慢。

5.2.2 内连接查询

内连接（INNER JOIN）主要通过设置连接条件的方式，移除查询结果中某些数据行的交叉连接。也就是利用条件表达式来消除交叉连接的某些数据行。

内连接查询的语法格式如下。

```
SELECT 查询列表
FROM <表1> [别名1] INNER JOIN <表2> [别名2] ON <连接条件表达式>
[WHERE <条件表达式>];
```

或

```
SELECT 查询列表
FROM <表1> [别名1],<表2> [别名2][,...]
WHERE <连接条件表达式> [AND <条件表达式>];
```

说明

（1）内连接查询语句中可以省略 INNER 关键字，只用 JOIN 关键字。

（2）ON 子句用来设置内连接的连接条件。注意要指定其中的列来源于哪一张表。如果表名非常长的话，可以给表设置别名。

（3）内连接有两种实现形式，但是 INNER JOIN ...ON 是官方的标准写法，而且 WHERE 子句在某些时候会影响查询的性能。

（4）当进行多个表的内连接时，在 FROM 后连续使用 INNER JOIN 或 JOIN 即可。

如通过 INNER JOIN 连接 3 个数据表的方法如下。

```
SELECT * FROM (表1 INNER JOIN 表2 ON 表1.列名=表2.列名) INNER JOIN 表3 ON 表1.列名=表3.列名
```

1. 等值连接查询与非等值连接查询

当连接运算符为"="时，连接运算称为等值连接，其他情况则称为非等值连接。

【例题 5.23】在学生成绩管理数据库 cjgl 中，查找每个学生以及选修的课程信息。

执行如下语句，结果如图 5-20 所示。

```
USE cjgl;
SELECT xs.*,cj.*
FROM  xs INNER JOIN  cj  ON xs.学号= cj.学号;
```

　　或

```
SELECT xs.*,cj.*
FROM  xs, cj
WHERE  xs.学号= cj.学号;
```

学号	姓名	专业名	性别	出生时间	总学分	备注	学号	课程号	成绩
001101	王金华	软件技术	男	2000-02-10 00:00:00	50	null	001101	101	80
001101	王金华	软件技术	男	2000-02-10 00:00:00	50	null	001101	102	78
001101	王金华	软件技术	男	2000-02-10 00:00:00	50	null	001101	102	76
001102	程周杰	软件技术	男	2001-02-01 00:00:00	50	null	001102	102	78
001102	程周杰	软件技术	男	2001-02-01 00:00:00	50	null	001102	206	78
001103	王元	软件技术	女	1999-10-06 00:00:00	50	null	001103	101	62
001103	王元	软件技术	女	1999-10-06 00:00:00	50	null	001103	102	70
001103	王元	软件技术	女	1999-10-06 00:00:00	50	null	001103	206	81
001104	严蔚敏	软件技术	男	2000-08-26 00:00:00	50	null	001104	101	90
001104	严蔚敏	软件技术	男	2000-08-26 00:00:00	50	null	001104	102	84
001104	严蔚敏	软件技术	男	2000-08-26 00:00:00	50	null	001104	206	65
001106	李伟	软件技术	男	2000-11-20 00:00:00	50	null	001106	101	65
001106	李伟	软件技术	男	2000-11-20 00:00:00	50	null	001106	102	71
001106	李伟	软件技术	男	2000-11-20 00:00:00	50	null	001106	206	80
001108	李明	软件技术	男	2000-05-01 00:00:00	50	null	001108	101	85
001108	李明	软件技术	男	2000-05-01 00:00:00	50	null	001108	102	64
001108	李明	软件技术	男	2000-05-01 00:00:00	50	null	001108	206	87
001109	张飞	软件技术	男	1999-08-11 00:00:00	50	null	001109	101	66
001109	张飞	软件技术	男	1999-08-11 00:00:00	50	null	001109	102	83
001109	张飞	软件技术	男	1999-08-11 00:00:00	50	null	001109	206	70
001110	张晓晖	软件技术	女	2001-07-22 00:00:00	50	三好学生	001110	101	95
001110	张晓晖	软件技术	女	2001-07-22 00:00:00	50	三好学生	001110	102	95
001111	胡恒	软件技术	女	2000-03-18 00:00:00	50	null	001111	206	76
001113	马可	软件技术	女	1999-08-11 00:00:00	48	null	001113	101	63
001113	马可	软件技术	女	1999-08-11 00:00:00	48	null	001113	102	79
001113	马可	软件技术	女	1999-08-11 00:00:00	48	null	001113	206	60
001201	王穄祥	网络技术	男	1998-06-10 00:00:00	42	null	001201	101	80
001201	王穄祥	网络技术	男	1998-06-10 00:00:00	42	null	001201	102	90

图 5-20　例题 5.23 的运行结果

2. 自然连接查询

若在等值连接中把目标列中重复的值去掉，则该连接为自然连接。

【例题 5.24】在学生成绩管理数据库 cjgl 中，查找每个学生以及选修的课程信息。

执行如下语句，结果如图 5-21 所示。

```
USE cjgl;
SELECT xs.*,cj.课程号,cj.成绩 FROM  xs INNER JOIN  cj  ON xs.学号= cj.学号;
```

【例题 5.25】在学生成绩管理数据库 cjgl 中，查询学生王元选修的课程。

执行如下语句，结果如图 5-22 所示。

```
USE cjgl;
SELECT  xs.学号,姓名,课程号
FROM  xs,cj
WHERE  xs.学号 = cj.学号  AND  姓名 ='王元';
```

学号	姓名	专业名	性别	出生时间	总学分	备注	课程号	成绩
001101	王金华	软件技术	男	2000-02-10 00:00:00	50	null	101	80
001101	王金华	软件技术	男	2000-02-10 00:00:00	50	null	102	78
001101	王金华	软件技术	男	2000-02-10 00:00:00	50	null	206	76
001102	程周杰	软件技术	男	2001-02-01 00:00:00	50	null	102	78
001102	程周杰	软件技术	男	2001-02-01 00:00:00	50	null	206	78
001103	王元	软件技术	女	1999-10-06 00:00:00	50	null	101	62
001103	王元	软件技术	女	1999-10-06 00:00:00	50	null	102	70
001103	王元	软件技术	女	1999-10-06 00:00:00	50	null	206	81
001104	严蔚敏	软件技术	男	2000-08-26 00:00:00	50	null	101	90
001104	严蔚敏	软件技术	男	2000-08-26 00:00:00	50	null	102	84
001104	严蔚敏	软件技术	男	2000-08-26 00:00:00	50	null	206	65
001106	李伟	软件技术	男	2000-11-20 00:00:00	50	null	101	65
001106	李伟	软件技术	男	2000-11-20 00:00:00	50	null	102	71
001106	李伟	软件技术	男	2000-11-20 00:00:00	50	null	206	80
001108	李明	软件技术	男	2000-05-01 00:00:00	50	null	101	85
001108	李明	软件技术	男	2000-05-01 00:00:00	50	null	102	64
001108	李明	软件技术	男	2000-05-01 00:00:00	50	null	206	87
001109	张飞	软件技术	男	1999-08-11 00:00:00	50	null	101	66
001109	张飞	软件技术	男	1999-08-11 00:00:00	50	null	102	83
001109	张飞	软件技术	男	1999-08-11 00:00:00	50	null	206	70
001110	张晓晖	软件技术	女	2001-07-22 00:00:00	50	三好学生	101	95
001110	张晓晖	软件技术	女	2001-07-22 00:00:00	50	三好学生	102	95
001111	胡恒	软件技术	女	2000-03-18 00:00:00	50	null	206	76
001113	马可	软件技术	女	1999-08-11 00:00:00	48	null	101	63
001113	马可	软件技术	女	1999-08-11 00:00:00	48	null	102	79
001113	马可	软件技术	女	1999-08-11 00:00:00	48	null	206	60
001201	王稼祥	网络技术	男	1998-06-10 00:00:00	42	null	101	80
001201	王稼祥	网络技术	男	1998-06-10 00:00:00	42	null	102	90

图 5-21　例题 5.24 的运行结果

学号	姓名	课程号
001103	王元	101
001103	王元	102
001103	王元	206

图 5-22　例题 5.25 的运行结果

当进行 3 个以上表的内连接查询时，在 FROM 关键字后连续使用 INNER JOIN 或 JOIN 即可。

通过 INNER JOIN 连接 3 个数据表的方法如下。

```
SELECT * FROM (表 1 INNER JOIN 表 2 ON 表 1.列名=表 2.列名) INNER JOIN 表 3 ON 表 1.列
名=表 3.列名
```

【例题 5.26】在学生成绩管理数据库 cjgl 中，查找学号、姓名、选修的课程名及成绩。

执行如下语句，结果如图 5-23 所示。

```
USE cjgl;
SELECT  xs.学号,姓名,课程名,成绩
FROM ( xs JOIN cj  ON xs.学号 = cj.学号 ) JOIN  kc  ON cj.
课程号 = kc.课程号;
```

　　或

```
SELECT  xs.学号,姓名,课程名,成绩
FROM  xs,cj,kc
WHERE  xs.学号 = cj.学号  AND  cj.课程号 = kc.课程号;
```

【例题 5.27】在学生成绩管理数据库 cjgl 中，查找选修了 "C 程序设计" 课程且成绩在 80 分以上的学生的学号、姓名、课程名及成绩。

执行如下语句，结果如图 5-24 所示。

```
USE cjgl;
SELECT xs.学号,姓名,课程名,成绩
```

学号	姓名	课程名	成绩
001101	王金华	计算机基础	80
001101	王金华	C程序设计	78
001101	王金华	高等数学	76
001102	程周杰	C程序设计	78
001102	程周杰	高等数学	78
001103	王元	计算机基础	62
001103	王元	C程序设计	70
001103	王元	高等数学	81
001104	严蔚敏	计算机基础	90
001104	严蔚敏	C程序设计	84
001104	严蔚敏	高等数学	65
001106	李伟	计算机基础	65
001106	李伟	C程序设计	71
001106	李伟	高等数学	80
001108	李明	计算机基础	85
001108	李明	C程序设计	64
001108	李明	高等数学	87
001109	张飞	计算机基础	66
001109	张飞	C程序设计	83
001109	张飞	高等数学	70
001110	张晓晖	计算机基础	95
001110	张晓晖	C程序设计	95
001111	胡恒	高等数学	76
001113	马可	计算机基础	63
001113	马可	C程序设计	79
001113	马可	高等数学	60
001201	王稼祥	计算机基础	80
001201	王稼祥	C程序设计	90

图 5-23　例题 5.26 的运行结果

```
FROM xs, cj, kc
WHERE  xs.学号=cj.学号 AND  kc.课程号 = cj.课程号 AND 课程名='C程序设计' AND 成绩>=80;
```

学号	姓名	课程名	成绩
001104	严蔚敏	C程序设计	84
001109	张飞	C程序设计	83
001110	张晓晖	C程序设计	95
001201	王稼祥	C程序设计	90

图 5-24　例题 5.27 的运行结果

5.2.3　自身连接查询

连接操作不仅可以在两个表之间进行，也可以在一个表与其自身之间进行，即将同一个表的不同行连接起来，这种连接称为表的自身连接。

自身连接是多表连接的一种特殊情况，可以看作一个表的两个副本之间的连接。

自身连接通常用于表中的数据有层次结构的情形，如区域表、菜单表、商品分类表等。当需要在同一个表内进行比较、查找部分重复的记录或找出列的组合时，可以使用自身连接。

例如，在人力资源管理数据库 HR 的员工表 employees 中有经理、员工两种身份，要查询某个员工属于哪个经理的部门，而有的员工本身就是经理，这时候就要用到自身连接。

自身连接查询的语法格式如下。

```
SELECT 查询列表
FROM <表1> [别名1] JOIN <表1> [别名2] ON <连接条件表达式>
[WHERE <条件表达式>];
```

使用自身连接时，必须为表取两个别名，使之在逻辑上成为两个表。

【例题 5.28】在学生成绩管理数据库 cjgl 中，查找选修了两门以上课程的学生学号。

执行如下语句，结果如图 5-25 所示。

```
USE cjgl;
SELECT DISTINCT A.学号
FROM cj AS A  JOIN  cj AS B ON A.学号= B.学号
Where A.课程号<>B.课程号;
```

　　或

```
SELECT DISTINCT A.学号 FROM  cj  AS  A  JOIN  cj  AS
B  ON  A.学号= B.学号  AND  A.课程号<>B.课程号;
```

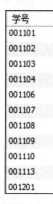

学号
001101
001102
001103
001104
001106
001107
001108
001109
001110
001113
001201

图 5-25　例题 5.28 的运行结果

5.2.4　外连接查询

在一般的连接操作中，只有满足连接条件的记录才能作为结果输出。但有时也需要使一个或两个表中不满足连接条件的记录出现在结果中，这时就需要用到外连接。

外连接查询的语法格式如下。

```
SELECT 查询列表
FROM <表1> LEFT|RIGHT [OUTER] JOIN <表2>
ON <表1.列1>=<表2.列2>;
```

其中，OUTER 关键字可以省略。

外连接只能对两个表进行。

外连接会先将连接的表分为基表和参考表，然后以基表为依据返回满足和不满足条件的记录。外连接包括左外连接和右外连接。

（1）左外连接（LEFT OUTER JOIN）是指结果表中除了包括满足连接条件的行外，还包括左表的所有行，此时左表为基表，右表为参考表。

（2）右外连接（RIGHT OUTER JOIN）是指结果表中除了包括满足连接条件的行外，还包括右表的所有行，此时右表为基表，左表为参考表。

MySQL 不支持完全外连接。

【例题 5.29】在学生成绩管理数据库 cjgl 中，查找所有学生及他们选修的课程号信息，若学生未选修任何课程，也要输出其信息。

执行如下语句，结果如图 5-26 所示。

```
USE cjgl;
SELECT  xs.*,课程号
FROM  xs  LEFT OUTER JOIN  cj  ON  XS.学号 = cj.学号;
```

学号	姓名	专业名	性别	出生时间	总学分	备注	课程号
001101	王金华	软件技术	男	2000-02-10 00:00:00	50	null	101
001101	王金华	软件技术	男	2000-02-10 00:00:00	50	null	102
001101	王金华	软件技术	男	2000-02-10 00:00:00	50	null	206
001102	程周杰	软件技术	男	2001-02-01 00:00:00	50	null	102
001102	程周杰	软件技术	男	2001-02-01 00:00:00	50	null	206
001103	王元	软件技术	女	1999-10-06 00:00:00	50	null	101
001103	王元	软件技术	女	1999-10-06 00:00:00	50	null	102
001103	王元	软件技术	女	1999-10-06 00:00:00	50	null	206
001104	严蔚敏	软件技术	男	2000-08-26 00:00:00	50	null	101
001104	严蔚敏	软件技术	男	2000-08-26 00:00:00	50	null	102
001104	严蔚敏	软件技术	男	2000-08-26 00:00:00	50	null	206
001106	李伟	软件技术	男	2000-11-20 00:00:00	50	null	101
001106	李伟	软件技术	男	2000-11-20 00:00:00	50	null	102
001106	李伟	软件技术	男	2000-11-20 00:00:00	50	null	206
001108	李明	软件技术	男	2000-05-01 00:00:00	50	null	101
001108	李明	软件技术	男	2000-05-01 00:00:00	50	null	102
001108	李明	软件技术	男	2000-05-01 00:00:00	50	null	206
001109	张飞	软件技术	男	1999-08-11 00:00:00	50	null	101
001109	张飞	软件技术	男	1999-08-11 00:00:00	50	null	102
001109	张飞	软件技术	男	1999-08-11 00:00:00	50	null	206
001110	张晓晖	软件技术	女	2001-07-22 00:00:00	50	三好学生	101
001110	张晓晖	软件技术	女	2001-07-22 00:00:00	50	三好学生	102
001111	胡恒	软件技术	女	2000-03-18 00:00:00	50	null	206
001113	马可	软件技术	女	1999-08-11 00:00:00	48	null	101
001113	马可	软件技术	女	1999-08-11 00:00:00	48	null	102
001113	马可	软件技术	女	1999-08-11 00:00:00	48	null	206
001201	王蓉祥	网络技术	男	1998-06-10 00:00:00	42	null	101
001201	王蓉祥	网络技术	男	1998-06-10 00:00:00	42	null	102
001210	李长江	网络技术	男	1999-05-01 00:00:00	44	已提前修完一门课	null
001216	孙祥	网络技术	男	1998-03-09 00:00:00	42	null	null
001218	廖成	网络技术	男	2000-10-09 00:00:00	42	null	null
001220	吴莉丽	网络技术	女	1999-11-12 00:00:00	42	null	null
001221	刘敏	网络技术	女	2000-03-18 00:00:00	42	null	null

图 5-26　例题 5.29 的运行结果

【例题 5.30】在学生成绩管理数据库 cjgl 中，查找选修课程的信息和所有开设的课程名。执行如下语句，结果如图 5-27 所示。

```
USE cjgl;
SELECT  cj.*,课程名
FROM  cj RIGHT JOIN kc ON cj.课程号 = kc.课程号;
```

学号	课程号	成绩	课程名
001101	101	80	计算机基础
001101	102	78	C程序设计
001101	206	76	高等数学
001102	102	78	C程序设计
001102	206	78	高等数学
001103	101	62	计算机基础
001103	102	70	C程序设计
001103	206	81	高等数学
001104	101	90	计算机基础
001104	102	84	C程序设计
001104	206	65	高等数学
001106	101	65	计算机基础
001106	102	71	C程序设计
001106	206	80	高等数学
001107	101	78	计算机基础
001107	102	80	C程序设计
001107	206	68	高等数学
001108	101	85	计算机基础
001108	102	64	C程序设计
001108	206	87	高等数学

图 5-27　例题 5.30 的运行结果

任务3　实现学生成绩管理数据库的子查询

可以使用另一个查询的结果作为查询条件的一部分（即在 WHERE 子句中包含一个形如 SELECT…FROM…WHERE 的查询语句块），作为查询条件一部分的查询称为子查询或嵌套查询，包含子查询的语句称为父查询或外层查询。MySQL 允许多层嵌套查询，即一个子查询中还可以嵌套其他子查询。

嵌套查询可以让多个简单的查询构成复杂的查询，从而增强 SQL 的查询能力。

嵌套查询是由里向外进行的，即先进行子查询，然后将子查询的结果用作其父查询的查询条件。

子查询通常与 IN、EXISTS 谓词及比较运算符结合使用。

微课视频

5-5　实现学生成绩管理数据库的子查询

5.3.1　带 IN 谓词的子查询

在嵌套查询中，子查询的结果往往是一个集合。IN 子查询用于判断一个给定值是否在子查询结果集中，其语法格式如下。

```
Expression [NOT] IN (subquery)
```

其中，subquery 是子查询。

【例题 5.31】在学生成绩管理数据库 cjgl 中，查找选修了课程号为 206 的课程的学生信息。

执行如下语句，结果如图 5-28 所示。

```
USE cjgl;
SELECT *
FROM xs
WHERE 学号 IN
        ( SELECT 学号 FROM cj WHERE 课程号 = '206' );
```

或

```
SELECT * FROM xs,cj WHERE xs.学号=cj.学号  and 课程号 = '206';
```

学号	姓名	专业名	性别	出生时间	总学分	备注
001101	王金华	软件技术	男	2000-02-10 00:00:00	50	null
001102	程周杰	软件技术	男	2001-02-01 00:00:00	50	null
001103	王元	软件技术	女	1999-10-06 00:00:00	50	null
001104	严蔚敏	软件技术	男	2000-08-26 00:00:00	50	null
001106	李伟	软件技术	男	2000-11-20 00:00:00	50	null
001108	李明	软件技术	男	2000-05-01 00:00:00	50	null
001109	张飞	软件技术	男	1999-08-11 00:00:00	50	null
001111	胡恒	软件技术	女	2000-03-18 00:00:00	50	null
001113	马可	软件技术	女	1999-08-11 00:00:00	48	null

图 5-28　例题 5.31 的运行结果

注意

IN 子查询和 NOT IN 子查询只能返回一列数据。

【例题 5.32】在学生成绩管理数据库 cjgl 中，查找未选修"C 程序设计"课程的学生的信息。

执行如下语句，结果如图 5-29 所示。

```
USE cjgl;
SELECT *
FROM xs
WHERE 学号 NOT IN
        (SELECT 学号
          FROM cj
          WHERE 课程号 IN
                (SELECT 课程号
                  FROM kc
                  WHERE 课程名 = 'C 程序设计'
                  )
          );
```

学号	姓名	专业名	性别	出生时间	总学分	备注
001111	胡恒	软件技术	女	2000-03-18 00:00:00	50	null
001210	李长江	网络技术	男	1999-05-01 00:00:00	44	已提前修完一门课
001216	孙祥	网络技术	男	1998-03-09 00:00:00	42	null
001218	廖成	网络技术	男	2000-10-09 00:00:00	42	null
001220	吴莉丽	网络技术	女	1999-11-12 00:00:00	42	null
001221	刘敏	网络技术	女	2000-03-18 00:00:00	42	null

图 5-29 例题 5.32 的运行结果

5.3.2 带比较运算符的子查询

带比较运算符的子查询是指父查询与子查询之间用比较运算符进行连接，可以认为它是 IN 子查询的扩展，当子查询的返回值只有一个时，可以使用比较运算符将父查询和子查询连接起来。其语法格式如下。

```
expression{<|<=|=|>|>=|!=|<>}{ALL|SOME|ANY}(subquery)
```

其中，ALL 的含义为全部。

【例题 5.33】在学生成绩管理数据库 cjgl 中，查找比软件技术专业所有学生年龄都大的学生信息。

执行如下语句，结果如图 5-30 所示。

```
USE cjgl;
SELECT *
FROM  xs
WHERE  出生时间 < ALL
        ( SELECT 出生时间
          FROM xs
          WHERE 专业名 = '软件技术'
        );
```

学号	姓名	专业名	性别	出生时间	总学分	备注
001201	王蓿祥	网络技术	男	1998-06-10 00:00:00	42	null
001210	李长江	网络技术	男	1999-05-01 00:00:00	44	已提前修完一门课
001216	孙祥	网络技术	男	1998-03-09 00:00:00	42	null

图 5-30 例题 5.33 的运行结果

【例题 5.34】在学生成绩管理数据库 cjgl 中，查找课程号为 206 的成绩不低于课程号为 101 的最低成绩的学生的学号。

执行如下语句，结果如图 5-31 所示。

```
USE cjgl;
SELECT 学号
FROM cj
WHERE 课程号 = '206' AND 成绩 >= ANY
                  ( SELECT 成绩
                    FROM cj
                    WHERE 课程号 ='101'
                  );
```

学号
001101
001102
001103
001104
001106
001107
001108
001109
001111

图 5-31 例题 5.34 的运行结果

5.3.3 带 EXISTS 谓词的子查询

EXISTS 谓词表示存在量词，带有 EXISTS 谓词的子查询不返回任何实际数据，用于测试子查询的结果是否为空，若子查询的结果集不为空，则返回 True，否则返回 False。EXISTS 还可与 NOT 结合使用，即 NOT EXISTS，其返回值与 EXISTS 子查询刚好相反。

其语法格式如下。

```
[NOT] EXISTS (subquery)
```

【例题 5.35】在学生成绩管理数据库 cjgl 中，查找选修 101 号课程的学生姓名。

执行如下语句，结果如图 5-32 所示。

```
USE cjgl;
SELECT 姓名
FROM xs
WHERE EXISTS
        ( SELECT *
          FROM cj
          WHERE 学号 = xs.学号 AND 课程号 = '101'
        );
```

姓名
王金华
王元
严蔚敏
李伟
李明
张飞
张晓晖
马可
王稼祥

图 5-32　例题 5.35 的运行结果

单元小结

查询是数据库最重要的功能，可以用于检索数据和更新数据，能够满足用户对数据的查看、计算、统计及分析等需求。在 MySQL 中，SELECT 语句是实现数据库查询的基本手段，其主要功能是从数据库中查找出满足指定条件的记录。要用好 SELECT 语句，必须熟悉 SELECT 语句中各种子句的用法，其中，SELECT 子句用于指定输出列，FROM 子句用于指定查询的数据源，WHERE 子句用于指定对记录进行过滤的条件，GROUP BY 子句用于对查询到的记录进行分组，HAVING 子句用于指定分组统计条件，ORDER BY 子句用于对查询到的记录排序。

连接查询和子查询可能都要涉及两个或多个表，但它们是有区别的。连接查询可以合并两个或多个表中的数据，带子查询的 SELECT 语句的查询结果只能来自一个表，子查询的结果是用来作为选择结果数据时进行参照的。有的查询既可以使用连接查询，也可以使用子查询。使用连接查询时执行速度快，使用子查询可以将一个复杂的查询分解为一系列的逻辑步骤，条理较清晰。应尽量使用连接查询。

本单元是全书的重点和难点，本单元的任务从简单到复杂，在完成查询单表数据、多表数据、子查询等任务后，读者应该掌握在 MySQL 中使用 SELECT 语句对数据库进行各种查询的方法。

实验 6　人力资源管理数据库的单表查询

一、实验目的

1. 掌握 SELECT 语句的基本语法。
2. 熟练掌握单表查询的方法。

3. 熟练掌握数据汇总的方法。

二、实验内容

在实验 4 中的员工表 employees 中，查找并统计员工的有关信息。

三、实验步骤

对于员工表 employees，完成下列操作。

（1）查找每位员工的所有信息。

（2）查找所有名为 John 的员工的员工号、姓名、部门编号。

（3）查找每位员工的员工号、姓名、部门编号、工作号、聘用日期、工资。

（4）列出所有工资在 6000～10000 元的员工的员工号、姓名、部门编号和工资，并按照工资由高到低进行排序。

（5）求员工总人数。

（6）求各个部门的员工人数。

（7）计算员工的总收入和平均收入。

（8）计算各个部门员工的总收入和平均收入。

（9）找出各个部门员工的最高和最低工资。

四、实验报告要求

1. 实验报告分为实验目的、实验内容、实验步骤、实验心得 4 个部分。

2. 把相关的语句、结果和关键步骤的截图放在实验报告中。

3. 写出详细的实验心得。

实验 7　人力资源管理数据库中表的连接查询和子查询

一、实验目的

1. 掌握 SELECT 语句的基本语法。

2. 熟练掌握连接查询的方法。

3. 熟练掌握子查询的方法。

二、实验内容

在实验 4 中的员工表 employees 和部门表 departments 中，查找并统计员工的有关信息。

三、实验步骤

对于员工表 employees 和部门表 departments，完成下列操作。

（1）查找每位员工的基本信息和部门名称。

（2）查找 IT 部门收入在 6000～10000 元的员工的员工号、姓名和工资，并按照工资由高到低进行排序。

（3）求 IT 部门员工的平均收入。

（4）求 IT 部门的员工人数。

（5）查找比 IT 部门员工收入都高的员工的员工号、姓名和部门名称。

四、实验报告要求

1. 实验报告分为实验目的、实验内容、实验步骤、实验心得 4 个部分。
2. 把相关的语句、结果和关键步骤的截图放在实验报告中。
3. 写出详细的实验心得。

习题 5

一、选择题

1. 在 MySQL 中，SELECT 语句的 "SELECT DISTINCT" 表示查询结果中（　　）。
   A. 属性名都不相同　　　　　　　　　　B. 去掉了重复的列
   C. 行都不相同　　　　　　　　　　　　D. 属性值都不相同

2. 与条件表达式 "成绩 BETWEEN 0 AND 100" 等价的是（　　）。
   A. 成绩>0 AND 成绩<100　　　　　　　B. 成绩>=0 AND 成绩<=100
   C. 成绩>=0 AND 成绩<100　　　　　　　D. 成绩>0 AND 成绩<=100

3. 表示职称为副教授同时性别为男的条件表达式为（　　）。
   A. 职称='副教授'OR 性别='男'　　　　B. 职称='副教授'AND 性别='男'
   C. BETWEEN'副教授'AND'男'　　　　　D. IN('副教授'，'男')

4. 要查找含有 "基础" 的课程名，不正确的条件表达式是（　　）。
   A. 课程名 LIKE'%［基础］%'　　　　　B. 课程名='%［基础］%'
   C. 课程名 LIKE'%［基］础%'　　　　　D. 课程名 LIKE'%［基］［础］%'

5. 对于 LIKE'_a%'的查询结果，下面（　　）是可能的。
   A. aili　　　　　　B. bai　　　　　　C. bba　　　　　　D. cca

6. 在 MySQL 中，下列涉及空值的操作中不正确的是（　　）。
   A. age IS NULL　　　　　　　　　　　B. age IS NOT NULL
   C. age=NUL　　　　　　　　　　　　　D. NOT(age IS NULL)

7. 查询学生成绩信息时，将查询结果按成绩降序排列，下列正确的是（　　）。
   A. ORDER BY 成绩　　　　　　　　　　B. ORDER BY 成绩 DESC
   C. ORDER BY 成绩 ASC　　　　　　　　D. ORDER BY 成绩 DISTINCT

8. 下列聚合函数中正确的是（　　）。
   A. SUM(*)　　　B. MAX(*)　　　C. COUNT(*)　　　D. AVG(*)

9. 在 SELECT 语句中，（　　）子句用于对分组统计进一步设置条件。
   A. ORDER BY 子句　　　　　　　　　　B. INTO 子句
   C. HAVING 子句　　　　　　　　　　　D. GROUP BY 子句

10. 在 SELECT 语句中，（　　）子句用于将查询结果存储在一个新表中。
    A. FROM 子句　　　B. ORDER BY 子句　　C. HAVING 子句　　D. INTO 子句

二、填空题

1. WHERE 子句后面一般跟着_____。

2. 用 SELECT 语句进行模糊查询时，可以使用 LIKE 或 NOT LIKE 匹配符，但要在条件值中使用_____或_____等通配符来配合查询。

3. 在课程表 kc 中，要统计开课总数，应执行语句 SELECT_____FROM kc。

4. MySQL 的聚合函数中用于求最大值、最小值、和、平均值和计数的分别是 MAX()、_____、_____、AVG()和 COUNT()。

5. HAVING 子句与 WHERE 子句很相似，其区别在于：WHERE 子句作用的对象是_____，HAVING 子句作用的对象是_____。

6. 连接查询包括_____、_____、_____和_____。

7. 当使用子查询进行比较测试时，子查询语句返回的值是_____。

三、简答题

1. 试说明 SELECT 语句的 FROM 子句、WHERE 子句、ORDER BY 子句、GROUP BY 子句和 HAVING 子句的作用。

2. LIKE 可以与哪些数据类型一起使用？

3. 什么是子查询？子查询包含几种情况？

单元 ⑥ 创建与管理视图

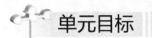

单元目标

【知识目标】
- 理解视图的概念，了解视图的作用。
- 熟练掌握用命令方式创建和管理视图的方法。
- 熟练掌握用 MySQL Workbench 图形化工具创建和管理视图的方法。
- 熟练掌握通过视图更新数据的方法。

【技能目标】
- 会使用命令创建和管理视图。
- 会使用 MySQL Workbench 图形化工具创建和管理视图。
- 会使用视图更新数据。

【素质目标】
了解视图的作用，增强信息安全意识。

在 MySQL 中，当创建了数据库和表以后，用户可以根据实际需要创建视图。创建视图的主要目的是方便查看数据。视图的使用方式和数据表的使用方式差不多，但是视图能使访问数据库具有更强的灵活性和安全性。本单元将学习如何创建和管理视图，使用可更新视图更新数据表中的数据。

任务1 创建学生成绩管理数据库中的视图

微课视频

6-1 创建学生成绩管理数据库中的视图

6.1.1 认识视图

1. 视图的概念

视图（View）是一种基本的数据库对象，它是由基于一个或多个数据表（或视图）的一个查询生成的虚拟表。视图中保存着该查询的定义。

同真实表一样，视图也由列和行构成，但与真实表不同，视图本身并不存储数据，数据存储在视图引用的数据表（通常称为基表）中，视图的行和列的数据来自基表，并且是在使用视图时执行查询语句动态生成的。一旦真实表中的数据发生改变，显示在视图中的数据也会发生改变。

我们可以这样理解，数据库中只存放了视图的定义，视图是一个或多个表（或视图）查询的结果。使用视图查询数据时，数据库会从基表中取出对应的数据，并以二维表的形式呈现出来。视图就像是基表的窗口，它反映了一个或多个基表的局部数据。

2. 视图常见的应用

视图在数据库中起着非常重要的作用，常用于以下几个方面。

① 显示来自基表的部分行数据。如显示学生表 xs 中所有男同学的信息。

② 显示来自基表的部分列数据。如显示学生表 xs 中所有同学的学号、姓名、性别信息。

③ 显示来自基表的统计数据。如统计学生表 xs 中各专业的学生人数。

④ 显示来自多个基表的复杂查询数据。如显示学生表 xs 中同一个专业的学生成绩信息，包含学号、姓名、专业名、课程名和成绩列。

⑤ 简化数据交换操作。如可以将学生成绩信息集中到一个视图中，当需要交换数据时只需将该视图中的数据导出。

3. 视图的优点和缺点

（1）视图的优点。

① 定制用户数据。视图可以使用户将注意力集中在其关心的数据上，而不必了解基表的结构，从而屏蔽了数据的复杂性。通过定义视图，用户眼中的数据库结构变得更简单、清晰。

② 简化数据操作。在使用查询时，很多时候要使用聚合函数，同时还要显示列的信息，可能还需要关联其他表，语句会很长，如果这个动作频繁发生的话，可以创建视图来简化操作。

③ 共享所需数据。使用视图，不必每个用户都定义和存储自己所需的数据，可以共享数据库中的数据，同样的数据只需要存储一次。

④ 提供数据安全保护。在设计数据库应用系统时，可以对不同的用户需求定义不同的视图，使用户看到的只是他该看到的数据，从而达到保护基础数据的目的。一般来说，在使用敏感数据的企业里，视图几乎是唯一可以用来面向普通用户的数据库对象。

⑤ 确保数据的完整性。在用户通过视图访问或者更新数据时，数据库管理系统的相关部分会自动地检查数据，确保它满足预先设定的完整性约束。

（2）视图的缺点。

① 性能不稳定。对视图进行查询必须先将其转换为对底层基表的查询。若视图的定义是一个基于多表的复杂的查询语句，可能需要花费很长的时间来处理查询操作。

② 数据更新受限。由于视图是一个虚拟表，而不是一个实际存在的表，对视图的更新操作实际上是对基表的更新操作。基表的完整性约束必将影响视图，这样视图中的数据更新将受到限制。

③ 数值格式不同。在不同的数据库系统中，由于系统使用的数据类型和系统显示数值的方式有所差别，因此通过视图检索获得的结果中可能有一些数值格式不同的数据。

6.1.2 用命令方式创建视图

在 MySQL 中，可以用 CREATE VIEW 语句来创建视图，其语法格式如下。

```
CREATE [OR REPLACE]
  [ALGORITHM = {UNDEFINED | MERGE | TEMPTABLE}]
  [DEFINER = user]
  [SQL SECURITY { DEFINER | INVOKER }]
  VIEW view_name [(column_list)]
```

```
AS select_statement
[WITH [CASCADED | LOCAL] CHECK OPTION]
```

（1）OR REPLACE：可选参数，表示替换已有视图。

（2）view_name：要创建的视图名称，视图名称必须符合 MySQL 标识符命名规则。用户可以在定义视图名的时候定义视图的所有者。

（3）column_list：可选参数，定义视图中使用的列名。省略列名时，视图中的列名沿用基表中的列名。但当遇到以下情况时，必须为视图提供列名。

① 视图中的某些列不是单纯的字段名，如表达式或函数等。

② 视图中的两个或多个列在不同基表中具有相同的名称。

③ 视图中的列名来源于不同的基表中的列名。

④ 为了增强可读性，给某个列指定一个不同于基表中的列名。

（4）AS：表示视图要执行的操作。

（5）select_statement：用于指定创建视图的 SELECT 语句，从某些表或视图中查出某些满足条件的记录，将这些记录导入视图中，对于创建视图的 SELECT 语句有以下限制。

① 用户除了拥有 CREATE VIEW 权限外，还具有操作中涉及的基表和其他视图的相关权限。

② SELECT 语句不能引用系统或用户变量。

③ SELECT 语句不能包含 FROM 子句中的子查询。

说明

④ SELECT 语句不能引用预处理语句参数。

（6）ALGORITHM：可选参数，表示视图算法，会影响查询语句的解析方式，有如下 3 种取值。

① UNDEFINED：默认值，由 MySQL 自动选择算法。

② MERGE：将 select_statement 和查询视图时的 SELECT 语句合并起来查询。

③ TEMPTABLE：先将 select_statement 的查询结果存入临时表，然后用临时表进行查询。

（7）DEFINER：可选参数，表示定义视图的用户，与安全控制有关，默认为当前用户。

（8）SQL SECURITY：可选参数，用于视图的安全控制，有如下两种取值。

① DEFINER：默认值，由定义者指定的用户的权限来执行。

② INVOKER：由调用视图的用户的权限来执行。

（9）WITH CHECK OPTION：可选参数，强制对视图进行 UPDATE、INSERT 和 DELETE 操作时，检查其数据是否满足视图中 select_statement 语句指定的条件；若省略此子句，则不进行检查。有如下两种取值。

① CASCADED：默认值，操作数据时要满足所有相关视图和表定义的条件；例如，当在一个视图的基础上创建另一个视图时，进行级联检查。

② LOCAL：操作数据时满足视图本身定义的条件即可。

1. 创建基于一个基表的视图

默认情况下，创建的视图的列和基表的列是一样的，可以通过指定视图中列的名称来创建视图。

【例题 6.1】在成绩管理数据库 cjgl 中，创建学生视图，查看各学生的基本信息。

打开 MySQL Workbench 图形化工具，然后打开成绩管理数据库单击工具栏上的 "Create a new SQL tab for executing queries" 按钮，创建用于执行查询的新 SQL 选项卡，打开成绩管理数据库在代码编辑区输入并执行如下语句。

```
USE cjgl;
CREATE OR REPLACE VIEW 学生 AS  SELECT  *  FROM  xs ;
```

可使用 SELECT 语句查看该视图，执行如下语句，结果如图 6-1 所示。

```
SELECT  *  FROM  学生;
```

图 6-1 例题 6.1 的运行结果

【例题 6.2】创建男生视图，查看全体男生的学号、姓名、专业名。

通过 MySQL 命令行客户端执行如下语句。

```
mysql> USE cjgl;
mysql> CREATE VIEW 男生
 AS
 SELECT 学号,姓名,专业名  FROM  xs  WHERE  性别 = '男' ;
```

【例题 6.3】创建学生平均成绩视图 cj_avg，其中包括学号和平均成绩。

执行如下语句。

```
mysql> USE cjgl;
mysql> CREATE VIEW 平均成绩 (学号,平均成绩)
  AS
  SELECT 学号,AVG(成绩) FROM cj GROUP BY 学号;
```

2. 创建基于多个基表的视图

可以创建基于两个以上基表的视图，在使用这种视图时，用户不需要了解基表的完整结构，更接触不到基表中的数据，从而保护了数据的安全。

【例题 6.4】在 cjgl 数据库中，创建名为 xscj 的学生成绩视图，视图中包括学号、课程名和成绩列。

在学生成绩管理数据库中，当用户要查询学生信息时，如学生姓名、专业、所学课程及成绩等，这些信息分别存储在不同的表中。根据视图中要求出现的列分析出要使用的基表有 kc 表和 cj 表。

执行如下语句。

```
mysql> USE cjgl;
mysql> CREATE VIEW xscj
  AS
  SELECT cj.学号,kc.课程名,cj.成绩
  FROM cj,kc
  WHERE kc.课程号 =cj.课程号;
```

也可以创建基于 3 个基表的视图。

【例题 6.5】在 cjgl 数据库中，创建名为 xscj2 的学生成绩视图，视图中包括学号、姓名、课程名和成绩列。

执行如下语句。

```
mysql> USE cjgl;
mysql> CREATE VIEW xscj2
  AS
  SELECT xs.学号,xs.姓名,kc.课程名,cj.成绩 FROM xs,kc,cj
  WHERE xs.学号=cj.学号 AND kc.课程号=cj.课程号;
```

【例题 6.6】在 cjgl 数据库中，创建名为 xscj_gdsx 的选修"高等数学"课程的学生成绩视图，视图中包括学号、姓名、课程名和成绩列。

执行如下语句。

```
mysql> USE cjgl;
mysql> CREATE VIEW xscj_gdsx
  AS
  SELECT xs.学号,xs.姓名,kc.课程名,cj.成绩
  FROM xs,kc,cj
  WHERE kc.课程名='高等数学' AND kc.课程号=cj.课程号 AND cj.学号=xs.学号;
```

【例题 6.7】在 cjgl 数据库中，创建名为 xs_zy 的同一个专业的学生成绩视图，视图中包含学号、姓名、专业名、课程名和成绩列。

执行如下语句。

```
mysql> USE cjgl;
mysql> CREATE VIEW xs_zy
  AS
  SELECT xs.学号,xs.姓名,xs.专业名,kc.课程名,cj.成绩
  FROM xs,kc,cj
  WHERE kc.课程号=cj.课程号 AND cj.学号=xs.学号
  GROUP BY 专业名,xs.学号;
```

可使用 SELECT 语句查看该视图，执行如下语句，结果如图 6-2 所示。

```
SELECT  *  FROM  xs_zy ;
```

学号	姓名	专业名	课程名	成绩
001101	王金华	软件技术	计算机基础	80
001102	程周杰	软件技术	C程序设计	78
001103	王元	软件技术	计算机基础	62
001104	严蔚敏	软件技术	计算机基础	90
001106	李伟	软件技术	计算机基础	65
001108	李明	软件技术	计算机基础	85
001109	张飞	软件技术	计算机基础	66
001110	张晓晖	软件技术	计算机基础	95
001111	胡恒	软件技术	高等数学	76
001113	马可	软件技术	计算机基础	63
001201	王穆祥	网络技术	计算机基础	80

图 6-2　例题 6.7 的运行结果

3. 创建视图时需要注意的事项

创建视图时应该注意以下几点。

（1）只能在当前数据库中创建视图。

（2）视图的创建者必须具有数据库拥有者授予的创建视图的权限，同时还必须具有对定义视图时引用的表的相应权限。

（3）视图的命名必须符合 MySQL 中标识符的定义规则。每个用户定义的视图名称必须是唯一的，而且不能与用户的某个表同名。

（4）如果视图中的某一列是函数、数学表达式、常量或者视图中来自多个表的列名相同，则必须为列定义名称。

（5）如果视图引用的基表或者视图被删除，则该视图不能再使用。

（6）不能在视图上创建索引，不能在规则、默认值、触发器的定义中引用视图。

6.1.3　用 MySQL Workbench 图形化工具创建视图

打开 MySQL Workbench 图形化工具，在 SCHEMAS 栏中展开当前默认的 cjgl 数据库，右击 Views，在弹出式菜单中选择 Create View...，打开编辑视图的对话框，如图 6-3 所示。

在图 6-4 所示的编辑区定义视图后单击 Apply 按钮，可以预览当前操作的 SQL 语句，如图 6-5 所示。

单击 Apply 按钮，在弹出的对话框中单击 Finish 按钮，即可完成视图的创建。

在 SCHEMAS 栏中，右击 Views，在弹出式菜单中选择 Refresh All，可以看到学生视图。

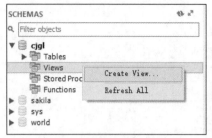

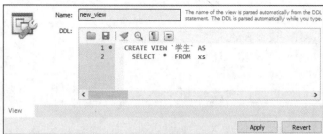

图 6-3　选择 Create View…　　　　　　　　　　图 6-4　定义视图

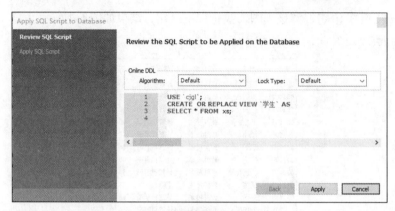

图 6-5　创建视图的 SQL 语句

任务 2　管理学生成绩管理数据库中的视图

微课视频

6-2　管理学生成绩
管理数据库中的视图

视图的操作与表的操作一样，可以对其进行查看、修改（有一定的限制）和删除操作。

6.2.1　用命令方式管理视图

1. 查看视图的定义

可以用 DESCRIBE 语句来查看视图的结构，其语法格式如下。

```
DESCRIBE 视图名;
```

DESCRIBE 一般情况下可以简写成 DESC。

【例题 6.8】查看学生视图的结构。

执行如下语句。

```
mysql> USE cjgl;
mysql> DESCRIBE 学生;
```

也可以使用 SHOW TABLE STATUS 语句查看视图的基本信息，其语法格式如下。

```
SHOW TABLE STATUS LIKE '视图名';
```

【例题 6.9】查看学生视图的基本信息。

执行如下语句。

```
mysql> SHOW TABLE STATUS LIKE '学生' \G
```

结果如下。

```
************************ 1. row ************************
          Name: 学生
        Engine: NULL
       Version: NULL
    Row_format: NULL
          Rows: NULL
Avg_row_length: NULL
   Data_length: NULL
Max_data_length: NULL
  Index_length: NULL
     Data_free: NULL
Auto_increment: NULL
   Create_time: NULL
   Update_time: NULL
    Check_time: NULL
     Collation: NULL
      Checksum: NULL
Create_options: NULL
       Comment: VIEW
1 row in set (0.00 sec)
```

还可以使用 SHOW CREATE VIEW 语句查看视图的定义，以便将其作为修改或重新创建视图的参考，其语法格式如下。

```
SHOW CREATE VIEW 视图名;
```

【例题 6.10】查看学生视图的定义。

执行如下语句。

```
mysql> SHOW CREATE VIEW 学生;
```

所有视图的定义都存储在 information_schema 数据库的 views 表中，可以通过查看这个表来了解相应视图的详细信息。

2. 修改视图

如果要修改视图的名称，可以先将原视图删除，然后用 CREATE VIEW 语句重新创建视图，将其名称改为新的视图名。

如果视图依赖的数据表发生变化，可以通过 ALTER VIEW 语句修改视图来保持视图与数据表一致。ALTER VIEW 语句的语法格式如下。

```
ALTER
    [ALGORITHM = {UNDEFINED | MERGE | TEMPTABLE}]
    [DEFINER = user]
    [SQL SECURITY { DEFINER | INVOKER }]
    VIEW view_name [(column_list)]
    AS select_statement
    [WITH [CASCADED | LOCAL] CHECK OPTION]
```

其语法说明同创建视图。

【例题 6.11】修改例题 6.4 的视图，使视图中增加开课学期列。

执行如下语句。

```
mysql> USE cjgl;
mysql> ALTER VIEW xscj
AS
SELECT cj.学号,kc.课程名,cj.成绩,kc.开课学期 FROM cj,kc
WHERE kc.课程号 =cj.课程号 ;
```

可使用 SELECT 语句查看该视图，执行如下语句。

```
mysql> SELECT  *  FROM  xscj;
```

使用 ALTER VIEW 语句修改视图时，需要用户具有针对视图的 CREATE VIEW 和 DROP VIEW 权限，以及由 SELECT 语句选择的每一列的某些权限。

3. 删除视图

当不再需要视图或要清除视图的定义和与之关联的访问权限定义时，可以删除视图。当视图被删除之后，该视图基表中存储的数据并不会受到影响，但是任何创建在该视图之上的其他数据库对象的查询将会发生错误。

使用 DROP VIEW 语句可以删除视图，其语法格式如下。

```
DROP VIEW [IF EXISTS]  view_name [, view_name] ...
[RESTRICT | CASCADE]
```

可以使用该语句同时删除多个视图，各视图名称之间需用英文逗号隔开。

【例题 6.12】删除学生视图。

执行如下语句。

```
mysql> DROP  VIEW 学生;
```

一个视图被删除后，由该视图导出的其他视图也将失效。

6.2.2 用 MySQL Workbench 图形化工具管理视图

1. 查看视图

打开 MySQL Workbench 图形化工具，在 SCHEMAS 栏中展开当前默认的 cjgl 数据库，然后展开视图对象，右击想查看的学生视图，在图 6-6 所示的弹出式菜单中选择 Select Rows－Limit 200，即可查看视图内容，如图 6-7 所示。

在查看视图内容的界面中，视图内容为只读，不可修改。

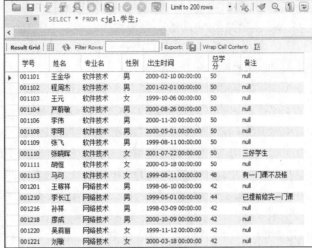

图 6-7　视图内容

图 6-6　查看视图的弹出式菜单

2. 修改视图

在 MySQL Workbench 图形化工具中，修改视图的操作和创建视图的操作相同。

3. 删除视图

打开 MySQL Workbench 图形化工具，在 SCHEMAS 栏中展开当前默认的 cjgl 数据库，然后展开视图对象，右击需要删除的视图，在图 6-6 所示的弹出式菜单中选择 Drop View…，在弹出的图 6-8 所示的对话框中选择 Drop Now 选项，即可直接删除视图。

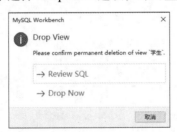

图 6-8　选择 Drop Now 选项

若选择 Review SQL，则可以显示删除操作对应的 SQL 语句，单击 Execute 按钮就可以执行删除视图操作。

任务 3　通过视图更新数据

在 MySQL 中，通过视图不仅可以查询数据，而且可以更新数据。

在对视图的数据进行操作时，系统根据视图的定义操作与视图关联的基表。因此，与视图对应的基表的数据也会发生变化。

更新视图是指通过视图向基表中插入数据、修改数据和删除数据。由于视图不是物理存储的数据，因此对视图中的数据进行的插入、修改、删除操作实质上是作用在基表上的。

要通过视图更新基表数据，必须保证视图是可更新视图。

微课视频

6-3　通过视图更新数据

145

有些视图是可更新的。可更新的视图中的行和基表的行之间必须具有一对一的关系。

有些视图是不可更新的。如果视图符合以下的任何一点，它就是不可更新的。

（1）定义视图的 SELECT 语句的列名列表中有聚合函数或通过计算得到的列或 DISTINCT 关键字。

（2）定义视图的 SELECT 语句中有 GROUP BY、HAVING 子句。

（3）定义视图的 SELECT 语句中有 UNION 或 UNION ALL 运算符。

（4）FROM 子句中有不可更新视图或包含多个表。

（5）WHERE 子句中的子查询，引用 FROM 子句中的表。

（6）ALGORITHM 参数为 TEMPTABLE（使用临时表会使视图成为不可更新的）。

（7）视图对应的数据表上存在没有默认值且不为空的列，而该列没有包含在视图里。

例如，学生表中的姓名列是非空列且没有默认值，如果定义的视图中不包括该列，那么这个视图就是不可更新的。因为在更新视图时，这个非空的姓名列将没有值插入，也没有 NULL 值插入。

1. 通过视图插入数据

使用 INSERT 语句可以通过视图向基表中插入数据，其语法格式如下。

```
INSERT [ INTO ] 视图名 [ (列名表)]  VALUES (值表)
```

【例题 6.13】向学生视图中插入一条记录：('001222' , '石毅', '信息管理', 1,'1993-03-02', 50 , NULL)。

执行如下语句。

```
USE cjgl;
INSERT INTO 学生   VALUES( '001222' , '石毅', '信息管理', 1,'1993-03-02', 50 , NULL );
```

使用 SELECT 语句查询学生视图的基表 xs，验证是否真正通过视图向其基表中插入了数据，从查询结果可以看到 xs 表中已添加了这条记录，如图 6-9 所示。

学号	姓名	专业名	性别	出生时间	总学分	备注
001101	王金华	软件技术	男	2000-02-10 00:00:00	50	null
001102	程周杰	软件技术	男	2001-02-01 00:00:00	50	null
001103	王元	软件技术	女	1999-10-06 00:00:00	50	null
001104	严蔚敏	软件技术	男	2000-08-26 00:00:00	50	null
001106	李伟	软件技术	男	2000-11-20 00:00:00	50	null
001108	李明	软件技术	男	2000-05-01 00:00:00	50	null
001109	张飞	软件技术	男	1999-08-11 00:00:00	50	null
001110	张晓晖	软件技术	女	2001-07-22 00:00:00	50	三好学生
001111	胡恒	软件技术	女	2000-03-18 00:00:00	50	null
001113	马可	软件技术	女	1999-08-11 00:00:00	48	有一门课不及格
001201	王稼祥	网络技术	男	1998-06-10 00:00:00	42	null
001210	李长江	网络技术	男	1999-05-01 00:00:00	44	已提前修完一门课
001216	孙祥	网络技术	男	1998-03-09 00:00:00	42	null
001218	廖成	网络技术	男	2000-10-09 00:00:00	42	null
001220	吴莉丽	网络技术	女	1999-11-12 00:00:00	42	null
001221	刘敏	网络技术	女	2000-03-18 00:00:00	42	null
001222	石毅	信息管理	男	1993-03-02 00:00:00	50	NULL

图 6-9　向学生视图中插入数据并查看结果

2. 通过视图修改数据

使用 UPDATE 语句可以通过视图修改基表的一个或多个列或行，其语法格式和修改数据表中的数据相同。

【例题 6.14】将学生视图中学号为 001222 的同学的"性别"改为"女"。

执行如下语句。

```
USE cjgl;
UPDATE 学生 SET 性别='女' WHERE 学号 = '001222';
```

使用 SELECT 语句查询学生视图的基表 xs，验证是否真正通过视图修改了基表中的数据，查询结果如图 6-10 所示。

学号	姓名	专业名	性别	出生时间	总学分	备注
001101	王金华	软件技术	男	2000-02-10 00:00:00	50	null
001102	程周杰	软件技术	男	2001-02-01 00:00:00	50	null
001103	王元	软件技术	女	1999-10-06 00:00:00	50	null
001104	严蔚敏	软件技术	男	2000-08-26 00:00:00	50	null
001106	李伟	软件技术	男	2000-11-20 00:00:00	50	null
001108	李明	软件技术	男	2000-05-01 00:00:00	50	null
001109	张飞	软件技术	男	1999-08-11 00:00:00	50	null
001110	张晓晖	软件技术	女	2001-07-22 00:00:00	50	三好学生
001111	胡恒	软件技术	女	2000-03-18 00:00:00	50	null
001113	马可	软件技术	女	1999-08-11 00:00:00	48	有一门课不及格
001201	王稼祥	网络技术	男	1998-06-10 00:00:00	42	null
001210	李长江	网络技术	男	1999-05-01 00:00:00	44	已提前修完一门课
001216	孙祥	网络技术	男	1998-03-09 00:00:00	42	null
001218	廖成	网络技术	男	2000-10-09 00:00:00	42	null
001220	吴莉丽	网络技术	女	1999-11-12 00:00:00	42	null
001221	刘敏	网络技术	女	2000-03-18 00:00:00	42	null
001222	石毅	信息管理	女	1993-03-02 00:00:00	50	NULL

图 6-10 修改学生视图中的数据并查看结果

3. 通过视图删除数据

使用 DELETE 语句可以通过视图删除基表的数据，其语法格式和删除数据表中的数据相同。

【例题 6.15】删除学生视图中学号为 001222 的同学的记录。

执行如下语句。

```
DELETE FROM 学生 WHERE 学号= '001222';
```

使用 SELECT 语句查询学生视图的基表 xs，验证是否真正通过视图删除了基表中学号为 001222 的同学的记录。

 说明 虽然可以使用可更新视图更新数据表中的数据，但由于可更新视图的判定容易出错，在实际工作中，最好仅将视图作为查询数据的虚拟表，不通过它更新基表中的数据。

单元小结

视图作为一种基本的数据库对象，是查询一个或多个表的一种方法。将预先定义好的查询作为一个视图对象存储在数据库中，就可以在查询语句中像使用表一样调用它。

视图不是数据库中真实的表，而是虚拟表，视图没有实际的物理记录，其结构和数据是建立在对数据库中真实表的查询基础上的。从安全的角度来看，视图的数据安全性更高，使用视图的用户不接触数据表，不知道表结构。

本单元讲解了视图的概念、作用和优缺点，分别介绍了用命令方式和用 MySQL Workbench 图形化工具创建、查看、修改、删除视图的方法，可更新视图的概念以及使用可更新视图更新数据表中数据的方法。

实验 8　创建和管理人力资源管理数据库中的视图

一、实验目的

1. 理解视图的概念和用途。
2. 掌握利用命令创建、查看、修改、删除视图的方法。
3. 掌握使用 MySQL Workbench 图形化工具创建、查看、修改、删除视图的方法。

二、实验内容

根据实验 4 中的员工表 employees，创建并管理视图 EMP_DETAILS_VIEW。

三、实验步骤

对于员工表 employees，完成下列操作。

（1）利用 MySQL Workbench 图形化工具创建视图 EMP_DETAILS_VIEW。
（2）利用 MySQL Workbench 图形化工具修改视图 EMP_DETAILS_VIEW。
（3）利用 MySQL Workbench 图形化工具删除视图 EMP_DETAILS_VIEW。
（4）利用 CREATE VIEW 语句创建视图 EMP_DETAILS_VIEW。
（5）利用 SQL 语句修改视图 EMP_DETAILS_VIEW。
（6）利用 SQL 语句删除视图 EMP_DETAILS_VIEW。

四、实验报告要求

1. 实验报告分为实验目的、实验内容、实验步骤、实验心得 4 个部分。
2. 把相关的语句、结果和关键步骤的截图放在实验报告中。
3. 写出详细的实验心得。

习题 6

一、选择题

1. 使用 SQL 语句创建视图时，不能使用的关键字是（　　　）。
   A. ORDER BY　　　　　　　　　　B. COMPUTE
   C. WHERE　　　　　　　　　　　　D. WITH CHECK OPTION

2. 以下关于视图的描述中，错误的是（　　　）。

    A. 视图不是数据库中真实存在的物理表，而是虚拟表

    B. 当对通过视图看到的数据进行修改时，相应的基表的数据也会发生变化

    C. 在创建视图时，若其中某个目标列是聚合函数时，必须指明视图的全部列名

    D. 在一个语句中，一次可以修改一个以上的视图对应的基表

3. 在定义视图的 SELECT 语句中，可以简单地选择指定源表中的行和列，还可以使用（　　　）对象和这些对象的组合来创建视图。

    A. 单个表或另一个视图　　　　　　　　B. 多个表

    C. 其他多个视图　　　　　　　　　　　D. 以上都正确

4. 在 MySQL 中，更改视图使用（　　　）语句。

    A. CREATE VIEW　　B. ALTER VIEW　　　C. UPDATE　　　　　D. INSERT

5. 可以在视图定义中使用 WITH CHECK OPTION 子句，该子句的作用是（　　　）。

    A. 表示视图中的数据是只读的

    B. 不允许通过视图修改基表中的数据

    C. 可以有条件地通过视图修改基表中的数据

    D. 可以通过视图修改基表中的数据

二、填空题

1. 视图是由基于一个或多个表上的一个＿＿＿＿＿＿生成的＿＿＿＿＿＿。

2. 视图的缺点有＿＿＿＿＿＿、＿＿＿＿＿＿和＿＿＿＿＿＿。

3. 在 MySQL 中，创建视图的方法有＿＿＿＿＿＿和＿＿＿＿＿＿。

4. 创建视图时使用＿＿＿＿＿＿关键字，删除视图的 SQL 语句是＿＿＿＿＿＿。

三、简答题

1. 什么是视图？视图的作用是什么？

2. 视图和数据表之间的区别是什么？

3. 举例说明视图有哪些优缺点。

4. 创建视图时需要注意哪些事项？

5. 在通过视图修改数据表中的数据时，要注意什么？

单元 **7** **MySQL 用户管理**

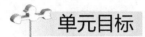

【知识目标】
- 了解数据库安全管理的概念及意义。
- 了解 MySQL 的权限表及其用法，理解 MySQL 权限控制的实现过程。
- 掌握用命令方式创建和管理用户的方法。
- 掌握用 MySQL Workbench 图形化工具创建和管理用户的方法。
- 掌握用命令方式管理权限的方法。
- 掌握用 MySQL Workbench 图形化工具管理权限的方法。

【技能目标】
- 会用命令方式创建和管理用户。
- 会用 MySQL Workbench 图形化工具创建和管理用户。
- 会根据需要用命令为用户设置权限和管理权限。
- 会根据需要用 MySQL Workbench 图形化工具为用户设置权限和管理权限。

【素质目标】
通过介绍数据库安全管理的常用技术，让学生了解数据库的相关法律，增强学生的法治意识和信息安全意识。

　　前面已经搭建了 MySQL 数据库的工作环境，用户能正常使用数据库完成增、删、改、查等操作。由于数据库中保存了大量的数据，这些数据可能涉及个人的隐私信息、企业的商业信息或其他机密资料，如果数据库被非法侵入、数据被偷窥或破坏，危害是难以估量的。

　　在一般的数据库系统中，安全措施是一级一级层层设置的，数据库系统的典型安全模型如图 7-1 所示。其中，数据库以文件的形式保存在外存上。操作系统用于管理计算机上的所有资源，因此，第一层的安全保障由操作系统提供。由于对数据库的操作访问都必须通过数据库管理系统，因此，数据库管理系统要提供对数据库的访问控制。

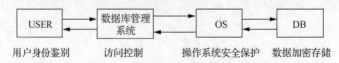

图 7-1　数据库系统典型安全模型

　　用户要求进入计算机系统时，系统首先根据输入的用户标识进行用户身份鉴别，只有合法的用户才允许进入计算机系统；对已进入系统的用户，数据库管理系统还要进行访问控制，只允许用户执行合法操作；操作系统也有自己的保护措施；数据最后还可以以密码形式存储到数据库中。

保护数据库的安全是指保护数据库以防止不合法使用造成数据泄露、更改或破坏。与数据库有关的安全性技术主要包括用户身份鉴别、访问控制、审计、密码存储和视图等。

为了保证数据库的安全，MySQL 数据库提供了完善、方便的安全管理机制。MySQL 是个多用户数据库，具有功能强大的访问控制系统，可以为不同用户指定权限。

用户就是数据库系统的合法操作者。MySQL 数据库中的用户可以按其权限的高低分为 root 用户和普通用户。root 用户是超级管理员，拥有系统所有权限，可以控制整个 MySQL 服务器。普通用户是根据需要而创建的用户，只拥有被授予的权限。

权限是系统预先定义好的、执行特定 SQL 语句和访问对象的权利。MySQL 数据库的权限可以分成两大类：系统管理权限和数据库对象权限。前者包括登录的权限和全局的管理权限，后者包括每个数据库对象的具体使用权限。

MySQL 服务器通过 MySQL 权限表来控制用户对数据库的访问。为了保证数据的安全，管理员需要为每个用户赋予不同权限，以满足不同用户的需求。MySQL 中用户的权限根据其作用范围可分为以下 5 个层级。

（1）全局级：作用域为 MySQL 中的所有数据库；权限存储在 mysql 数据库中的 user 表中；使用语句授予和收回权限；授予和收回权限时使用 ON *.*形式的语句。

（2）数据库级：作用域为 MySQL 中的某个特定的数据库；权限存储在 mysql 数据库中的 db 表中；使用语句授予和收回权限；授予和收回权限时使用 ON db_name.*形式的语句。

（3）表级：作用域为某个数据库中特定的表；权限存储在 mysql 数据库中的 tables_priv 表中；授予和收回权限时使用 ON db_name.tbl_name 形式的语句。

（4）列级：作用域为某个数据库中某张表的特定列；权限存储在 mysql 数据库中的 columns_priv 表中；授予和收回权限时使用(col1,col2,…) ON db_name.tbl_name 形式的语句。

（5）存储过程、函数级：作用域为存储过程和函数；权限存储在 mysql 数据库中的 procs_priv 表中；ALTER ROUTINE、EXECUTE 和 GRANT 权限适用于已存储的存储过程和函数。

本单元介绍 MySQL 数据库中的权限表、用户管理和权限管理。

任务1 管理学生成绩管理数据库的用户

7.1.1 了解 MySQL 的权限表

微课视频

7 MySQL 用户
管理

MySQL 在安装时会自动创建一个名为 mysql 的系统数据库，它保存了数据库的账户信息、权限信息、存储过程和时区等信息。

执行 SHOW TABLES 语句可以查看当前数据库中存在的所有表，MySQL 5.7.20 中包含 31 个表，用户权限信息被分别存储在 user、db、tables_priv、columns_priv 和 procs_priv 表中。在 MySQL 启动时，服务器将这些表中的权限信息读入内存。当用户登录系统后，MySQL 数据库系统会根据这些表的内容为每个用户赋予相应的权限。

1. user 表

mysql 数据库中的 user 表是 MySQL 中最重要的一个权限表，用来记录允许连接到服务器的用户信息，包括用户名称、主机名、密码和操作权限等。

使用 DESC user 语句可以查看相关字段，它们可以分为 4 类，即用户字段、权限字段、安全字段和资源控制字段。

（1）用户字段。

user 表中的 host、user 和 pssword 字段都属于用户字段，存储了用户连接 MySQL 数据库时需要输入的信息。host 表示主机名或主机的 IP 地址（即用户连接 MySQL 时所用主机的名字），user 表示用户名，authentication_string 表示密码字段。用户登录时，只有这 3 个字段同时匹配，MySQL 数据库系统才会允许其登录。

MySQL 5.7 不再使用 password 作为密码字段。

【例题 7.1】使用 SELECT 语句查看 user 表中的所有用户。

执行如下语句，结果如图 7-2 所示。

```
mysql> SELECT host,user, authentication_string FROM user;
```

```
mysql> SELECT host,user, authentication_string FROM user;

host        | user          | authentication_string
localhost   | root          | *E74858DB86EBA20BC33D0AECAE8A8108C56B17FA
localhost   | mysql.session | *THISISNOTAVALIDPASSWORDTHATCANBEUSEDHERE
localhost   | mysql.sys     | *THISISNOTAVALIDPASSWORDTHATCANBEUSEDHERE
%           | mysql         | *E74858DB86EBA20BC33D0AECAE8A8108C56B17FA
```

图 7-2　user 表中的所有用户

从图 7-2 中可以看出，user 字段的值有如下 3 个。

① mysql.sys：用于 sys schema 中对象的定义。使用 mysql.sys 可避免数据库管理员重命名或者删除 root 用户时发生问题。该用户已被锁定，客户端无法连接。

② mysql.session：用于插件内部访问服务器。该用户已被锁定，客户端无法连接。

③ root：用于管理。该用户拥有所有权限，可执行任何操作。

host、user 和 password 这 3 个字段决定了用户能否登录，用户登录时，会先判断这 3 个字段的值是否同时匹配，若是，MySQL 数据库系统才会允许用户登录。

（2）权限字段。

user 表中以 _priv 结尾的字段都是权限字段，如表 7-1 所示。权限字段决定了用户的权限，用来描述在全局范围内决定是否允许对数据和数据库进行操作。

表 7-1　user 表的权限字段及相关介绍

权限字段	对应权限	说明
select_priv	SELECT	允许使用 SELECT 语句检索数据
insert_priv	INSERT	允许使用 INSERT 语句插入数据

续表

权限字段	对应权限	说明
update_priv	UPDATE	允许使用 UPDATE 语句修改现有数据
delete_priv	DELETE	允许使用 DELETE 语句从表中删除现有数据
create_priv	CREATE	允许创建新的数据库和表，但是不允许创建索引
drop_priv	DROP	允许删除现有的数据库和表，但是不允许删除索引
reload_priv	RELOAD	允许执行大量的服务器管理操作，包括日志、权限、主机、查询和表
shutdown_priv	SHUTDOWN	允许关闭 MySQL 服务器
process_priv	PROCESS	允许使用 SHOW PROCESSLIST 语句查看服务器内正在运行的线程（进程）的信息
file_priv	FILE	允许加载服务器主机上的文件
grant_priv	GRANT	允许将已经授予某用户的权限再授予其他用户
references_priv	REFERENCES	目前并没有多大的作用
index_priv	INDEX	允许创建和删除表的索引
alter_piv	ALTER	允许重命名和修改表的结构
show_db_priv	SHOW DATABASES	允许查看所有的数据库
super_priv	SUPER	允许使用某些强大的管理功能
create_tmp_table_priv	CREATE TEMPORARY TABLES	允许创建临时表
lock_tables_priv	LOCK TABLES	允许使用 LOCK TABLES 语句锁定表
execute_priv	EXECUTE	允许执行存储过程和自定义函数
repl_slave_priv	REPLICATION SLAVE	允许读取用户维护、复制数据库环境的二进制日志文件
repl_client_priv	REPLICATION CLIENT	允许从服务器和主服务器的位置复制
create_view_priv	CREATE VIEW	允许创建视图
show_view_priv	SHOW VIEW	允许查看视图
create_routine_priv	CREATE ROUTINE	允许创建存储过程或自定义函数
alter_routine_priv	ALTER ROUTINE	允许修改存储过程或自定义函数
create_user_priv	CREATE USER	允许执行 CREATE USER 语句创建用户
event_priv	CREATE/DROP EVENT	允许创建、修改和删除事件
trigger_priv	CREATE/DROP TRIGGER	允许创建和删除触发器

　　权限字段值的数据类型为 ENUM，可取的值只有 Y 和 N，Y 表示用户有对应的权限，N 表示用户没有对应的权限。从安全角度考虑，这些字段的默认值都为 N。

【例题 7.2】下面通过 SELECT 语句查看当前 root 用户是否具有 SELECT、INSERT 和 UPDATE 的权限。

执行如下语句。

```
mysql> SELECT select_priv,insert_priv,update_priv,user,host FROM user
    -> WHERE user='root' AND host='localhost';
```

结果如下。

```
+-------------+-------------+-------------+------+-----------+
| select_priv | insert_priv | update_priv | user | host      |
+-------------+-------------+-------------+------+-----------+
| Y           | Y           | Y           | root | localhost |
+-------------+-------------+-------------+------+-----------+
1 row in set (0.00 sec)
```

上述输出结果表示，当前主机的 root 用户具有 SELECT、INSERT 和 UPDATE 的权限。在上述的所有权限字段中，每一个权限以一个单独的列指定，这些列全部是 ENUM('Y','N') 枚举类型。如果不为其指定值，则使用默认值 N。

（3）安全字段。

安全字段主要用来判断用户是否能够成功登录。user 表中有 ssl_type、ssl_cipher、x509_issuser 和 x509_subject 这 4 个安全字段。其中 ssl 用于加密，x509 标准可以用来表示用户。

通常标准的 MySQL 发行版本并不支持 ssl 功能，执行 SHOW VARIABLES LIKE 'have_openssl'语句可以查看 MySQL 是否具有该功能，具体语句如下。

```
mysql> SHOW VARIABLES LIKE 'have_openssl';
```

结果如下。

```
+---------------+----------+
| Variable_name | Value    |
+---------------+----------+
| have_openssl  | DISABLED |
+---------------+----------+
1 row in set,1 warning (0.00 sec)
```

have_openssl 的值为 DISABLED，表明该版本的 MySQL 不支持 ssl 加密功能。

（4）资源控制字段。

资源控制字段用来限制用户使用的资源。user 表中包含如下 4 个资源控制字段。

① max_questions：表示用户每小时允许执行的查询次数。

② max_updates：表示每小时允许执行多少次更新。

③ max_connections：表示每小时建立多少次连接。

④ max_user_connections：表示单个用户同时具有的连接数。

它们的默认值都是 0，表示没有限制。

2. db 表

db 表中存储了用户对某个数据库的操作权限，db 表的结构如表 7-2 所示。这里的权限适用于一个数据库中的所有表。

表 7-2　db 表的结构

字段名	字段类型	是否为空	主键	默认值	说明
host	CHAR(60)	NO	PRI		主机名或 IP 地址
db	CHAR(64)	NO	PRI		数据库名
user	CHAR(32)	NO	PRI		用户名
select_priv	ENUM('N','Y')	NO		N	用于检索数据
insert_priv	ENUM('N','Y')	NO		N	用于插入数据
update_priv	ENUM('N','Y')	NO		N	用于修改现有数据
delete_priv	ENUM('N','Y')	NO		N	用于删除现有数据
create_priv	ENUM('N','Y')	NO		N	用于创建新的数据库和表
drop_priv	ENUM('N','Y')	NO		N	用于删除现有的数据库和表
grant_priv	ENUM('N','Y')	NO		N	用于执行大量的服务器管理操作
references_priv	ENUM('N','Y')	NO		N	用于目前并没有多大的作用
index_priv	ENUM('N','Y')	NO		N	用于创建和删除表的索引
alter_priv	ENUM('N','Y')	NO		N	用于重命名和修改表的结构
create_tmp_table_priv	ENUM('N','Y')	NO		N	用于创建临时表
lock_tables_priv	ENUM('N','Y')	NO		N	用于锁定表
create_view_priv	ENUM('N','Y')	NO		N	用于创建视图
show_view_priv	ENUM('N','Y')	NO		N	用于查看视图
create_routine_priv	ENUM('N','Y')	NO		N	用于创建存储过程或自定义函数
alter_routine_priv	ENUM('N','Y')	NO		N	用于修改存储过程或自定义函数
execute_priv	ENUM('N','Y')	NO		N	用于执行存储过程或自定义函数
event_priv	ENUM('N','Y')	NO		N	用于创建、修改和删除事件
trigger_priv	ENUM('N','Y')	NO		N	用于创建和删除触发器

　　字段 host、user、db 为用户字段，表示从某个主机连接某个用户对某个数据库的操作权限。

　　db 表中的权限字段和 user 表中的权限字段大致相同，只是 user 表中的权限是针对所有数据库的，而 db 表中的权限只针对指定的数据库。如果希望用户只对某个数据库有操作权限，可以先将 user 表中对应的权限设置为 N，然后在 db 表中设置对应数据库的操作权限为 Y。

【例题 7.3】使用 SELECT 语句查询表 db 中的第一条记录。

执行如下语句。

```
mysql> SELECT * FROM mysql.db LIMIT 1\G;
```

结果如下。

```
*************************** 1. row ***************************
              host: localhost
                db: performance_schema
              user: mysql.session
       select_priv: Y
       insert_priv: N
       update_priv: N
       delete_priv: N
       create_priv: N
         drop_priv: N
        grant_priv: N
   references_priv: N
        index_priv: N
        alter_priv: N
create_tmp_table_priv: N
   lock_tables_priv: N
   create_view_priv: N
     show_view_priv: N
 create_routine_priv: N
  alter_routine_priv: N
      execute_priv: N
        event_priv: N
      trigger_priv: N
1 row in set (0.00 sec)
```

由上述结果可知，表 db 中的字段分为两大类：用户字段和权限字段。host、db 和 user 都属于用户字段，它们分别表示主机名、数据库名和用户名。其他的字段都属于权限字段，这些权限在表 user 中都存在，但是它们是有区别的。表 user 中的权限字段针对所有的数据库，例如，表中 select_priv 字段的值为 Y，那么用户可以查询所有数据库中的表的记录。

表 user 和表 db 都设置了相关权限信息，用户首先根据表 user 的内容获取权限，然后根据表 db 的内容获取权限。

3. tables_priv 表

tables_priv 表用来对单个表进行权限设置，即用来指定表级权限。表 tables_priv 的结构如表 7-3 所示。

表 7-3　tables_priv 表的结构

字段名	字段类型	是否为空	主键	默认值	说明
host	CHAR(60)	NO	PRI		主机名或 IP 地址
db	CHAR(64)	NO	PRI		数据库名

续表

字段名	字段类型	是否为空	主键	默认值	说明
user	CHAR(32)	NO	PRI		用户名
table_name	CHAR(64)	NO	PRI		表名
grantor	CHAR(93)	NO	MUL		表示修改记录的用户
timestamp	TIMESTAMP	NO		CURRENT_TIMESTAMP	表示修改记录的时间
table_priv	SET('SELECT','INSERT', 'UPDATE','DELETE', 'CREATE','DROP','GRANT', 'REFERENCES','INDEX', 'ALTER','CREATEVIEW', 'SHOW VIEW','TRIGGER')	NO			表示对表的操作权限，包括 SELECT、INSERT、UPDATE、DELETE、CREATE、DROP、GRANT、REFERENCES、INDEX 和 ALTER 等
column_priv	SET('SELECT','INSERT', 'UPDATE','REFERENCES')	NO			表示对表中列的操作权限，包括 SELECT、INSERT、UPDATE 和 REFERENCES

host、db、user 和 table_name 字段为作用域列，依次表示主机名或 IP 地址、数据库名、用户名和表名。grantor 字段表示权限是谁设置的；timestamp 字段表示修改权限的时间；table_priv 和 column_priv 字段为权限字段，前者表示对表进行操作的权限，后者表示对数据列进行操作的权限。

4. columns_priv 表

columns_priv 表用来对单个数据列进行权限设置，即用来指定数据列级的操作权限，columns_priv 表的结构如表 7-4 所示。

表 7-4　columns_priv 表的结构

字段名	字段类型	是否为空	默认值	说明
host	CHAR(60)	NO	无	主机名或 IP 地址
db	CHAR(64)	NO	无	数据库名
user	CHAR(32)	NO	无	用户名
table_name	CHAR(64)	NO	无	表名
column_name	CHAR(64)	NO	无	表示数据列名称，用来指定对哪些数据列具有操作权限
timestamp	TIMESTAMP	NO	CURRENT_TIMESTAMP	表示修改记录的时间
column_priv	SET('SELECT', 'INSERT','UPDATE', 'REFERENCES')	NO	无	表示对表中列的操作权限，包括 SELECT、INSERT、UPDATE 和 REFERENCES

host、db、user、table_name 和 column_priv 字段为作用域列，依次表示主机名或 IP 地址、数据库名、用户名、表名和列名，表示可以对哪些数据列进行操作。

可对表中的数据列进行操作权限的设置，这些权限包括 INSERT、UPDATE、SELECT 和 REFERENCES。

5. procs_priv 表

procs_priv 表可以对存储过程和存储函数进行权限设置，procs_priv 的表结构如表 7-5 所示。

表 7-5　procs_priv 表的结构

字段名	字段类型	是否为空	默认值	说明
host	CHAR(60)	NO	无	主机名或 IP 地址
db	CHAR(64)	NO	无	数据库名
user	CHAR(32)	NO	无	用户名
routine_name	CHAR(64)	NO	无	表示存储过程或函数的名称
routine_type	ENUM('FUNCTION', 'PROCEDURE')	NO	无	表示存储过程或函数的类型。routine_type 字段有两个值，分别是 FUNCTION 和 PROCEDURE。FUNCTION 表示函数；PROCEDURE 表示存储过程
grantor	CHAR(93)	NO	无	表示插入或修改记录的用户
proc_priv	SET('EXECUTE', 'ALTER ROUTINE', 'GRANT')	NO	无	表示拥有的权限，包括 EXECUTE、ALTER ROUTINE、GRANT 3 种
timestamp	TIMESTAMP	NO	CURRENT_TIMESTAMP	表示记录更新的时间

7.1.2　了解 MySQL 的访问控制过程

当用户访问 MySQL 数据库时，系统首先要核实该用户是否是合法用户，然后确认该用户是否具有请求操作的权限。也就是说 MySQL 的访问控制分为两个阶段：连接核实阶段和请求核实阶段。

1. 连接核实阶段

当用户连接 MySQL 服务器时，服务器基于用户的账号和密码来进行身份验证。即将用户连接请求中提供的用户名、主机地址和密码与权限表 user 中保存的 user、host、authentication_string 字段值进行匹配，如果这 3 个字段同时匹配成功，MySQL 服务器接受连接请求，然后进入请求核实阶段；否则，服务器拒绝访问。

2. 请求核实阶段

建立连接之后，服务器对于用户的每个操作请求，都要检查用户是否有足够的权限来执行。用户已经被授予的权限分别保存在 user、db、host、tables_priv、columns_priv 或 procs_priv 表中。请求核实的过程如下。

（1）用户向 MySQL 发出操作请求。

（2）MySQL 检查 user 权限表中的权限信息，匹配 user、host 字段值，查看请求的全局权限是否被允许，如果找到匹配结果，操作允许执行，否则 MySQL 继续向下查找。

（3）MySQL 检查 db 权限表中的权限信息，匹配 user、host、db 字段值，查看请求的数据库级别的权限是否被允许，如果找到匹配结果，操作允许执行，否则 MySQL 继续向下查找。

（4）MySQL 检查 tables_priv 权限表中的信息，匹配 user、host、db、table_name 字段值，查看请求的数据库级别的权限是否被允许，如果找到匹配结果，操作允许执行，否则 MySQL 继续向下查找。

（5）MySQL 检查 columns_priv 权限表中的信息，匹配 user、host、db、table_name、column_name 字段值，查看请求的数据库级别的权限是否被允许，如果找到匹配结果，操作允许执行，否则 MySQL 返回错误信息，用户请求的操作不能执行，操作失败。

7.1.3 用命令方式创建和管理用户

由于 root 用户具有系统的所有权限，为确保数据的安全访问，避免有人恶意使用 root 用户控制数据库，尽可能少用或不用 root 用户登录系统，为此需要创建普通用户并对其进行管理。用户管理包括创建用户、管理密码、删除用户等。要实现对用户的创建和管理，必须具备相应的操作权限。

1. 创建用户

创建用户是指添加普通用户，创建用户有 3 种方式：通过 CREATE USER 语句创建；通过 INSERT 语句创建；通过 GRANT 语句创建。

（1）用 CREATE USER 语句创建用户。

CREATE USER 语句用于创建新的 MySQL 用户，即在 mysql.user 表中创建一条新记录，如果创建的用户已经存在，则出现错误。CREATE USER 语句的基本语法格式如下。

```
CREATE USER user [IDENTIFIED BY [PASSWORD]'password'][,user [IDENTIFIED BY
[PASSWORD]'password']]...
```

① user：表示新建用户的账户，格式为'user_name'@'host_name'；如果没指定主机名，那么主机名默认为 "%"，表示对所有主机开放权限。

② IDENTIFIED BY：用来设置用户的密码。

③ password：表示用户的密码。如果该密码是一个普通的字符串，则不需要使用 PASSWORD 关键字；如果要把密码指定为由 PASSWORD()函数返回的 Hash 值，需要使用 PASSWORD 关键字。

使用 CREATE USER 语句必须拥有 mysql 数据库的 INSERT 权限或全局 CREATE USER 权限。

【例题 7.4】使用 CREATE USER 语句为学生成绩管理数据库 cjgl 创建名为 teacher111 的用户，指定主机名是 localhost、密码为 teacher123。

执行的 SQL 语句如下。

```
mysql> use cjgl
mysql> CREATE USER 'teacher111'@'localhost' IDENTIFIED BY 'teacher123';
```

结果如下。

```
Query OK, 0 rows affected (0.01 sec)
```

创建完成后可以通过 SELECT 语句查询 user 表中的记录，并且指定查询的条件，执行的语句如下。

```
mysql> SELECT user,host FROM mysql.user WHERE user='teacher111';
```

新创建的用户拥有的权限很少，它们只能执行不需要权限的操作。如登录 MySQL、使用 SHOW 语句查询所有存储引擎和字符集的列表等。

通过 CREATE USER 语句可以同时创建多个用户，各个用户之间通过英文逗号进行分隔。

【例题 7.5】使用 CREATE USER 语句为学生成绩管理数据库 cjgl 一次性创建名称为 student1、student2 和 student3 的用户，密码与用户名一致，主机名都是 localhost。

执行如下语句。

```
mysql> CREATE USER 'student1'@'localhost' IDENTIFIED BY 'student1',
    -> 'student2'@'localhost' IDENTIFIED BY 'student2',
    -> 'student3'@'localhost' IDENTIFIED BY 'student3';
```

结果如下。

```
Query OK, 0 rows affected (0.02 sec)
```

（2）用 INSERT 语句创建用户。

还可以直接用 INSERT 语句向 mysql.user 表中添加用户信息来创建用户，但用户必须拥有对 user 表的 INSERT 权限。

使用 INSERT 语句向 user 表中添加 host、user 和 authentication_string 字段的值时，其他未指定的字段一般会使用默认值，但 ssl_cipher、x509_issuer 和 x509_subject 字段并没有默认值，因此要为它们指定初始值（如空值），否则直接执行 INSERT 语句会提示出错。

INSERT 语句创建用户的语法格式如下。

```
INSERT INTO mysql.user(host,user, authentication_string,ssl_cipher,x509_
issuer,x509_subject) VALUES('hostname','username',PASSWORD('password'),
'','','');
```

【例题 7.6】使用 INSERT 语句为学生成绩管理数据库 cjgl 创建名称是 student4 的用户，指定主机名是 localhost、密码是 student4。

执行如下语句。

```
mysql>INSERT INTO mysql.user(host,user, authentication_string,ssl_cipher,x509_
issuer,x509_subject) VALUES('localhost','student4',PASSWORD('student4'),'','','');
```

执行完 INSERT 语句后用户新建成功。但此时通过该账户登录 MySQL 服务器并不会成功，因为新用户还没有生效。

重启 MySQL 服务器或者执行 FLUSH PRIVILEGES 语句可以使新用户生效，如下所示，该语句可以从 user 表中重新载入权限。

```
mysql> FLUSH PRIVILEGES;
```

执行 FLUSH PRIVILEGES 语句时需要 RELOAD 权限。

也可以用 GRANT 语句创建新用户，具体方法详见 7.2.1 小节 "授予权限" 部分。

2. 修改用户

在 MySQL 中可以通过多种方式修改用户名和密码。

（1）使用 RENAME USER 语句修改用户名。

在 MySQL 中，可以使用 RENAME USER 语句修改一个或多个已经存在的用户名。其语法格式如下。

```
RENAME USER old_user TO new_user
```

需要注意的是，如果系统中旧账户不存在或者新账户已存在，执行该语句会出现错误。使用 RENAME USER 语句，必须拥有 mysql 数据库的 UPDATE 权限或全局 CREATE USER 权限。

【例题 7.7】使用 RENAME USER 语句将学生成绩管理数据库 cjgl 中名为 student1 的用户改名为 student。

执行如下语句。

```
mysql> RENAME USER 'student1'@'localhost' TO 'student'@'localhost';
mysql> FLUSH PRIVILEGES;
```

可以使用 student 用户登录数据库服务器，执行如下语句。

```
C:\Users\Admin>mysql -h localhost -u student -p
```

（2）使用 SET 语句修改密码。

在使用 root 用户登录到 MySQL 服务器时，还可以直接使用 SET 语句修改密码。SET 语句的基本语法格式如下。

```
SET PASSWORD FOR username@localhost=PASSWORD("new_password");
```

其中，username 表示要修改密码的用户名，new_password 表示新密码。

如果更改用户自身的密码，可直接使用以下语句。

```
SET PASSWORD= PASSWORD("new_password");
```

【例题 7.8】以 root 用户的身份登录 MySQL 服务器，然后使用 SET 语句将 root 用户的密码更改为 root。

执行如下语句。

```
mysql> SET PASSWORD FOR root@localhost =PASSWORD('root');
```

退出并重新登录 MySQL，输入新密码 root 进行登录验证。

（3）使用 mysqladmin 语句修改密码。

root 用户可以修改自己的密码和普通用户的密码；普通用户可以修改自己的密码。

mysqladmin 是 MySQL 服务器的管理工具，使用 mysqladmin 语句既可以修改 root 用户的密码，也可以修改普通用户的密码。其基本语法格式如下。

```
mysqladmin -u username -p password"new_password";
```

其中，password 表示关键字，后面是新密码。

【例题 7.9】使用 mysqladmin 语句将 root 用户的密码更改回 mysql。

执行语句和结果如下。

```
C:\Users\Admin> mysqladmin -u root -p password'mysql'
Enter password: ********
mysqladmin: [Warning] Using a password on the command line interface can be
insecure.
Warning: Since password will be sent to server in plain text, use ssl connection
to ensure password safety.
```

执行该语句时系统要求输入原密码，修改完毕后系统会发出警告信息。

【例题 7.10】使用 mysqladmin 语句将学生成绩管理数据库 cjgl 中名为 student 的用户的原密码 student1 修改为 student。

执行如下语句。

```
C:\Users\Admin> mysqladmin -u student -p password'student'
```

（4）使用 UPDATE 语句修改密码。

在以 root 用户身份登录到 MySQL 数据库时，可以使用 UPDATE 语句更改 mysql.user 表的 authentication_string 字段值来修改密码。UPDATE 语句修改密码的语法格式如下。

```
UPDATE user SET password=PASSWORD("new_password") WHERE user="username" AND
host="hostname";
```

【例题 7.11】使用 UPDATE 语句更改用户 student2 的密码，指定新的密码是 student。

执行如下语句。

```
mysql> UPDATE mysql.user SET password=PASSWORD("student")WHERE user="student2"
AND host="localhost";
```

密码修改完毕后执行 FLUSH PRIVILEGES 语句刷新权限，如下所示。再次使用 student2 用户身份登录时需要使用新的密码。

```
mysql> FLUSH PRIVILEGES;
```

3. 删除用户

在 MySQL 数据库中，可以使用 DROP USER 语句删除用户，也可以直接在 mysql.user 表中删除用户及其相关权限。

（1）用 DROP USER 语句删除用户。

使用 DROP USER 语句删除用户以及权限信息时必须拥有 DROP 权限。该语句的语法格式如下。

```
DROP USER user[,user]
```

【例题 7.12】使用 DROP USER 语句删除学生成绩管理数据库 cjgl 中名为 student3、student4 的用户，其主机名都是 localhost。

执行如下语句。

```
mysql> DROP USER 'student3'@'localhost','student4'@'localhost';
```

结果如下。

```
Query OK, 0 rows affected (0.01 sec)
```

注意 用户的删除不会影响之前由他们创建的表、索引或其他数据库对象，因为 MySQL 并不会记录是谁创建了这些对象。

（2）用 DELETE 语句删除用户。

使用 DELETE 语句删除用户时必须拥有对 mysql.user 表的 DELETE 权限，使用该语句可直接将用户的信息从 user 表中删除。该语句的基本语法格式如下。

```
DELETE  FROM user WHERE host='localhost' AND user='username';
```

【例题 7.13】使用 DELETE 语句删除学生成绩管理数据库 cjgl 中名为 student2 的用户，其主机名是 localhost。

执行如下语句。

```
mysql> DELETE FROM mysql.user WHERE Host='localhost' AND User='student2';
```

结果如下。

```
Query OK, 0 rows affected (0.01 sec)
```

执行完上述语句后还要使用 FLUSH PRIVILEGES 语句来使删除用户生效，如下所示。

```
mysql> FLUSH PRIVILEGES
```

7.1.4　用 MySQL Workbench 图形化工具创建和管理用户

使用 MySQL Workbench 图形化工具可以创建、修改和删除用户账号，编辑配置文件等。

【例题 7.14】使用 MySQL Workbench 图形化工具为学生成绩管理数据库 cjgl 创建名为 teacher 的用户，密码为 teacher123，然后修改密码为 teacher111，最后删除 teacher 用户。

具体的操作步骤如下。

（1）打开 MySQL Workbench 图形化工具，登录 MySQL 服务器，在导航窗格单击 MANAGEMENT 栏的 Users and Privileges，打开图 7-3 所示的用户和权限的管理界面，其中会显示当前 MySQL 服务器中的所有用户。

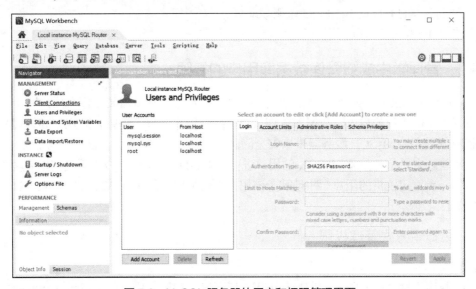

图 7-3　MySQL 服务器的用户和权限管理界面

（2）单击 Add Account 按钮弹出创建用户窗口，在 Login 选项卡中设置用户名为 teacher、认证类型为 Standard、主机名为%、密码为 teacher123，单击 Apply 按钮，此时在窗口左侧可见刚刚创建的 teacher 用户，如图 7-4 所示。

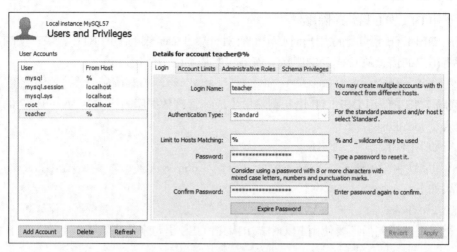

图 7-4　创建用户窗口

（3）在窗口左侧的用户列表中，选择用户 teacher，可查看该用户的用户名、认证类型、主机名称、用户密码等信息。而且可以对该用户信息进行修改，如将其密码修改为 teacher111，然后单击 Apply 按钮。

　　　　若不想保留修改的内容，在单击 Apply 按钮之前，可单击 Revert 按钮，则不会修改用户的信息。

（4）不再需要的用户可以直接删除。如要删除 teacher 用户，只需在用户列表中选中 teacher 用户，单击下方的 Delete 按钮，确认删除即可。

单击 Refresh 按钮可刷新用户列表。

任务 2　管理学生成绩管理数据库用户的权限

在 MySQL 数据库中，为了保证数据的安全，数据库管理员需要为每个用户赋予不同权限，以满足不同用户的需求。数据库管理员要对所有用户的权限进行合理规划和管理，不合理的权限规划会给 MySQL 服务器带来安全隐患。

权限管理主要是对登录 MySQL 的用户进行权限验证。MySQL 权限系统的主要功能是核实连接到一台给定主机的用户，并且赋予该用户在数据库上的 SELECT、INSERT、UPDATE 和 DELETE 权限。

7.2.1　用命令方式管理权限

1. 授予权限

授予权限也称分配权限，是指为某个用户赋予某些权限。例如，可以为新建的用户赋予查询所有数据库和表的权限。

在 MySQL 数据库中可以使用以下两种方法给用户授予权限。

（1）直接操作 MySQL 的权限表来给用户授予权限。如在使用 INSERT 语句向 mysql.user 表中插入用户数据时直接为权限字段赋值。

（2）使用 GRANT 语句给用户授予权限。

GRANT 语句的主要用途是给用户授权，可以使用它在创建新用户的同时进行授权。GRANT 语句的基本语法格式如下。

```
GRANT priv_type[(column_list)] ON database.table TO user [IDENTIFIED BY[PASSWORD]
'password'][,user[IDENTIFIED BY [PASSWORD] 'password'] ]...[WITH {GRANT OPTION |
resource_option} ...]
```

① priv_type：表示用户的权限类型，如 SELECT、UPDATE 和 INSERT 等；如果拥有所有的权限，可以使用 ALL。

② column_list：表示权限作用于哪些列上，省略该参数表示权限作用于整个表上。

③ database.table：用于指定权限的级别，即只能在指定的数据库和表上使用自己的权限；如果将 database.table 的值设置为"*.*"，则表示权限级别为所有数据库的所有表。

④ TO 子句：如果权限被授予一个不存在的用户，MySQL 会自动执行一条 CREATE USER 语句来创建这个用户，但同时必须为该用户设置密码。

⑤ user：由用户名和主机名两部分组成，形式是'usemame'@'localhost';。

⑥ IDENTIFIED BY：用于为用户设置密码，password 表示用户的新密码。

⑦ WITH GRANT OPTION：表示允许被授权用户将被授予的权限转授给其他用户。

⑧ resource_option 参数有以下 4 个可选项。

* MAX_QUERIES_PER_HOUR count：设置每个小时允许执行 count 次查询。

* MAX_UPDATES_PER_HOUR count：设置每个小时允许执行 count 次更新。

* MAX_CONNECTIONS_PER_HOUR count：设置每小时可以建立 count 次连接。

* MAX_USER_CONNECTIONS count：设置单个用户可以同时具有的 count 个连接数。

必须是拥有 GRANT 权限的用户才可以执行 GRANT 语句；最好不要授予普通用户 SUPER 和 GRANT 权限。

【例题 7.15】使用 GRANT 语句为学生成绩管理数据库 cjgl 创建名为 student5 的用户，指定主机名为 localhost、密码为 student5，该用户对所有数据库的所有表都拥有 SELECT 的权限。

执行如下语句。

```
GRANT SELECT ON *.* TO 'student5'@'localhost' IDENTIFIED BY 'student5';
```
结果如下。
```
Query OK, 0 rows affected (0.01 sec)
```
可以通过 SELECT 语句查看该用户的权限信息，执行如下语句。
```
mysql> SELECT * FROM mysql.user WHERE user='student5' \G;
```

如果使用 GRANT 语句创建一个用户时该用户已经存在，那么会直接为该用户分配权限，权限的取值是一个合并的结果。

【例题 7.16】使用 GRANT 语句给学生成绩管理数据库 cjgl 的 student 用户授予对所有数据库中所有表的 SELECT、INSERT 和 UPDATE 的权限，允许该用户将这些权限赋予别的用户。

执行如下语句。
```
mysql> GRANT SELECT,INSERT,UPDATE ON *.* TO 'student'@'localhost' IDENTIFIED
BY'student' WITH GRANT OPTION;
```
可以使用 SELECT 语句查询 mysql.user 表，并且查看 student 用户的信息，执行如下语句。
```
mysql>SELECT host,user, authentication_string,select_priv,Insert_priv,update_
priv,delete_priv FROM mysql.user WHERE user=' student'AND host = 'local host' \G;
```

2. 查看权限

在 MySQL 数据库中查看用户的权限有以下两种方法。

（1）使用 SELECT 语句查看权限。

通过 SELECT 语句查看 mysql.user 权限表中的记录，可以查看所有用户的权限。这种方式非常简单，但必须拥有对 mysql.user 表的查询权限。

执行如下语句。
```
SELECT * FROM mysql.user;
```
（2）使用 SHOW GRANTS 语句查看权限。

SHOW GRANTS 语句的基本语法格式如下。
```
SHOW GRANTS FOR 'username'@'hostname';
```
【例题 7.17】使用 SHOW GRANTS 语句查看 root 用户的权限。

执行如下语句。
```
mysql> SHOW GRANTS FOR 'root'@'localhost' \G;
```

3. 收回权限

收回权限也称取消权限，是指取消某个用户的某些权限。

数据库管理员给普通用户授权时一定要特别小心，如果授权不当，可能会给数据库带来严重的后果。如果发现授予用户的权限太多，应该尽快将权限收回。

在 MySQL 中可以使用 REVOKE 语句实现取消权限的功能。REVOKE 语句的基本语法格式如下。
```
REVOKE priv_type[ (column_list) ] ... ON database.table FROM user[,user)...
```

REVOKE 语句的语法与 GRANT 语句非常相似，参数的意义也相同。

使用 REVOKE 语句可以同时取消多个用户的权限，每个用户之间使用英文逗号分隔。

要使用 REVOKE 语句，必须拥有 MySQL 数据库的全局 CREATE USER 权限或 UPDATE 权限。

【例题 7.18】使用 REVOKE 语句取消 distriuser 用户的 SELECT 权限和 UPDATE 权限。

执行如下语句。

```
mysql> REVOKE SELECT,UPDATE ON *.*  FROM 'distriuser'@'localhost';
```

结果如下。

```
Query OK, 0 rows affected (0.00 sec)
```

可以使用 SELECT 语句查验该用户的相关权限是否发生变化，执行如下语句。

```
mysql>SELECT Host,User, authentication_string,select_priv,insert_priv,update_
priv,delete_priv FROM user WHERE user = 'distriuser 'AND host = 'localhost' \G;
```

在 REVOKE 语句中，可以使用 ALL 关键字取消全部的权限。其语法格式如下。

```
REVOKE  ALL  PRIVILEGES, GRANT OPTION  FROM  user [,user) ...
```

【例题 7.19】使用 REVOKE 语句取消 distriuser 用户的全部权限。

执行如下语句。

```
mysql> REVOKE ALL PRIVILEGES, GRANT OPTION FROM 'distriuser'@'localhost';
```

结果如下。

```
Query OK, 0 rows affected (0.00 sec)
```

可以使用 SELECT 语句查验该用户的相关权限是否发生变化。

7.2.2 用 MySQL Workbench 图形化工具管理权限

使用 MySQL Workbench 图形化工具可以管理用户权限。

MySQL Workbench 图形化工具包含 3 个部分，其中 Database Administration 部分代替了 MySQL Administrator 图形界面的启动和关闭服务，可以用于创建用户账号、编辑配置文件等。下面通过一个比较完整的示例演示用户的创建、删除和权限的分配等操作。

【例题 7.20】使用 MySQL Workbench 图形化工具给学生成绩管理数据库 cjgl 中的 teacher 用户授予 DBA 的权限。

具体的操作步骤如下。

（1）打开 MySQL Workbench 图形化工具，登录 MySQL 服务器，在菜单栏中选择 Server→ Users and Privileges，打开图 7-3 所示的用户和权限的管理界面，在该窗口中选定需要的用户 teacher。

（2）如果需要给用户授予权限，可以选择 Administrative Roles 选项卡，在该选项卡对应的角色列表中勾选某个管理角色复选框，如给 teacher 用户勾选 DBA 复选框，系统会自动赋予 teacher 用户 DBA 角色的所有权限，如图 7-5 所示；也可以选择 Schema Privileges 选项卡，在该选项卡中选中相应的对象操作权限。

如果需要收回授予用户的权限，不勾选相应的复选框即可。

（3）通过修改用户的资源控制字段的值来限制用户使用的资源，如图 7-6 所示。这些字段的默认值均为 0，表示没有限制。

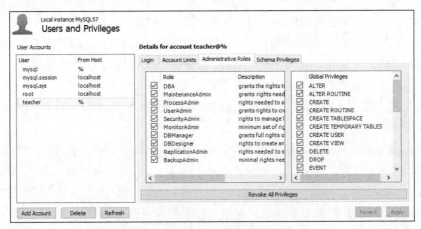

图 7-5　为用户授予权限的窗口

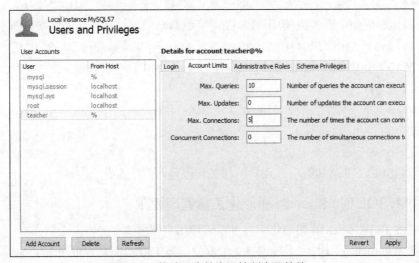

图 7-6　修改用户的资源控制字段的值

单元小结

本单元主要讲解了 MySQL 数据库安全性的机制、MySQL 的权限表及其用法、MySQL 权限控制的实现过程；分别介绍了如何在学生成绩管理数据库 cjgl 中用命令方式和 MySQL Workbench 图形化工具创建和管理用户、授予和收回权限。

实验 9　管理人力资源管理数据库的用户权限

一、实验目的

1. 掌握 MySQL 权限表的结构、作用和用法。
2. 掌握添加、修改、删除用户的方法。
3. 掌握为用户授予、查看和收回权限的方法。

二、实验内容

在人力资源管理数据库中创建管理员用户 admin 和员工用户 employee01，并授予 admin

用户数据库管理员的所有权限；授予员工用户 employee01 用户对员工表 employees 的查询、修改权限；收回员工用户 employee01 用户对员工表 employees 的修改权限。

三、实验步骤

1. 用命令方式创建管理员用户 admin。
2. 用 MySQL Workbench 图形化工具创建员工用户 employee01。
3. 使用 SELECT 语句查看 mysql.user 权限表。
4. 用命令方式授予管理员用户 admin 数据库管理员的所有权限。
5. 用 MySQL Workbench 图形化工具授予 employee01 用户对员工表 employees 的查询和修改权限。
6. 使用 SELECT 语句查看 mysql.user 权限表。
7. 用命令方式收回 employee01 用户对员工表 employees 的修改权限并查验。

四、实验报告要求

1. 实验报告分为实验目的、实验内容、实验步骤、实验心得 4 个部分。
2. 把相关的语句、结果和关键步骤的截图放在实验报告中。
3. 写出详细的实验心得。

习题 7

一、填空题

1. 一般情况下，可以将 user 表中的字段分为_____、权限字段、安全字段和资源控制字段 4 类。
2. 在 user 表中，_____字段的值表示主机名或主机 IP 地址。
3. _____用户既可以修改 root 用户的密码，也可以修改普通用户的密码。
4. 收回用户权限使用_____语句。
5. 用于手动刷新权限表的语句是_____。

二、选择题

1. 下面所示的选项中，_____表不在 MySQL 数据库中。
   A. user　　　　　　B. db　　　　　　C. city　　　　　　D. tables_priv
2. 向 MySQL 数据库的 user 表中添加名称和密码都是 mytest，并且主机名称是 localhost 的用户，下面语句_____是正确的。
   A. CREATE USER 'mytest'@'localhost' IDENTIFIED BY 'mytest';
   B. GRANT INSERT,SELECT ON *.* TO 'mytest'@'mytest'IDENTIFIED BY 'localhost';
   C. INSERT INTO mysql.user VALUES('localhost', 'mytest',PASSWORD('mytest'));
   D. INSERT INTO mysql.user(host,user,password)VALUES('localhost', 'mytest'PASSWORD('mytest'));
3. 删除 MySQL 数据库中 user 表的用户，可以使用_____语句。
   A. DROP USER　　　　　　　　　B. DELETE * FROM
   C. DELETE FROM　　　　　　　　D. A 和 C 都可以

4. 查看用户的权限时，除了使用 SELECT 语句外，还可以使用_____语句。

    A. GRANT   B. SHOW GRANTS C. REVOKE   D. A 和 B 都可以

5. MySQL 中存储用户全局权限的表是_____。

    A. tables_priv   B. procs_priv   C. columns_priv   D. user

三、简答题

1. 简述 MySQL 的访问控制过程。

2. 简述创建用户的 3 种方法。

3. 简述如何授予用户权限。

单元 ⑧ MySQL 数据库备份与恢复

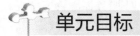

单元目标

【知识目标】

■ 理解数据备份与数据恢复的概念。

■ 了解 MySQL 数据库中数据备份和恢复的策略。

■ 熟练掌握物理备份和恢复的方法。

■ 熟练掌握利用命令和 MySQL Workbench 图形化工具进行逻辑备份和恢复的方法。

■ 了解 MySQL 各类日志文件的作用。

■ 熟练掌握错误日志文件、二进制日志文件、查询日志文件和慢查询日志文件的操作方法。

■ 熟练掌握使用二进制日志文件还原数据的方法。

【技能目标】

■ 能够用命令逻辑备份和恢复数据库。

■ 能够用 MySQL Workbench 图形化工具逻辑备份和恢复数据库。

■ 能够使用二进制日志文件还原数据。

【素质目标】

通过学习数据备份与恢复的常用技术，增强数据安全意识。

数据库的主要作用就是保存数据供用户查询。虽然前面采取了一些措施来保证数据库的安全，但是意外情况还是有可能发生，如意外的停电、断网、硬件的损坏、系统意外崩溃、误操作、人为破坏或感染计算机病毒等都可能导致数据丢失或损坏。

保证数据安全是数据库管理员非常重要的工作，对数据进行定期备份是保证数据安全的一个很好的方法，也是数据库管理中经常进行的操作。当意外情况发生时，就可以使用备份的数据进行恢复，以尽可能减少损失。

MySQL 提供多种方法对数据进行备份和恢复。本单元将介绍对数据库进行物理备份和恢复的多种方法、对数据库进行逻辑备份和恢复的多种方法以及利用 MySQL 的日志文件恢复数据的方法。

任务1　实现学生成绩管理数据库的备份与恢复

微课视频

8.1.1　数据备份和数据恢复概述

1. 数据备份和恢复的概念

数据库备份是指通过复制表文件或者导出数据的方式来生成数据库的副本。备份的目的是当数据库出现故障或遭到破坏时，能将备份的数据库加载到系统中，使数据库从错误状态恢复到备份时的正确状态。

8-1　实现学生成绩
管理数据库的备份与
恢复（1）

一般情况下，数据库备份需要备份的数据包括表数据、二进制日志、InnoDB 事务日志、代码（存储过程、存储函数、触发器、事件调度器）、服务器配置文件等。

数据库恢复是与备份对应的系统维护和管理操作。数据恢复是指当数据库出现故障或者出于某种需要时，将已备份的数据加载到数据库中，使数据库恢复到备份时的状态。

2. 数据备份的分类

（1）根据备份时数据库服务器是否在线，数据备份可以分为以下 3 类。

① 冷备份。

冷备份也叫脱机备份，即在数据库已经正常关闭的状态下进行的备份。这种备份最简单，一般只需要复制相关的数据库物理文件即可。

② 热备份。

热备份也称联机备份，即在数据库正常运行时进行的备份，备份时数据库的读写操作可以正常执行。但备份时依赖数据库的日志文件。

③ 温备份。

温备份也是在数据库正常运行时进行的备份，但备份时数据库仅支持读操作，不支持写操作。

（2）按照备份后文件的内容，数据备份可以分为以下两类。

① 物理备份。

物理备份是指复制数据库的物理结构文件的操作。

冷备份和热备份都是物理备份。

② 逻辑备份。

在 MySQL 数据库中，逻辑备份是指将数据库中的数据（数据库、数据表或者表数据）导出到一个可读的文件中，一般是文本文件，实际上导出的是 SQL 语句文件或表数据。

使用逻辑备份可以观察导出文件的内容，一般适用于数据库的升级、迁移等，缺点是恢复时需要的时间往往较长。物理备份恢复时需要的时间往往较逻辑备份短很多。

（3）按照备份涉及的数据集合的范围，数据备份可以分为完全备份和部分备份，部分备份又分为增量备份和差异备份。

① 完全备份。

完全备份是指备份整个数据库。如果数据较多会占用较长的时间和较大的空间。

② 增量备份。

增量备份是在上一次完全备份或增量备份后，每次的备份只需备份与前一次相比增加的或者被修改的文件。

③ 差异备份。

差异备份是指复制自上一次完全备份以来变化的数据。和增量备份相比浪费空间，但恢复数据比增量备份简单。

增量备份没有重复的备份数据，备份的数据量不大，备份所需的时间很短，备份速度快。同时由于增量备份在做备份前会自动判断备份时间点及文件是否已改动，因此相对于完全备份节省存储空间。

增量备份与差异备份的区别在于它们备份的参考点不同：前者的参考点是上一次完全备份、差异备份或增量备份，后者的参考点是上一次完全备份。

差异备份比增量备份消耗更大的空间，但是增量备份恢复步骤比较多，需要按顺序依次恢复。

3. 数据备份的策略

对于数据库管理员来说，定制合理的备份策略非常重要，数据库管理员应该根据自身的业务要求设计出损失最小、对数据库影响最小的备份策略。在进行备份或恢复操作时需要考虑以下因素。

（1）确定要备份的表的存储引擎是事务型还是非事务型，不同的存储引擎备份方式在处理数据一致性方面是不同的。

（2）确定使用完全备份还是增量备份。

完全备份的优点是备份保持最新备份，恢复的时候可以花费较少的时间；缺点是如果数据量大，备份时将会花费很多的时间，并对系统造成较长时间的压力。

增量备份则恰恰相反，只需要备份每天的增量日志，备份时间少，对负载压力也小；缺点就是恢复的时候需要完全备份加上次备份到故障前的所有日志，恢复时间会长一些。

（3）可以考虑采取数据库复制的方法来做异地备份，这是容灾的防范。MySQL 数据库复制的原理是异步实时地将二进制日志重做传送并应用到从数据库中，其实就是一个完全备份加上二进制日志备份的还原。但是复制不能代替备份，它对数据库的误操作也无能为力。

（4）要定期做备份，备份的周期要充分考虑系统可以承受的恢复时间。备份要在系统负载较小的时候进行。

（5）确保 MySQL 打开 log-bin 选项，有了 binarylog，MySQL 才可以在必要的时候做完整恢复、基于时间点的恢复，或基于位置的恢复。

（6）要经常做备份恢复测试，确保备份是有效的，并且是可以恢复的。

8.1.2 物理备份和恢复

物理备份都是基于文件的复制，MySQL 数据库的文件主要由数据库的数据文件、日志文件及配置文件等组成，除了 MySQL 共有的一些日志文件和系统表的数据文件之外，不同的存储引擎还有不太一样的物理文件，所以，不同的存储引擎有着不同的物理备份方法。

相对于逻辑备份而言，物理备份的备份和恢复速度更快、操作更简单。

1. 冷备份与恢复

进行冷备份的操作方法如下。

（1）停止 MySQL 数据库服务。

（2）在操作系统级别复制默认存放在 MySQL 数据目录 C:\ProgramData\MySQL\MySQL Server 5.7\Data 下的相应数据库的数据文件和日志文件到备份目录。

注意

这种方法对 MyISAM 和 InnoDB 存储引擎都适用。

进行恢复的操作方法如下。

（1）停止 MySQL 服务，在操作系统级别恢复 MySQL 的数据文件。

（2）重启 MySQL 服务，使用 mysqlbinlog 工具恢复自备份以来的所有 binlog。mysqlbinlog 程序在目录 C:\Program Files\MySQL\MySQL Server 5.7\bin 下。

2. 热备份与恢复

在 MySQL 中，不同的存储引擎热备份方法也有所不同。

对于 MyISAM 存储引擎，热备份方法虽然有很多，但实质都是将要备份的表加读锁，然后再复制数据文件到备份目录。操作方法如下。

（1）给数据库中所有表加读锁，可执行如下语句。

```
mysql> flush tables for read ;
```

（2）复制相应数据库的数据文件到备份目录。

对于 InnoDB 存储引擎，可用 Percona 公司开发的开源热备工具 xtrabackup，对 MySQL InnoDB 表进行热备份、增量备份。热备份方法相对复杂些，在此不做介绍。

8.1.3 逻辑备份与恢复

相对于物理备份，逻辑备份的备份和恢复时间均较长。但逻辑备份的最大优点是对于各种存储引擎都可以用同样的方法来备份。因此，对于不同存储引擎混合的数据库，用逻辑备份会更简单。

在 MySQL 中有多种方法实现表级、库级和全库级的逻辑备份与恢复，这类方法的好处是可以观察导出文件的内容，一般适用于数据库的升级、迁移等工作。

微课视频

8-2 实现学生成绩管理数据库的备份与恢复（2）

系统进行恢复操作时，先执行一些系统安全性检查，包括检查所要恢复的数据库是否存在、数据库是否变化及数据库文件是否兼容等，然后根据采用的数据库备份类型采取相应的恢复措施。

1. 使用 mysqldump 工具备份数据库

在 MySQL 中，可以使用其自带的 mysqldump 数据导出工具来完成逻辑备份。mysqldump 适用于中小型数据库的备份，能够导出数据库中的数据进行备份，或者将数据迁移到其他数据库。其优点是无论什么存储引擎，都可以用其备份成 SQL 语句；缺点是速度较慢，导入时可能会出现格式不兼容的情况，只能实现全库、指定库、表级别的某一时刻的备份，无法直接做增量备份。

mysqldump 程序在目录 C:\Program Files\MySQL\MySQL Server 5.7\bin 下，mysqldump 命令是在 cmd 命令行窗口中执行的。

（1）备份一个数据库。

使用 mysqldump 命令备份一个数据库的语法格式如下。

```
mysqldump -h host -u username -ppassword dbname > filename.sql
```

① username：表示用户名。

② host：用户登录的主机名。

③ dbname：表示需要备份的数据库名。

④ password：登录密码。注意-p 和 password 之间不能有空格。

⑤ >：将备份的内容写入备份文件。

⑥ filename.sql：表示备份文件名，文件名前面可以加绝对路径。通常将数据库备份成一个后缀名为.sql 的文件，也可以备份成其他格式（如.txt）的文件。

【例题 8.1】使用 root 用户备份学生成绩管理数据库 cjgl，备份文件名为"cjgl.sql"。

执行如下语句。

```
C:\Users\Administrator>mysqldump -uroot -pmysql cjgl >D:\cjgl.sql
mysqldump: [Warning] Using a password on the command line interface can be insecure.
```

也可以在命令行中不写出密码，执行时输入密码。

执行如下语句。

```
C:\Users\Administrator>mysqldump -uroot -p cjgl >D:\ cjgl.sql
Enter password: *****
```

可以用文本编辑器查看和编辑刚才备份的文件。文件 cjgl.sql 包含 MySQL 的版本，备份的主机名，数据库名，备份的时间，各种注释，多个 DROP、CREATE 和 INSERT 等语句，如图 8-1 所示。恢复操作时将使用这些语句重新创建数据库和表、插入表数据等。

图 8-1　备份文件 cjgl.sql 的内容

（2）备份多个数据库。

使用 mysqldump 命令备份多个数据库的语法格式如下。

```
mysqldump -uusername -h host -ppassword --databases dbname1 dbname2 > filename.sql
```

其中，--databases 参数必须指定至少一个数据库名，多个数据库名之间用空格隔开。

【例题 8.2】使用 root 用户备份样本数据库 world 和 sakila，备份文件名为"sample.sql"。

```
C:\Users\Administrator>mysqldump -uroot -pmysql --databases world sakila>D:\
sample.sql
```

（3）备份所有数据库。

使用 mysqldump 命令备份所有数据库的语法格式如下。

```
mysqldump -uusername -ppassword --all-databases > filename.sql
```

【例题 8.3】使用 root 用户备份所有数据库。

执行如下语句。

```
C:\Users\Administrator> mysqldump -uroot -pmysql --all-databases > D:\all.sql
```

2. 使用 mysql 命令恢复数据库

在 MySQL 中，可以使用 mysql 命令来恢复备份的数据库。

mysql 程序在目录 C:\Program Files\MySQL\MySQL Server 5.7\bin 下，mysql 命令是在 cmd 命令行窗口中执行的。

mysql 命令的语法格式如下。

```
mysql -uusername -ppassword [dbname]<   filename.sql
```

其中，参数 dbname 表示要还原的数据库名，是可选参数。如果指定的数据库名不存在，系统将会报错。

如果 filename.sql 文件为用 mysqldump 命令创建的包含创建数据库语句的文件，则执行时不需要指定数据库名。

用 mysqldump 做备份时不需要停止 MySQL 服务，而使用备份文件恢复时，要保证数据库处于运行状态。

【例题 8.4】使用 root 用户删除学生成绩管理数据库 cjgl，再使用例题 8.1 生成的备份文件 cjgl.sql 还原该数据库。

执行如下语句。

```
mysql>SHOW DATABASES;
mysql>DROP DATABASE cjgl;
```

验证该数据库是否被删除。

```
mysql>SHOW DATABASES;
```

下面使用 mysql 命令恢复数据库。

由于备份文件 cjgl.sql 中没有创建数据库的语句，因此，恢复数据库时，必须先创建数据库 cjgl，因为备份文件中的所有表和记录必须恢复到一个已经存在的数据库中。

```
mysql>CREATE DATABASE cjgl;
mysql>SHOW DATABASES;
C:\Users\Administrator>mysql -uroot -pmysql cjgl < D:\cjgl.sql
```

此时，mysql 命令将执行备份文件中的 CREATE 和 INSERT 语句来创建表、插入备份的表数据。用 SELECT 语句查看学生表中的记录来验证数据库是否已经恢复成功。

```
mysql> USE cjgl;
mysql>SELECT * FROM xs;
```

如果使用--all-databases 参数备份了所有的数据库，那么恢复时不需要指定数据库，因为其对应的备份文件中含有 CREATE DATABASE 语句，可以通过该语句创建数据库，创建数据库之后，可以执行备份文件中的 USE 语句选择数据库，然后在数据库中创建表并且插入记录。

3. 使用命令导出数据

MySQL 数据库除了提供数据库的备份和恢复方法外，还提供了数据的导出和导入方法来保护数据的安全。

导出是指将 MySQL 数据库中的数据复制到外部存储文件（如文本文件、XML 文件或者 HTML 文件）中，而导入则是将这些导出文件中的数据恢复到 MySQL 数据库中。

在数据库的日常维护中，DBA 需要经常对表数据进行导入和导出操作，以实现数据的保护和迁移。

数据导出的方式有多种，常用方法有使用 mysqldump 命令、使用 SELECT...INTO OUTFILE 语句、使用 mysql 命令以及使用一些图形化工具等。

（1）使用 mysqldump 命令导出表。

使用 mysqldump 命令不仅可以备份数据库，还能备份数据表。

① 用 mysqldump 命令导出 SQL 文件。

mysqldump 命令导出 SQL 文件的语法格式如下。

```
mysqldump -h host -u username -ppassword dbname [tbname ...] > filename.sql
```

• tbname：表示数据库中需要备份的数据表的名称，如果指定多个数据表，需用空格隔开。省略该参数时，会备份数据库的所有表。

• filename.sql：表示备份文件名，文件名前面可以加绝对路径。通常将数据库备份成一个后缀名为.sql 的文件，也可以备份成其他后缀名的文件。

【例题 8.5】使用 mysqldump 命令以 root 用户的身份，导出学生成绩管理数据库 cjgl 中学生表 xs 和成绩表 cj 的数据，导出文件名为 xs_cj.sql；导出课程表 kc 的数据，导出文件名为 kc.sql。

```
C:\Users\Administrator>mysqldump -uroot -pmysql cjgl xs cj >E:\xs_cj.sql
C:\Users\Administrator>mysqldump -uroot -pmysql  cjgl kc >E:\kc.sql
```

可以用文本编辑器查看和编辑导出的文件。

② 用 mysqldump 命令导出纯文本文件。

在某些情况下，需要将表中的数据导出为某些符号分割的纯文本，而不是 SQL 语句。mysqldump 命令导出纯文本文件的语法格式如下。

```
mysqldump -u username -h host -ppassword -T path dbname [tbname ...] [OPTIONS]
```

- -T path：表示导出的文本文件的路径。
- OPTIONS：可选参数选项；OPTIONS 部分的语法包括 FIELDS 和 LINES 子句，其常用的取值有以下 5 种。

--fields-terminated-by '字符串'：设置字符串为字段之间的分隔符，可以为单个或多个字符，默认情况下为制表符'\t'。

--fields-optionally-enclosed-by '字符'：设置字符来包围 CHAR、VARCHAR 和 TEXT 等字符型字段。如果使用了 OPTIONALLY 则只能用来包围 CHAR 和 VARCHAR 等字符型字段。

--fields-escaped-by '字符'：设置如何写入或读取特殊字符，只能为单个字符，即设置转义字符，默认值为'\'。

--lines-starting-by '字符串'：设置每行开头的字符，可以为单个或多个字符，默认情况下不使用任何字符。

--lines-terminated-by '字符串'：设置每行结尾的字符，可以为单个或多个字符，默认值为'\n'。

FIELDS 和 LINES 两个子句都是自选的，但是如果两个都被指定了，FIELDS 必须位于 LINES 的前面。

【例题 8.6】使用 mysqldump 命令以 root 用户的身份，将学生成绩管理数据库 cjgl 中课程表 kc 的记录导出到 E:\下的文本文件中。然后将表中的记录导出到 F:\下的文本文件中，要求列名之间使用英文逗号","隔开，所有字符类型的值用英文双引号引起来，定义转义字符为问号"?"，每行记录以回车换行符"\r\n"结尾。

执行如下语句。

```
C:\Users\Administrator>mysqldump -uroot -pmysql -T E:\ cjgl kc
```

以上语句执行成功后，目录 E:\下将会出现导出的表脚本 kc.sql 和表数据 kc.txt 两个文件，可以用文本编辑器查看和编辑它们。kc.sql 包含创建 kc 表的 CREATE 语句，kc.txt 包含数据表 kc 中的数据，如图 8-2 所示。

*kc.txt - 记事本				
文件(F)　编辑(E)　格式(O)　查看(V)　帮助(H)				
101	计算机基础	1	80	5
102	C程序设计	2	68	4
206	高等数学	4	68	4
208	数据结构	5	68	4
209	操作系统	6	68	4
210	计算机组装	5	80	5
212	ORACLE数据库	7	68	4
301	计算机网络	7	52	3
302	软件工程	7	52	3

图 8-2　导出文本文件 kc.txt 的内容

执行如下语句。

```
C:\Users\Administrator>mysqldump -uroot -pmysql -T F:\ cjgl kc --fields-
terminated-by=, --fields-optionally-enclosed-by=\" --fields-escaped-by=?
--lines-terminated-by=\r\n
```

以上语句执行成功后，目录 F:\下也将会出现 kc.sql 和 kc.txt 两个文件，其中 kc.txt 包含数据表 kc 中的数据，但内容与图 8-2 中的不同，列之间用英文逗号隔开，所有字符类型的值被双引号引起来了，如图 8-3 所示。

图 8-3　导出文本文件 kc.txt 的内容

执行上述导出数据命令时，很有可能会遇到 MySQL 提示错误信息"ERROR 1290: The MySQL server is running with the --secure-file-priv option so it cannot execute this statement"的情况。这是因为 MySQL 限制了数据的导出路径。MySQL 的导出文件只能存放在 secure-file-priv 变量指定的路径下才可以导出。解决办法如下。

首先查看 secure_file_priv 变量的设置。

执行如下语句。

```
mysql> show variables like '%secure%' ;
```

结果如下。

```
+-------------------------+-----------------------------------------------+
| Variable_name           | Value                                         |
+-------------------------+-----------------------------------------------+
| require_secure_transport | OFF                                          |
| secure_auth             | ON                                            |
| secure_file_priv        | C:\ProgramData\MySQL\MySQL Server 5.7\Uploads\ |
+-------------------------+-----------------------------------------------+
3 rows in set, 1 warning (0.00 sec)
```

由此可以发现，参数 secure_file_priv 的默认值为"C:\ProgramData\MySQL\MySQL Server 5.7\Uploads\"，它表示限制 mysqld 的导入导出只能发生在 C:\ProgramData\MySQL\MySQL Server 5.7\Uploads\目录下。

解决办法有以下两种。

一是在 mysqldump 命令中按照上述默认的导出文件路径进行导出。

二是在配置文件 my.ini 中修改 secure_file_prive 的值。

如果 secure_file_prive= NULL，表示不允许导入导出。

如果 secure_file_priv=""，表示不对导入导出文件路径做限制。

此时，打开 MySQL 的配置文件 my.ini，在[mysqld]节点下面找到 secure_file_priv 并修改为 secure_file_priv=""，然后重新启动 MySQL 服务，再执行导入导出操作即可。

提示

mysqldump 的选项很多，可以使用--help 参数查看帮助。

```
C:\Users\Administrator>mysqldump --help
```

（2）使用 SELECT...INTO OUTFILE 语句导出表。

在 MySQL 中，也可以使用 SELECT...INTO OUTFILE 语句将表的数据导出到一个文本文件中。该语句的基本格式如下。

```
SELECT 列名 FROM table [WHERE 条件表达式] INTO OUTFILE '目标文件' [OPTIONS]
```

说明

① SELECT：用于查询符合条件的记录。

② INTO OUTFILE：用于将导出的数据写到目标文件中。目标文件不能是一个已经存在的文件。

③ OPTIONS：可选参数，包括 FIELDS 和 LINES 子句，其常用的取值有以下 5 种。

● FIELDS TERMINATED BY '字符串'：用于设置字符串为字段之间的分隔符，可以为单个或多个字符，默认情况下为制表符'\t'。

● FIELDS [OPTIONALLY] ENCLOSED BY '字符'：用于设置字段的包围字符，即用来包围 CHAR、VARCHAR 和 TEXT 等字符型字段的字符；如果使用了 OPTIONALLY 则只能用来包围 CHAR 和 VARCHAR 等字符型字段。

● FIELDS ESCAPED BY '字符'：用于设置如何写入或读取特殊字符，只能为单个字符，即设置转义字符，默认值为'\'。

● LINES STARTING BY '字符串'：用于设置每行数据开头的字符，可以为单个或多个字符，默认情况下不使用任何字符。

● LINES TERMINATED BY '字符串'：用于设置每行数据结尾的字符，可以为单个或多个字符，默认值为'\n' 。

注意

FIELDS 和 LINES 两个子句都是可选的，如果两个都被指定，FIELDS 子句必须位于 LINES 子句之前。多个 FIELDS 子句排列在一起时，后面的 FIELDS 关键字必须省略，LINES 子句亦然。

【例题 8.7】使用 SELECT...INTO OUTFILE 语句以 root 用户的身份导出学生成绩管理数据库 cjgl 中的学生表 xs 中的数据。

执行如下语句。

```
mysql> SELECT * FROM cjgl.xs INTO OUTFILE 'E:\xs.txt';
```

以上语句执行成功后，目录 E:\下将会出现文件 xs.txt，查看文件内容，表数据导出成功，如图 8-4 所示。

【例题 8.8】使用 SELECT...INTO OUTFILE 语句以 root 用户的身份导出学生成绩管理数据库 cjgl 中学生表 xs 中的记录，要求列名之间用 "，" 隔开，字符型数据用双引号引起来，每条记录以 "-" 开头，以回车换行符 "\r\n" 结尾。

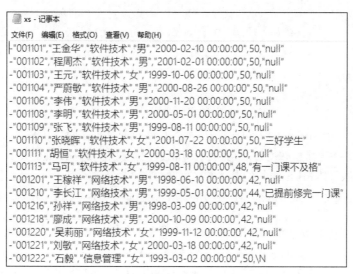

001101	王金华	软件技术	男	2000-02-10 00:00:00	50	null
001102	程周杰	软件技术	男	2001-02-01 00:00:00	50	null
001103	王元	软件技术	女	1999-10-06 00:00:00	50	null
001104	严蔚敏	软件技术	男	2000-08-26 00:00:00	50	null
001106	李伟	软件技术	男	2000-11-20 00:00:00	50	null
001108	李明	软件技术	男	2000-05-01 00:00:00	50	null
001109	张飞	软件技术	男	1999-08-11 00:00:00	50	null
001110	张晓晖	软件技术	女	2001-07-22 00:00:00	50	三好学生
001111	胡恒	软件技术	男	2000-03-18 00:00:00	50	null
001113	马可	软件技术	女	1999-08-11 00:00:00	48	有一门课不及格
001201	王稼祥	网络技术	男	1998-06-10 00:00:00	42	null
001210	李长江	网络技术	男	1999-05-01 00:00:00	44	已提前修完一门课
001216	孙祥	网络技术	男	1998-03-09 00:00:00	42	null
001218	廖成	网络技术	男	2000-10-09 00:00:00	42	null
001220	吴莉丽	网络技术	女	1999-11-12 00:00:00 42	null	
001221	刘敏	网络技术	女	2000-03-18 00:00:00	42	null

图 8-4　导出的文本文件 xs.txt 的内容

执行如下语句。

```
mysql> SELECT * FROM cjgl.xs INTO OUTFILE 'F:\xs.txt'
FIELDS TERMINATED BY '\,' OPTIONALLY ENCLOSED BY '\"'
LINES STARTING BY '\-' TERMINATED BY '\r\n';
```

以上语句执行成功后，目录 F:\下会出现文件 xs.txt，查看文件内容，验证表数据导出成功，如图 8-5 所示。

```
 xs - 记事本
文件(F) 编辑(E) 格式(O) 查看(V) 帮助(H)
-"001101","王金华","软件技术","男","2000-02-10 00:00:00",50,"null"
-"001102","程周杰","软件技术","男","2001-02-01 00:00:00",50,"null"
-"001103","王元","软件技术","女","1999-10-06 00:00:00",50,"null"
-"001104","严蔚敏","软件技术","男","2000-08-26 00:00:00",50,"null"
-"001106","李伟","软件技术","男","2000-11-20 00:00:00",50,"null"
-"001108","李明","软件技术","男","2000-05-01 00:00:00",50,"null"
-"001109","张飞","软件技术","男","1999-08-11 00:00:00",50,"null"
-"001110","张晓晖","软件技术","女","2001-07-22 00:00:00",50,"三好学生"
-"001111","胡恒","软件技术","女","2000-03-18 00:00:00",50,"null"
-"001113","马可","软件技术","女","1999-08-11 00:00:00",48,"有一门课不及格"
-"001201","王稼祥","网络技术","男","1998-06-10 00:00:00",42,"null"
-"001210","李长江","网络技术","男","1999-05-01 00:00:00",44,"已提前修完一门课"
-"001216","孙祥","网络技术","男","1998-03-09 00:00:00",42,"null"
-"001218","廖成","网络技术","男","2000-10-09 00:00:00",42,"null"
-"001220","吴莉丽","网络技术","女","1999-11-12 00:00:00",42,"null"
-"001221","刘敏","网络技术","女","2000-03-18 00:00:00",42,"null"
-"001222","石毅","信息管理","女","1993-03-02 00:00:00",50,\N
```

图 8-5　导出的文本文件 xs.txt 中的内容

4. 使用命令导入数据

MySQL 允许将数据导出到外部文件中，也可以从外部文件导入数据。数据导入的常用方法有使用 mysqlimport 命令、使用 LOAD DATA…INFILE 语句以及使用一些图形化工具等。

（1）使用 mysqlimport 命令导入数据

在 MySQL 中，mysqlimport 命令主要用来向数据库中导入数据。

如果使用 mysqldump 命令导出数据时使用了-T 参数，则可以使用 mysqlimport 命令将 mysqldump 导出的文件内容导入数据库中。

mysqlimport 命令语法格式如下。

```
mysqlimport -u root -ppassword dbname filename.txt [OPTIONS]
```

① dbname：指目标表所在的数据库。

② OPTIONS：可选项，为导入数据指定分隔符等，含义与导出数据时相同。除了上述选项之外，mysqlimport 还支持许多选项，这里就不一一列举了。

导入表名与导入文件名相同，无须事先指定，导入表数据之前该表必须存在。

mysqlimport 程序在目录 C:\Program Files\MySQL\MySQL Server 5.7\bin 下，mysqlimport 命令是在 cmd 命令行窗口中执行的。

【例题 8.9】使用 mysqlimport 命令以 root 用户的身份，将例题 8.6 中导出的文件 E:\kc.txt 中的数据导入学生成绩管理数据库 cjgl 的课程表 kc 中。

导入数据前，先删除 kc 表中的数据，语句如下。

```
mysql>DELETE FROM kc;
C:\Users\Administrator> mysqlimport -uroot -pmysql cjgl E:\kc.txt --fields-
terminated-by=, --fields-optionally-enclosed-by=\" --fields-escaped-by=? --
lines-terminated-by=\r\n
```

结果如下。

```
cjgl.kc: Records: 9 Deleted: 0 Skipped: 0 Warnings: 0
```

语句执行成功后，用 SELECT 语句查看 kc 表中的记录，验证表数据是否已经导入成功。

```
mysql> USE cjgl;
mysql>SELECT * FROM kc;
```

（2）使用 LOAD DATA…INFILE 语句导入数据

LOAD DATA 语句主要用于快速地从一个文本文件中读取行，并装入一个表中，LOAD DATA 的加载速度比普通的 SQL 语句要快 20 倍以上。文件名称必须是文字字符串。

LOAD DATA…INFILE 语句的基本格式如下。

```
LOAD DATA INFILE 'filename.txt' INTO TABLE tablename [OPTIONS] [IGNORE number LINES]
```

① filename：指导入数据的来源。

② tablename：指待导入数据表的名称。

③ OPTIONS：可选项，含义与 SELECT...INTO OUTFILE 语句的 OPTIONS 相同。

④ IGNORE number LINES：表示忽略文件开始处的行数，number 表示忽略的行数。

LOAD DATA 默认情况下是按照数据文件中列的顺序插入数据的，如果数据文件中的列与插入表中的列不一致，则需要指定列的顺序。

执行 LOAD DATA 语句需要 FILE 权限。

【例题 8.10】使用 LOAD DATA 语句将例题 8.6 中导出的文件 F:\kc.txt 中的数据导入学生成绩管理数据库 cjgl 的课程表 kc 中。

导入数据前，先删除 kc 表中的数据。

```
mysql>DELETE FROM kc;
```

导入数据，执行如下语句。

```
mysql> LOAD DATA INFILE 'F:\kc.txt' INTO TABLE cjgl.kc FIELDS TERMINATED BY ',
' OPTIONALLY ENCLOSED BY '\"' ESCAPED BY '?' LINES TERMINATED BY '\r\n' ;
```

以上语句执行成功后，用 SELECT 语句查看 kc 表中的记录，验证表数据是否已经导入成功。

```
mysql> USE cjgl;
mysql>SELECT * FROM kc;
```

8.1.4 使用 MySQL Workbench 图形化工具备份和恢复数据库

1. 使用 MySQL Workbench 图形化工具备份数据库

使用 MySQL Workbench 图形化工具能很方便地备份指定的数据库，也可以导出指定的数据表或视图。

微课视频

8-3 实现学生成绩管理数据库的备份与恢复（3）

【例题 8.11】使用 MySQL Workbench 图形化工具，通过 root 用户备份学生成绩管理数据库 cjgl，备份文件名为 cjgl.sql。导出学生表 xs 的结构与数据，文件名为 cjgl_xs.sql

具体的操作步骤如下。

（1）打开 MySQL Workbench 图形化工具，以 root 用户身份连接到 MySQL 服务器。单击导航窗格中 MANAGEMENT 栏的 Data Export，打开 Data Export 界面，这时会获得所有数据库的列表，如图 8-6 所示。

也可以通过菜单栏中的"Server"→"Data Export"打开 Data Export 界面。

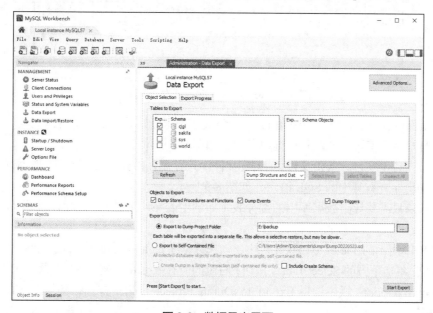

图 8-6　数据导出界面

（2）在图 8-6 所示的界面中，选择需要备份的数据库 cjgl，默认选择所有的表。在 "Select Views" 按钮左侧的下拉列表中选择 Dump Structure and Data。

（3）在 Object to Export 栏中确定是否导出存储过程和函数、事件和触发器，如果数据库中定义过就勾选相应复选框一并导出。此处将 Dump Stored Procedures and Functions、Dump Events、Dump Triggers 3 个复选框勾选。

（4）在 Export Options 栏中选择备份文件的存放位置，这里有两种选择。

若通过 Export to Dump Project Folder 指定目录，则每个表对应一个 SQL 文件。

若通过 Export to Self-Contained File 指定单个文件，则整个库导出到一个 SQL 文件中。

此处选择 Export to Dump Project Folder 方式。

Include Create Schema 复选框需要勾选，备份文件中第一行将会出现创建数据库的语句 CREATE DATABASE IF NOT EXISTS 'cjgl';，这样可以让以后数据库的导入步骤更加简便。如果在导出时没有勾选此复选框，则在导入时需要一同创建数据库。

（5）单击右上角的 Advanced Options 按钮可以定制很多选项，如图 8-7 所示。单击 Return 按钮可以返回。

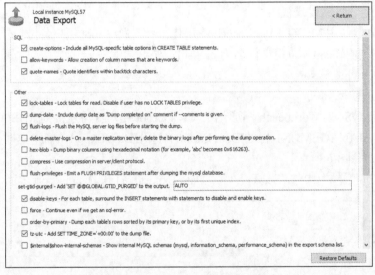

图 8-7　Advanced Options 选项界面

（6）全部设置好后，单击右下角的 Start Export 按钮开始导出，直至备份完成，相关操作的日志信息显示在 Export Progress 选项卡中，如图 8-8 所示。

（7）检查备份文件，备份文件以 SQL 文件形式存储。检查 E:\backup 中是否有备份文件并用文本编辑器查看其中的 SQL 语句，如图 8-9 所示。

（8）如果只需要导出数据库中的部分表（如学生表 xs）的结构与数据，操作步骤与上述基本相同。

在图 8-10 所示的 Tables to Export 栏中，勾选数据库 cjgl，在右侧会出现数据库中所有的表和视图对象，单击下方的 Select Tables 按钮，右侧的所有数据表会被勾选，保留勾选学生表 xs。

在 Export Options 栏中选择 Export to Dump Project Folder 方式，备份文件存储路径为 E:\backup。

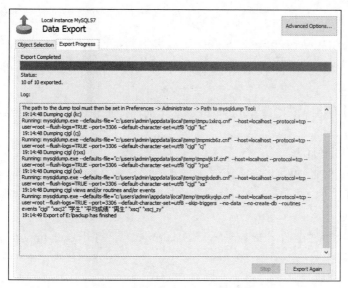

图 8-8 Export Progress 选项卡

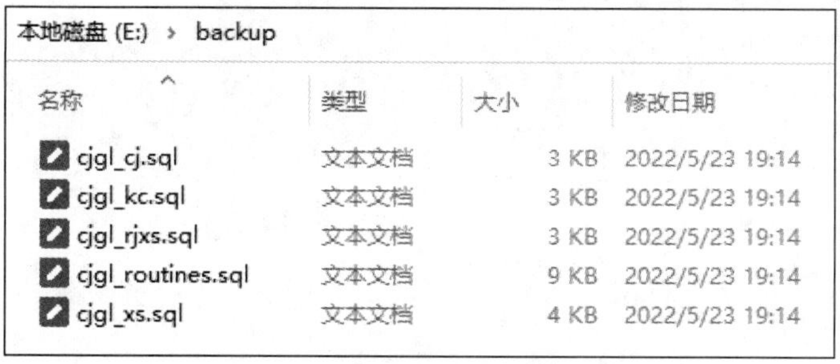

本地磁盘 (E:) › backup			
名称	类型	大小	修改日期
cjgl_cj.sql	文本文档	3 KB	2022/5/23 19:14
cjgl_kc.sql	文本文档	3 KB	2022/5/23 19:14
cjgl_rjxs.sql	文本文档	3 KB	2022/5/23 19:14
cjgl_routines.sql	文本文档	9 KB	2022/5/23 19:14
cjgl_xs.sql	文本文档	4 KB	2022/5/23 19:14

图 8-9 备份文件

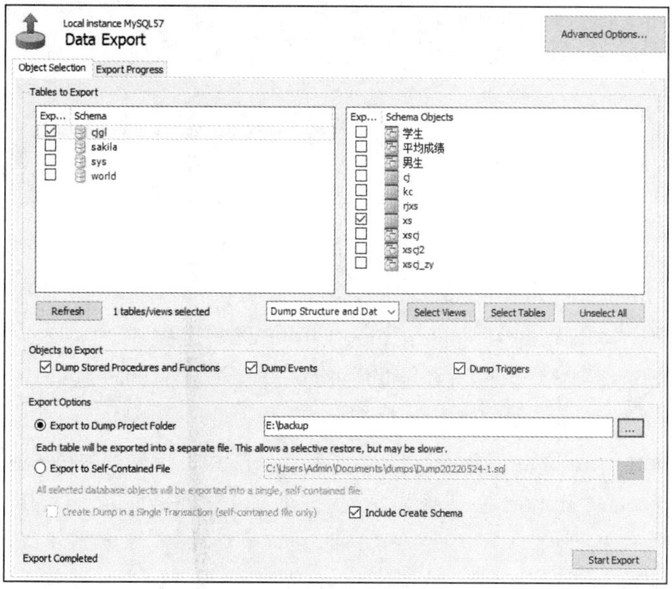

图 8-10 导出部分表

单击 Start Export 按钮开始导出，直至备份完成。检查备份文件及其内容。

2. 使用 MySQL Workbench 图形化工具恢复数据库

使用 MySQL Workbench 图形化工具能很方便地恢复指定的数据库，也可以导入指定的数据表或视图。

【例题 8.12】使用 MySQL Workbench 图形化工具，通过 root 用户恢复学生成绩管理数据库 cjgl。

具体的操作步骤如下。

（1）打开 MySQL Workbench 图形化工具，连接到 MySQL 服务器。单击导航窗格中 MANAGEMENT 栏的 Data Import/Restore，打开 Data Import 界面，这时会获得所有数据库的列表，如图 8-11 所示。

也可以通过菜单栏中的"Server"→"Data Import"，打开 Data Import 界面。

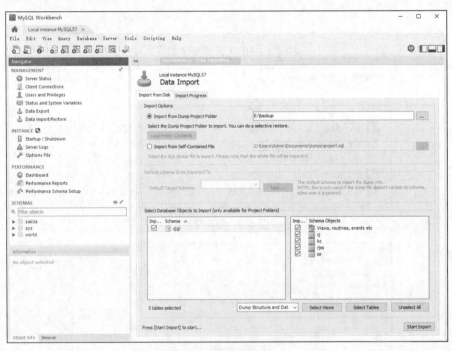

图 8-11　数据导入界面

（2）删除学生成绩管理数据库 cjgl。

（3）在图 8-11 所示的界面中，单击 Import from Disk 选项卡。

在 Import Options 栏中，选择待还原的备份文件。这里有两种选择：Import from Dump Project Folder 和 Import from Self-Contained File。

这里选择 Import from Dump Project Folder 方式。找到备份文件所在的目录 E:\backup，在 Select Database Objects to Import 栏中会显示已备份的目标数据库及其表和视图，勾选需导入的表和视图，如图 8-11 所示。

在下拉列表中选择"Dump Structure and Data"。

（4）单击 Start Import 按钮开始导入，相关操作的日志信息显示在 Import Progress 选项卡中。

（5）当恢复完成后，刷新左侧的数据库列表，会看到已还原的数据库及其表和视图。查询学生表中的数据得到图 8-12 所示的结果，说明导入成功。

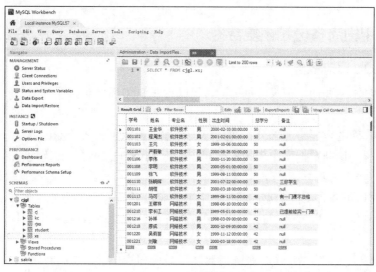

图 8-12　数据查询窗口

（6）也可选择 Import from Self-Contained File 方式进行还原，具体操作如下。

选择准备好的备份文件 E:\backup\backup_cjgl.sql，并选择要导入的数据库。如果在备份数据库时勾选了 Include Create Schema 复选框，可直接单击 Start Import 按钮开始导入。

如果在备份数据库时没有勾选 Include Create Schema 复选框，则需要在 Default Target Schema 下拉列表中选择 cjgl 数据库。若该数据库不存在，可单击 New 按钮新建 cjgl 数据库，如图 8-13 所示。然后单击 Start Import 按钮开始导入。

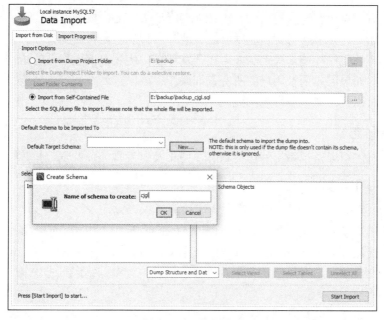

图 8-13　新建数据库

不同版本的 MySQL 可能由于字符集不一样，导入时会出现错误，这就需要修改字符编码格式，找到对应的 MySQL 版本适合的字符集。

任务 2　使用日志备份和恢复数据

微课视频

8-4　使用日志备份
和恢复数据

8.2.1　MySQL 日志概述

　　数据库的日志主要用来记录数据库的运行情况、日常操作和错误等信息。

　　日志是数据库的重要组成部分，通过分析日志，可以了解 MySQL 数据库的运行情况、诊断数据库出现的各种问题，为 MySQL 的管理和优化提供必要的信息。

　　MySQL 有以下 4 种不同类型的日志，各自存储在不同类型的日志文件中。

　　（1）二进制日志：以二进制的形式记录数据库的所有更改数据的操作，可以用于数据恢复和数据复制。

　　（2）错误日志：记录 MySQL 服务的启动、运行和停止时出现的问题。

　　（3）查询日志：记录 MySQL 服务器的启动和关闭信息，客户端的连接信息，更新、查询数据记录的 SQL 语句等，通过查询日志可以了解所有用户的操作。

　　（4）慢查询日志：记录执行时间超过 long_query_time 指定时间的所有查询或不使用索引的查询，通过工具分析慢查询日志可以定位 MySQL 服务器性能的瓶颈所在。

　　默认情况下，所有日志文件存储在 MySQL 的数据目录中。除了二进制日志文件外，其他日志文件都是文本文件。

　　日志管理是数据库维护的重要内容，MySQL 的日志管理包括启动、查看、停止和删除日志等操作。

　　使用日志有优点也有缺点。启动日志功能会降低 MySQL 数据库的性能，也会占用大量的磁盘空间。因此，如果不必要，应尽可能少地开启日志。是否启动日志、启动什么类型的日志要根据具体的使用环境来决定。如需在开发环境中优化查询效率低的语句，可以开启慢查询日志功能；如果需要记录用户的所有查询操作，可以开启查询日志功能；如果需要记录数据的变更，可以开启二进制日志功能。

8.2.2　错误日志

　　通过错误日志可以监视系统的运行状态，便于及时发现故障并加以排除。

1. 启动和设置错误日志功能

　　在 MySQL 数据库中，默认开启错误日志功能。

　　错误日志的启动和停止，都可以通过修改 MySQL 配置文件 my.ini 来实现。错误日志记录的信息可以通过 log-error 和 log-warnings 来定义，前者用于定义是否启用错误日志功能和错误日志的存储位置，后者用于定义是否将警告信息也记录到错误日志中。

　　配置项如下。

```
[mysqld]
log-error=dir/{filename}
```

其中，dir 用于指定错误日志的存储路径；filename 用于指定错误日志的文件名；省略参数时错误日志文件名默认为 hostname.err，存储在 MySQL 的数据目录下。

在 my.ini 文件中，将 log_error 选项改为注释行，则会停止错误日志功能。

【例题 8.13】将学习成绩管理数据库 cjgl 的错误日志存放在 D:\下，文件名为 errorlog.err，警告信息不记录到错误日志中。

用文本编辑器打开 MySQL 配置文件 my.ini，在[mysqld]组中添加如下配置信息。

```
[mysqld]
# log-error=D:\errorlog.err
log-warnings=0
```

说明　　　　log-warnings 的值为 0，表示不记录警告信息到错误日志中；若其值为 1，则记录；若其值大于 1，表示"失败的连接"的信息和创建新连接时"拒绝访问"类的错误信息也会被记录到错误日志中。MySQL 5.7 中该参数的默认值为 2。

2. 查看错误日志

如果 MySQL 服务出现异常，可以通过查看错误日志找原因。

在 MySQL 中，可以先通过 SHOW 命令查看错误日志文件所在的目录及文件名信息，如下所示。

```
mysql> SHOW VARIABLES LIKE 'log_error';
```

然后通过文本编辑器打开错误日志文件，找到发生异常的时间和原因，再根据这些信息来解决异常问题。

3. 删除错误日志

MySQL 的错误日志可以直接删除。在运行状态下删除错误日志文件后，MySQL 并不会自动创建日志文件，MySQL 启动或者执行 flush logs 命令时会创建新的日志文件。

在服务器端执行 mysqladmin 命令重新加载日志文件，如下所示。

```
C:\Users\Administrator>mysqladmin -uroot -p flush-logs
```

在客户端登录 MySQL 数据库，执行 flush logs 命令也可以重新加载日志文件，如下所示。

```
mysql> flush logs;
```

8.2.3　二进制日志

MySQL 的二进制日志文件是一个二进制文件，二进制日志主要用于记录对 MySQL 数据库执行更改的所有操作，并且记录语句发生时间、执行时长、操作数据等其他额外信息，但不记录 SELECT、SHOW 等那些不修改数据的 SQL 语句。

二进制日志非常重要，它以"事件"的形式记录数据库的变化，用户可以通过它完成基于时间点的恢复工作。此外，二进制日志还可以用于进行 MySQL 主从复制、审计操作和分析服务器负载等工作。

1. 启动和设置二进制日志功能

可以通过 SHOW VARIABLES 语句来查看二进制日志功能是否开启，如下所示。默认情况下，二进制日志功能是关闭的。

```
mysql> SHOW VARIABLES LIKE 'log_bin';
```

结果如图 8-14 所示。

图 8-14　查看二进制日志功能是否开启

可以通过在 MySQL 配置文件 my.ini 中添加 log-bin 选项来设置和启动二进制日志功能。其语法格式如下。

```
[mysqld]
log-bin=dir/[filename]
expire_logs_days = 10
max_binlog_size =50M
```

其中，dir 用于指定二进制日志文件的存储路径，filename 用于指定文件名。如果不指定 dir 和 filename 参数，二进制日志将默认存储到 MySQL 数据目录中的 hostname-bin.number 文件中。文件名后缀.number 为.00000n，n 是从 1 开始的自然数。

> **注意**　在实际工作中，为了保证数据库中数据的安全，二进制日志文件不与数据库文件放在同一磁盘上。

expire_logs_days 用于指定 MySQL 清除过期二进制日志的时间，即二进制日志自动删除的天数。其默认值为 0，表示"没有自动删除"。

max_binlog_size 用于指定单个二进制日志文件大小的最大值。如果二进制日志写入的内容大小超出给定值，日志就会发生滚动（即关闭当前文件，重新打开一个新的二进制日志文件）。其默认值是 1GB。注意：不能将该参数设置为大于 1GB 或小于 4096B 的值。

重启 MySQL 服务器后，可以看到在 MySQL 数据库的数据目录下生成了两个文件 LAPTOP-QM9UJHD3-bin.000001 和 LAPTOP-QM9UJHD3-bin.index，前者是二进制日志文件，后者是二进制日志索引文件，其内容为所有二进制日志文件的列表，可用文本编辑器查看。

2. 查看二进制日志

（1）查看二进制日志文件列表。

可以使用如下命令查看 MySQL 中有哪些二进制日志文件。

```
mysql> SHOW binary logs;
```

结果如图 8-15 所示。

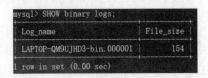

图 8-15　查看二进制日志文件列表

（2）查看当前正在写入的二进制日志文件。

可以使用以下命令查看当前 MySQL 中正在写入的二进制日志文件。

```
mysql> SHOW master status;
```

结果如图 8-16 所示。

```
mysql> SHOW master status;
+---------------------------+----------+--------------+------------------+-------------------+
| File                      | Position | Binlog_Do_DB | Binlog_Ignore_DB | Executed_Gtid_Set |
+---------------------------+----------+--------------+------------------+-------------------+
| LAPTOP-QM9UJHD3-bin.000001 |     154  |              |                  |                   |
+---------------------------+----------+--------------+------------------+-------------------+
1 row in set (0.00 sec)
```

图 8-16　查看当前正在写入的二进制日志文件

（3）查看二进制日志文件内容。

二进制日志使用二进制格式存储，可以使用 MySQL 提供的 mysqlbinlog 命令查看其内容。该命令的语法格式如下。

```
mysqlbinlog filename.number
```

此命令将在当前目录下查找指定的二进制日志文件，也可以在二进制文件名前指定其存储路径。

【例题 8.14】查询成绩管理数据库 cigl 中的学生表 xs，使用 mysqlbinlog 命令查看数据目录下的二进制日志文件 LAPTOP-QM9UJHD3-bin.000001 的内容，并将其输出到名为 LAPTOP-QM9UJHD3-bin.000001.sql 的文件中。

查看二进制日志文件 LAPTOP-QM9UJHD3-bin.000001 的内容，执行如下语句。

```
C:\ProgramData\MySQL\MySQL Server 5.7\Data>mysqlbinlog LAPTOP-QM9UJHD3-bin.
000001
```

结果如图 8-17 所示。

```
C:\ProgramData\MySQL\MySQL Server 5.7\Data>mysqlbinlog  LAPTOP-QM9UJHD3-bin.000001
# The proper term is pseudo_replica_mode, but we use this compatibility alias
# to make the statement usable on server versions 8.0.24 and older.
/*!50530 SET @@SESSION.PSEUDO_SLAVE_MODE=1*/;
/*!50003 SET @OLD_COMPLETION_TYPE=@@COMPLETION_TYPE,COMPLETION_TYPE=0*/;
DELIMITER /*!*/;
# at 4
#220722  0:26:28 server id 1  end_log_pos 123 CRC32 0xcec9fdc1  Start: binlog v 4, server v 5.7.20-log created 220722
 0:26:28 at startup
# Warning: this binlog is either in use or was not closed properly.
ROLLBACK/*!*/;
BINLOG '
NH7ZYg8BAAAAdwAAAHsAAAABAAQANS43LjIwLWxvZwAAAAAAAAAAAAAAAAAAAAAAAAAAAAA
AAAAAAAAAAAAAAAAAAAAA0ftliEzgNAAgAEgAEBAQEEgAAXwAEGggAAAAICAgCAAAACgoKKioAEjQA
AcH9yc4=
'/*!*/;
# at 123
#220722  0:26:28 server id 1  end_log_pos 154 CRC32 0xbeaa57b2  Previous-GTIDs
# [empty]
SET @@SESSION.GTID_NEXT= 'AUTOMATIC' /* added by mysqlbinlog */ /*!*/;
DELIMITER ;
# End of log file
/*!50003 SET COMPLETION_TYPE=@OLD_COMPLETION_TYPE*/;
/*!50530 SET @@SESSION.PSEUDO_SLAVE_MODE=0*/;
```

图 8-17　二进制日志文件的内容

二进制日志是由系列日志文件和一个日志索引文件共同组成的，每个日志文件由很多个日志事件组成，从图 8-17 可知，每个事件记录了日志文件内的偏移字节值，如# at 4；还记录了事件的日期、时间服务器的 ID、下一事件的偏移值等信息。

查询成绩管理数据库 cigl 中的学生表 xs 的记录后，再次查看二进制日志文件的内容。

为方便查看二进制日志的内容，可以使用 mysqlbinlog 命令将二进制日志文件生成数据

库的脚本文件。将二进制日志文件的内容输出到名为 LAPTOP-QM9UJHD3-bin.000001.sql 的
文件中，执行如下语句。

```
C:\ProgramData\MySQL\MySQL Server 5.7\Data>mysqlbinlog LAPTOP-QM9UJHD3-bin.
000001 > LAPTOP-QM9UJHD3-bin.000001.sql
```

执行以上语句后，可以看到在 MySQL 数据库的数据目录下生成了文件 LAPTOP-QM9UJHD3-
bin.000001.sql，该文件可用文本编辑器查看。

3. 使用二进制日志恢复数据库

数据库遭到意外损坏时，用户可以使用 mysqlbinlog 命令利用二进制日志完成基于时间
点的恢复工作，即如果有某个时间点的数据备份和那时以后的所有二进制日志，就可以通过
二进制日志文件来查看用户执行了哪些操作、对数据库服务器文件做了哪些修改，然后根据
二进制日志文件中的记录，恢复数据库所有的变更。

mysqlbinlog 用于从指定的时间点（或位置）开始直到另一个指定的时间点（或位置）的
二进制日志中恢复数据。mysqlbinlog 的语法格式如下。

```
mysqlbinlog [option] filename |mysql -u root -p
```

其中，filename 为二进制日志文件名。可以指定二进制日志文件的存储路径，如果不指
定，mysqlbinlog 命令将在当前目录下查找。

注意

使用 mysqlbinlog 命令进行还原操作时，必须先还原二进制日志文件名编号
小的。

option 为可选参数，部分参数如下。

① --start-date：用于恢复数据库操作的起始时间点。

② --stop-date：用于恢复数据库操作的结束时间点。

③ --start-position：用于恢复数据库操作的起始偏移位置。

④ --stop-position：用于恢复数据库操作的结束偏移位置。

【例题 8.15】使用 mysqlbinlog 命令恢复 MySQL 数据库到 2022 年 6 月 20 日 10:00:00 时
的状态。

在 MySQL 的数据目录下找到 2022 年 6 月 20 日 10:00:00 这个时间点的二进制日志文件
LAPTOP-QM9UJHD3-bin.000003，执行如下语句。

```
C:\ProgramData\MySQL\MySQL Server 5.7\Data>mysqlbinlog --stop-date="2022-06-20
10:00:00" "C:\Program Files\LAPTOP-QM9UJHD3-bin.000003" |mysql -u root -p
```

执行以上语句后，MySQL 服务器恢复到 LAPTOP-QM9UJHD3-bin.000003 文件中 2022
年 6 月 20 日 10:00:00 时间点的状态。

基于位置的恢复和基于时间点的恢复类似，只需要在二进制日志中找到起始和结束偏移
位置即可。相对而言基于位置的恢复更精确，因为同一个时间点可能有很多条 SQL 语句同时
执行。

4. 停止二进制日志功能

在配置文件中设置了 log_bin 选项之后，MySQL 服务器将会一直开启二进制日志功能。
可以通过以下两种方法停止该日志功能。

（1）注释掉 MySQL 配置文件中的 log_bin 选项，重启服务器。

（2）通过 SET SQL_LOG_BIN 语句暂停 MySQL 二进制日志功能。命令如下。

```
SET SQL_LOG_BIN=0/1;
```

其中，0 表示暂停二进制日志功能，1 表示启动二进制日志功能。

　　　　如果用户不希望自己执行的某些 SQL 语句被记录到二进制日志中，可以在执行这些 SQL 语句前暂停二进制日志功能。

---

5. 删除二进制日志

二进制日志中记录着大量的信息，如果长时间不清理，将会占用很大的磁盘空间。在备份 MySQL 数据库之后，应该删除备份数据库之前的二进制日志。

MySQL 可以通过指定 expire_logs_days 的值来设置自动删除二进制日志的天数，也可以手动删除。

（1）删除所有二进制日志文件。

使用 RESET MASTER 语句删除所有二进制日志文件，其语法格式如下。

```
RESET MASTER;
```

以上语句执行后，所有二进制日志被删除，MySQL 会重新创建新的二进制日志，新二进制日志文件的扩展名将重新从 000001 开始编号。

（2）根据编号删除二进制日志。

使用 PURGE MASTER LOGS 语句可删除指定的二进制日志编号之前的日志文件，其语法格式如下。

```
PURGE {MASTER I BINARY} LOGS TO 'filename.number';
```

其中，MASTER 和 BINARY 等效。

每个二进制日志文件后面有一个 6 位数的编号，执行以上语句后将删除文件名编号比指定文件名编号小的所有日志文件。

（3）根据时间删除二进制日志。

使用 PURGE MASTER LOGS 语句可删除指定日期以前的所有二进制日志文件，其语法格式如下。

```
PURGE {MASTER I BINARY} LOGS BEFORE 'date';
```

其中，日期格式为'yyyy-mm-dd hh:MM:ss'，"hh"为 24 制的小时。

【例题 8.16】使用 PURGE MASTER LOGS 语句删除比 LAPTOP-QM9UJHD3-bin.000003 编号小的二进制日志；删除 2022-06-20 10:00:00 之前创建的二进制日志。

执行如下语句。

```
PURGE MASTER LOGS TO 'LAPTOP-QM9UJHD3-bin.000003';
```

以上语句执行后，比 LAPTOP-QM9UJHD3-bin.000003 编号小的二进制日志被删除。执行如下语句。

```
PURGE MASTER LOGS TO '2022-06-20 10:00:00";
```

以上语句执行后，2022-06-20 10:00:00 之前创建的所有二进制日志被删除。

8.2.4 查询日志

查询日志用来记录 MySQL 的所有用户操作，包括启动和关闭 MySQL 服务、执行查询和更新语句等。

1. 启动和设置查询日志功能

默认情况下，MySQL 服务器的查询日志功能是关闭的。

可以通过以下命令查看查询日志是否开启。

```
mysql> SHOW VARIABLES LIKE '%general%';
```

结果如图 8-18 所示。

```
mysql> SHOW VARIABLES LIKE '%general%';
+------------------+---------------------+
| Variable_name    | Value               |
+------------------+---------------------+
| general_log      | OFF                 |
| general_log_file | DESKTOP-L226O36.log |
+------------------+---------------------+
2 rows in set, 1 warning (0.00 sec)
```

图 8-18　查看查询日志变量

由图 8-18 可见查询日志功能呈关闭状态，查询日志文件的名称为 DESKTOP-L226O36.log。

如果需要开启查询日志功能，可以通过修改 my.ini 配置文件来实现。在[mysqld]组中添加 log 选项来开启查询日志功能，语法格式如下。

```
[mysqld]
general_log= ON|OFF
log=dir/filename
```

其中，dir 用于指定查询日志文件的存储路径，filename 用于指定文件名。如果不指定存储路径和文件名，查询日志将默认存储到 MySQL 数据目录中的 hostname.log 文件中。

2. 查看查询日志

通过查看查询日志，可以了解用户对 MySQL 进行的操作。查询日志以文本文件的形式存储，可以使用文本编辑器直接打开查看。

【例题 8.17】查看 MySQL 的查询日志记录的内容。

使用记事本打开查询日志 C:\ProgramData\MySQL\MySQL Server 5.7\Data\DESKTOP-L226O36.log，查看日志内容，然后执行如下语句。

```
mysql>Use cjgl;
mysql>SELECT * FROM xs;
```

执行以上语句后，再次查看查询日志。可以看出，查询日志记录了刚才的操作。

3. 停止查询日志

查询日志功能启动后，可以通过两种方法停止该日志功能。

一种是注释掉 MySQL 配置文件中的相关配置，重启 MySQL 服务器。

另一种是设置 MySQL 的环境变量 general_log 为关闭状态，具体语句如下。

```
mysql> SET GLOBAL general_log= OFF;
mysql> SHOW VARIABLES LIKE '%general_log%' \G;
```

4. 删除查询日志

在用户频繁使用数据库的情况下，查询日志会增加得很快，这将会占用较大的磁盘空间，影响系统性能。数据库管理员可以定期删除比较早的查询日志以节省磁盘空间。

在服务器端执行 mysqladmin 命令可以创建新的查询日志，新的查询日志会直接覆盖旧的查询日志。该命令的语法格式如下。

```
mysqladmin -uroot -p flush-logs
```

或在客户端登录到 MySQL 服务器，执行 flush logs 语句重新加载日志。

```
mysql> flush logs;
```

【例题 8.18】备份现有的 MySQL 查询日志，然后生成新的查询日志文件。

先将现有的 MySQL 查询日志文件复制出来或者改名，再执行 mysqladmin 命令生成新的查询日志。

```
C:\Users\Administrator>mysqladmin -uroot -p flush-logs
```

除了上述方法之外，还可以手动删除查询日志文件，重启 MySQL 服务后就会生成新的查询日志文件。

8.2.5 慢查询日志

慢查询日志用来记录在MySQL中执行时间超过参数long_query_time值并且扫描记录数不小于min_examined_row_limit值的所有查询语句。

通过慢查询日志，可以找出哪些查询语句的执行效率低，以便进行优化。

1. 启动和设置慢查询日志

默认情况下，MySQL 服务器的慢查询日志功能是关闭的。如果不需要调优，不建议开启慢查询日志功能，以免影响性能。

可以通过以下语句查看慢查询日志功能是否开启。

```
mysql> SHOW VARIABLES LIKE 'slow_query%';
```

由图 8-19 可知慢查询日志功能呈开启状态，慢查询日志文件的名称为 DESKTOP-L226O36.log。

```
mysql> SHOW VARIABLES LIKE 'slow_query%';
+---------------------+----------------------------+
| Variable_name       | Value                      |
+---------------------+----------------------------+
| slow_query_log      | ON                         |
| slow_query_log_file | DESKTOP-L226O36-slow.log   |
+---------------------+----------------------------+
2 rows in set, 1 warning (0.00 sec)
```

图 8-19　查看慢查询日志变量

如果需要开启慢查询日志功能，可以通过修改 my.ini 配置文件来实现。在[mysqld]组中添加 log-slow-queries 选项开启慢查询日志功能，通过 long_query_time 选项来设置时间值。语法格式如下。

```
[mysqld]
slow_query_log =ON|OFF
log-slow-queries=dir\filename
long_query_time=n
```

195

其中，dir 用于指定慢查询日志文件的存储路径，filename 用于指定文件名。如果不指定存储路径和文件名，慢查询日志将默认存储到 MySQL 数据目录中的 hostname-slow.log 文件中。

long_query_time=n 表示查询超过了 n 秒就将该查询语句记录到慢查询日志中，单位为秒，默认为 10 秒。

还可以通过以下语句启动慢查询日志功能、设置指定时间。

```
SET GLOBAL slow_query_log=ON;
SET GLOBAL long_query_time=n;
```

2. 查看慢查询日志

通过查看慢查询日志，可以知道哪些查询语句的执行效率低。

慢查询日志以文本文件的形式存储，可以使用文本编辑器直接打开查看。

【例题 8.19】查看 MySQL 的慢查询日志。

使用记事本打开慢查询日志 C:\ProgramData\MySQL\MySQL Server 5.7\Data\ DESKTOP-L226O36-slow.log，查看其内容。

开启 MySQL 的慢查询日志功能，并设置时间，执行如下语句。

```
mysql> SET GLOBAL slow_query_log=ON;
mysql> SET GLOBAL long_query_time=0.001;
```

查询 xs 表中的数据后，执行如下语句，再次查看慢查询日志的内容。从中可以看出，慢查询日志记录了刚才的操作。

```
mysql>Use cjgl;
mysql>Select * from xs;
```

3. 停止慢查询日志功能

查询日志功能启动后，可以通过两种方法停止该日志功能。

一种是将 MySQL 设置文件中的相关配置注释掉，然后重启 MySQL 服务器。

另一种是设置 MySQL 的环境变量 slow_qery_log 为关闭状态，具体语句如下。

```
mysql> SET GLOBAL slow_query_log = OFF;
mysql> SHOW VARIABLES LIKE '% slow_log%' \G;
```

4. 删除慢查询日志

删除慢查询日志的方法与删除查询日志相同。

在服务器端执行 mysqladmin 命令，新的慢查询日志会直接覆盖旧的慢查询日志。该命令的语法如下。

```
C:\Users\Administrator>mysqladmin -uroot -p flush-logs
```

在客户端登录到 MySQL 服务器，执行 flush logs 语句也可以重新加载日志文件。

```
mysql> flush logs;
```

也可以手动方式删除慢查询日志，删除之后需要重启 MySQL 服务。

如果需要备份旧的慢查询日志文件，必须先将旧的慢查询日志文件改名，然后重启 MySQL 服务或执行 mysqladmin 命令。

单元小结

本单元主要介绍了常用的数据备份和恢复方法。MySQL 备份分为逻辑备份和物理备份，两种备份方法各有优缺点，逻辑备份保存的是 SQL 文本，可以在多种条件下恢复，但是对于大数据量的系统，备份和恢复的时间都比较长；物理备份恰恰相反，由于是文件的物理复制，备份和恢复时间都比较短，但是备份的文件在不同的平台上不一定兼容。本单元要求掌握在何种条件下使用哪种备份方式进行数据备份，以及在数据库损坏时如何根据实际情况及时还原数据库。

日志可以帮助我们诊断数据库出现的各种问题。本单元介绍了 MySQL 常用的 4 种日志功能的启动、查看和删除方法。由于启动日志功能会降低 MySQL 数据库的性能和占用大量的磁盘空间，因此是否启动日志功能、启动什么类型的日志功能要根据具体的使用环境来决定。错误日志、二进制日志、查询日志和慢查询日志各有不同的用途。错误日志能够帮助用户迅速定位故障原因，二进制日志是数据备份和数据恢复等操作的基础，建议经常开启这两种日志功能。

实验 10　备份与恢复人力资源管理数据库

一、实验目的

1. 了解备份和还原的概念。
2. 掌握 MySQL 的物理备份方法。
3. 掌握 MySQL 的逻辑备份方法。
4. 掌握使用二进制日志恢复数据库的方法。

二、实验内容

在人力资源管理数据库中，利用 MySQL Workbench 图形化工具备份人力资源管理数据库 HR 全库、备份数据库中 7 张数据表的结构与数据，使用二进制日志恢复数据库中的表。

三、实验步骤

1. 利用 MySQL Workbench 图形化工具备份人力资源管理数据库 HR 全库。
   利用 MySQL Workbench 图形化工具删除人力资源管理数据库 HR 全库。
   利用 MySQL Workbench 图形化工具恢复人力资源管理数据库 HR 全库。
2. 利用 MySQL Workbench 图形化工具备份人力资源管理数据库 HR 全库中 7 张数据表的结构与数据。
   利用 MySQL Workbench 图形化工具删除人力资源管理数据库 HR 全库中 7 张数据表的结构与数据。
   利用 MySQL Workbench 图形化工具恢复人力资源管理数据库 HR 全库中 7 张数据表的结构与数据。
3. 利用命令方式备份人力资源管理数据库 HR 全库及其中 7 张数据表的结构与数据。
   利用命令方式删除人力资源管理数据库 HR 全库及其中 7 张数据表的结构与数据。
   利用命令方式恢复人力资源管理数据库 HR 全库及其中 7 张数据表的结构与数据。

4. 分别修改和删除数据库 HR 全库中的员工表 employees 中的部分记录。

利用二进制日志恢复员工表 employees。

查看员工表 employees。

四、实验报告要求

1. 实验报告分为实验目的、实验内容、实验步骤、实验心得 4 个部分。
2. 把相关的语句、结果和关键步骤的截图放在实验报告中。
3. 写出详细的实验心得。

习题 8

一、选择题

1. 防止数据库出意外的方法是（   ）。

    A. 重建   B. 追加   C. 备份   D. 删除

2. （   ）备份是在某一次完全备份的基础上，只备份其后数据的变化。

    A. 二次   B. 差异   C. 增量   D. 完全

3. 备份 MySQL 数据库的命令是（   ）。

    A. mysqldump   B. mysql   C. copy   D. backup

4. 有关 mysqldump 备份特性中（   ）是不正确的。

    A. 是逻辑备份，需要将表结构和数据转换成 SQL 语句

    B. MySQL 服务必须运行

    C. 备份与恢复速度比物理备份快

    D. 支持 MySQL 的所有存储引擎

5. 下面有关数据库还原的说法中，错误的是（   ）。

    A. 还原数据库是通过备份好的数据文件进行还原

    B. 还原是指还原数据库中的数据，而数据库是不能被还原的

    C. 使用 mysql 命令可以还原数据库中的数据

    D. 数据库可以被还原

6. 还原 MySQL 数据库的命令是（   ）。

    A. mysqldump   B. mysql   C. return   D. backup

7. 使用 SELECT 语句将表中的数据导出到文件，可以使用（   ）子句。

    A. TO FILE   B. INTO FILE

    C. INTO OUTFILE   D. OUTTO FILE

8. 用于实现 MySQL 导入数据的命令是（   ）。

    A. mysqldump   B. mysqlimport   C. backup   D. return

9. 不能直接使用文本编辑器查看日志内容的 MySQL 日志是（   ）。

    A. 错误日志   B. 二进制日志   C. 通用查询日志   D. 慢查询日志

10. 用于指定二进制日志缓存大小的配置是（   ）。

    A. max_binlog_size   B. binary _cache_size

    C. binlog _max _size   D. binlog_cache_size

11. 用于查看二进制日志文件状态的语句是（　　　）。

    A. SHOW master status
    B. SHOW binary logs

    C. SHOW master logs
    D. PURGE binlog logs

12. 用于查看和恢复二进制日志的命令是（　　　）。

    A. mysqldump
    B. mysql
    C. mysqlimport
    D. mysqlbinlog

二、填空题

1. 实现数据还原时，可以在命令提示符窗口执行 mysql 命令，也可以在 MySQL 命令窗口执行＿＿＿＿＿命令来还原数据。

2. MySQL 开启二进制日志功能的配置是＿＿＿＿＿。

3. 查看二进制日志的语句是＿＿＿＿＿。

三、简答题

1. 什么是数据库的备份和恢复？为什么要进行数据库的备份？

2. 数据库备份有哪些类型？各有何特点？

3. 如何进行数据的导出和导入？

4. MySQL 的日志文件有哪几种类型？分别起什么作用？

5. 简述如何使用二进制日志还原数据。

单元 ⑨ MySQL 数据库编程基础

单元目标

【知识目标】
- 了解 MySQL 的数据类型。
- 理解并掌握变量的使用。
- 掌握运算符及表达式的含义及用法。
- 熟悉常用的 MySQL 内部函数，掌握用户自定义函数的定义和调用方法。
- 熟悉 MySQL 的程序结构，掌握流程控制语句的用法。
- 理解游标的概念，掌握游标的创建和使用方法。

【技能目标】
- 会运用 SQL 编写数据库程序。

【素质目标】
培养学生的科学精神和知识产权意识。

任务 1　数据类型

微课视频

编程语言离不开数据类型，数据类型决定了数据的存储方式及对数据施加的操作，不同的数据类型决定了不同的数据存储方式。在 MySQL 数据库中，数据类型包括数值类型、字符串类型、日期和时间类型，在设计表及定义表结构时都会用到它们。

单元 9　MySQL
数据库编程基础（1）

9.1.1　数值类型

在数据库中经常要存储一些数值，如商品销售量、商品价格等，这类数据都适合用数值类型来表示。数值类型包括整型、浮点型等。常用数值类型的名称及使用范围如表 9-1、表 9-2 所示。

表 9-1　整型

类型名	字节数	可表示数的范围	
		无符号（unsigned）	有符号（signed）
BIGINT	8	$0\sim2^{64}-1$ 即（$0\sim$ 18446744073709551615）	$-2^{63}\sim2^{63}$ 即（$-9233372036854775808\sim$ 9233372036854775807）
INT	4	$0\sim2^{32}-1$ 即（$0\sim4294967295$）	$-2^{31}\sim2^{31}-1$ 即（$-2147483648\sim2147483647$）

续表

类型名	字节数	可表示数的范围	
		无符号（unsigned）	有符号（signed）
MEDIUMINT	3	$0 \sim 2^{24}-1$ 即（$0 \sim 16777215$）	$-2^{23} \sim 2^{23}-1$ 即（$-8388608 \sim 8388607$）
SMALLINT	2	$0 \sim 2^{16}-1$ 即（$0 \sim 65535$）	$-2^{15} \sim 2^{15}-1$ 即（$-32768 \sim 32767$）
TINYINT	1	$0 \sim 2^{8}-1$ 即（$0 \sim 255$）	$-2^{7} \sim 2^{7}-1$ 即（$-128 \sim 127$）

从表 9-1 中可见，整型又分为 BIGINT、INT、MEDIUMINT、SMALLINT 和 TINYINT 这 5 种类型，各整型所占用的字节数和取值范围是不同的。各类型还区分有符号和无符号，例如 TINYINT 表达无符号数时最大值为 255，而作为有符号数最大值为 127。

表 9-2　实型（定点型及浮点型）

类型名	字节数	可表示数的范围	
		无符号（unsigned）	有符号（signed）
FLOAT	4	0 和 1.175494351E–38～3.402823466E+38	–3.402823466E+38～–1.175494351E–38
DOUBLE	8	0 和 2.2250738585072014E–308～1.7976931348623157E+308	–1.7976931348623157E+308～–2.2250738585072014E–308
DECIMAL(m,d)	$m+2$	取值范围与 DOUBLE 相同	取值范围与 DOUBLE 相同

在表达数值型数据时，对涉及小数的存储就要使用浮点数或定点数，同时依据数的精度，浮点数又分为单精度浮点数 FLOAT 和双精度浮点数 DOUBLE 两种类型。其中 FLOAT 所表达的小数位数是 5～6 位，DOUBLE 所表达的小数位数可达到 15 位。

定点数类型 DECIMAL 是通过 DECIMAL(m,d)来设置位数和精度的，其中 m 表示所有数据字符的总位数（不包括"."和"–"），最大值为 65，默认值为 10；d 表示小数位数，最大值为 30，默认值为 0。

9.1.2　字符串类型

当所用数据是字符或字符串时就要用到字符串类型数据，MySQL 支持两类字符型数据：文本字符串和二进制字符串。文本字符串主要有 CHAR、VARCHAR、BINARY、VARBINARY、BLOB、TEXT 等类型，二进制字符串主要有 BIT、BINARY、VARBINARY、TINYBLOB、BLOB、MEDIUMBLOB 和 LONGBLOB 等类型。常用的字符串类型如表 9-3 所示。

表 9-3　字符串类型

字符类型名	字节数	数据存储描述
CHAR(m)	m	m 为 0 至 255 的整数
VARCHAR(m)	m	m 为 0 至 65535 的整数（默认）
TEXT	$L+2$	允许长度为 0 至 65535，列值的长度为 $L+2$ 个字节
BINARY	m	允许长度为 0 至 m 个字节的定长字节字符串

字符类型名	字节数	数据存储描述
VARBINARY	*m*	允许长度为 0 至 *m* 个字节的变长字节字符串
BLOB	*L* +2	允许长度为 0 至 65535，列值的长度为 *L*+2 个字节
ENUM	1 或 2	取决于枚举值的数目（最大值为 65535）
SET	1、2、3、4 或 8	取决于集合成员的数量（最多有 64 个成员）

字符串类型数据需用英文单引号引起来。

CHAR 用于表示固定长度非二进制字符串。

VARCHAR 用于表示变长非二进制字符串，字符串的最大值默认为 65535，默认对应的字符集是 latin1，其他字符集如 gbk 对应的 m 最大值为 32766，utf8 字符集对应的 m 最大值为 21844。

TEXT 用于表示变长非二进制字符串，适用于存储大量数据。它又分为 TINYTEXT、TEXT、MEDIUMTEXT 和 LONGTEXT 这 4 种类型。不同的 TEXT 类型的存储空间和数据长度不同。

BINARY 和 VARBINARY 类型类似于 CHAR 和 VARCHAR，不同的是它们包含二进制字节字符串，BINARY 类型数据的长度是固定的，指定数据长度后，不足最大长度的，将在它们右边填充 "\0"，以达到指定长度。

BLOB 用于表示二进制的对象，用来存储可变数量的数据。BLOB 类型分为 4 种：TINYBLOB、BLOB、MEDIUMBLOB 和 LONGBLOB，它们可表示的值的最大长度不同。BLOB 列是字符集，并且排序和比较基于列值字节的数值；TEXT 列有一个字符集，并且根据字符集对值进行排序和比较。

ENUM 类型又称枚举类型，是一个字符串对象。ENUM 类型的字段在取值时，能在指定的枚举列表中选取，而且一次只能取一个。在 MySQL 中枚举列表最多可以有 65535 个值，且每个值都有一个从 1 开始的顺序编号，实际保存在记录中的是顺序编号而不是枚举列表中的值。其定义的语法格式如下。

```
ENUM ('值1','值2',…,'值n')
```

SET 类型用于保存字符串对象，值为创建表时规定的一列值，SET 类型的列最多可以有 64 个成员。与 ENUM 类型相同，SET 值在内部用整数表示，列表中的每个值都有一个索引编号。不同的是 SET 类型的列可从定义的列值中选择多个字符组合。其定义的语法格式如下。

```
SET ('值1','值2',…,'值n')
```

9.1.3　日期和时间类型

在表达日期或时间之类的数据时，要用到日期和时间类型数据，MySQL 数据库提供的日期和时间类型有 YEAR、DATE、TIME、DATETIME 和 TIMESTAMP，可以用来表示不同范围的日期或时间值，相关介绍如表 9-4 所示。

表 9-4　日期和时间类型及相关介绍

日期和时间类型	字节数	数据存储描述
YEAR	1	取值范围为 1901～2155
TIME	3	可以达到 6 位的微秒精度，其取值范围为 − 838:59:59.000000～838:59:59.000000
DATE	4	可表示的日期范围为 1000-01-01～9999-12-31
DATETIME	8	可表示的时间范围为 1000-01-01 00:00:00～9999-12-31 23:59:59
TIMESTAMP	4	可表示的日期时间范围为 1970-01-01 00:00:01～2038-01-19 03:14:07

YEAR 类型仅用来表示年份，默认格式为 yyyy。

TIME 类型仅用来表示时间，默认格式为 hh:mm:ss。TIME 类型可以达到 6 位的微秒精度。小时部分可以超过 24 是因为 TIME 类型的数据不仅代表时间点的小时，还可以代表持续时长中的小时。

DATE 类型仅用来表示日期，默认的格式为 yyyy-mm-dd。

DATETIME 类型用来表示日期和时间，默认的格式为 yyyy-mm-dd hh:mm:ss。

TIMESTAMP 类型也用来表示日期和时间。

DATETIME 和 TIMESTAMP 两个类型都可以保存微秒级别的数据，即 6 位微秒精度，范围分别为 1000-01-01 00:00:00.000000～9999-12-31 23:59:59.999999 和 1970-01-01 00:00:01.000000～2038-01-19 03:14:07.999999。

非法的 DATE、DATETIME、TIMESTAMP 值将被分别转换成 0、0000-00-00、0000-00-00 00:00:00。

任务 2　常量与变量

在数据库操作及编程中，离不开常量和变量，MySQL 也像其他编程语言一样，提供了常量及变量用来存储操作或程序运行中的数据。本任务将讲解常量及变量的用法。

9.2.1　常量

常量是在数据操作或程序运行过程中值保持不变的量，如数值常量 123，字符常量 a 等。

9.2.2　变量

变量是程序运行过程中数值可以发生变化的量，主要用来存储临时数据。

变量的使用要遵循先定义（或声明）后使用的原则（系统变量除外）。

在 MySQL 中根据变量的作用范围可以将变量划分为系统变量（全局变量）、用户自定义变量（会话变量）及局部变量。

1. 系统变量

系统变量也称为全局变量，是 MySQL 系统内部定义的、具有某种功能的变量，形如 "@@变量名"，如@@query_cache_limit 等。

系统变量对所有的 MySQL 客户端都有效，默认情况下，会在服务器启动时使用命令行或配置文件完成系统变量的设置，因此用户不能再定义系统变量，但可以查看和修改变量值。

（1）查看系统变量。

可使用 SHOW VARIABLES LIKE 'auto_%';语句查看系统变量。

（2）修改系统变量的值。

在成功连接 MySQL 服务器，且初始化系统变量后，用户有时要根据实际需求对系统变量值做局部修改或全局修改。

① 局部修改系统变量的值。

若修改的系统变量只需在本次连接中有效，且不影响其他连接 MySQL 服务器的客户端使用，只能局部修改系统变量的值，基本语法格式如下。

```
SET 变量名=新值;
```

例如，在一个客户端上对系统变量 auto_increment_offset 的值做修改，在另一客户端上看到的 auto_increment_offset 的值仍然是原值。

② 全局修改系统变量的值。

对系统变量做全局修改，对所有正在连接的客户端无效，只对新连接的客户端永久生效，其基本语法格式如下。

```
SET  GLOBAL 变量名=值;
```

或

```
SET  @@GLOBAL.变量名=值;
```

2. 用户自定义变量

用户自定义变量也称为会话变量，是指由用户根据需求定义的变量，跟 MySQL 的当前客户端是绑定的，且仅对当前用户使用的客户端有效。用户自定义变量的语法格式如下。

```
DECLARE @变量名 数据类型 DEFAULT 默认值; 或 SET  @变量名=值;
```

定义用户自定义变量时还必须为其赋初值，赋值方式有如下 3 种。

（1）使用 SET 命令。

```
SET @变量名=表达式值;
```

例如，SET @xh='20200001';。

（2）使用 SELECT 命令。

```
SELECT  @变量名:=字段值 FROM 表名;
```

或

```
SELECT  @变量名:=字段值 [ AS 输出标识符名称]  FROM 表名;
```

这里使用了赋值符号 ":=" 以区别于 "="。

注意

例如，SELECT @xm := 姓名 FROM xs WHERE 学号='001101';。

（3）使用 SELECT 语句。

```
SELECT 列名列表 FROM 表名 INTO  @变量名;
```

例如，SELECT 学号,姓名,出生时间 FROM xs LIMIT 1 INTO @xh,@xm,@csrq;。

3. 局部变量

相对于 MySQL 提供的系统变量和用户自定义变量，局部变量的作用域仅在复合语句 BEGIN ...END 中，也就是局部变量只能在 BEGIN ...END 中定义和使用，超出此范围则无效。

定义局部变量的语法格式如下。

```
DECLARE  变量名 数据类型  [DEFAULT 默认值];
```

任务3　运算符与表达式

在数据库的操作及程序中都会使用运算符及表达式，表达式是程序中语句的基本构成单位，是由运算符将常量、变量等对象连接起来构成的有意义的式子。

9.3.1　运算符

运算符用于执行程序运算及操作数据项目运算。在 MySQL 中运算符分为算术运算符、比较运算符、逻辑运算符、位运算符和赋值运算符等。

1. 算术运算符

算术运算符适用于数值类型数据的运算。常用的算术运算符及其作用如表 9-5 所示。

表 9-5　算术运算符及其作用

符号	作用
+	加法运算
−	减法运算
*	乘法运算
/	除法运算
div	除法运算，返回整数部分
%（或 mod）	求余运算，返回余数

在 MySQL 中若运算符 "+" "−" "*" 的操作数都是无符号整型，则运算结果也是无符号整型。运算符 "/" 在 MySQL 中用于除法运算，且运算结果使用浮点数表示，其浮点数的精度值等于被除数的精度值加上系统变量 div_precision_increment 设置的除法精度增长值。运算符 div 进行运算时会去掉结果中的小数部分，只返回整数部分。运算符 "%" 和 mod 在 MySQL 中的功能相同，用于取模（求余），其运算结果的正负与被模数（"%" 左边的操作数）的正负相同，与模数（"%" 右边的操作数）的正负无关。

2. 比较运算符

比较运算符通常用于各类条件表达式中，常用的比较运算符如表 9-6 所示。

表 9-6　比较运算符

符号	作用
=	等于
<	小于

符号	作用
<=	小于等于
>	大于
>=	大于等于
<>或!=	不等于
LIKE '区配模式'	获取匹配到的数据
IS	比较一个数据是否是 TRUE、FALSE 或 UNKNOWN，若是则返回 1，否则返回 0
IS NOT	比较一个数据是否是 TRUE、FALSE 或 UNKNOWN，若不是则返回 1，否则返回 0
IS NULL	比较一个数据是否是 NULL，若是返回 1，否则返回 0
BETWEEN ...AND ...	比较一个数据是否在指定的闭区间范围内，若在则返回 1，若不在则返回 0

在数值的比较、字符串的匹配等方面会使用 LIKE、BETWEEN...AND 和 IS NULL 等运算符，在正则表达式中用 REGEXP 作为比较运算符，在 MySQL 中通过比较运算符运算得出的结果值有 3 种，分别为 TRUE（用 1 表示真）、FALSE（用 0 表示假）、NULL（表示为空）。

3. 逻辑运算符

逻辑运算符通常用于条件表达式的逻辑判断，与比较运算符配合运用，常用的逻辑运算符及其作用如表 9-7 所示。参与逻辑运算的操作数以及逻辑判断的结果是 3 种布尔型值，分别是真值（1 或 TRUE）、假值（0 或 FALSE）和空值（NULL）。

表 9-7 逻辑运算符及其作用

符号	作用
AND 或&&	用于执行逻辑与运算，若操作数全为真（1），则结果为真（1）；否则为假（0）
OR 或||	用于执行逻辑或运算，若操作数中有一个为真（1），则结果为真（1）；否则为假（0）
NOT 或!	用于执行逻辑非运算，若操作数为真（1），则结果为假（0）；若操作数为假（0），则结果为真（1）
XOR	用于执行逻辑异或运算，若操作数中的一个为真（1），一个为假（0），则结果为真（1）；若操作数全为真（1）或全为假（0），则结果为假（0）

下面分别介绍不同的逻辑运算符的使用方法。

逻辑非运算符 NOT 或者!：当操作数为 0 时，返回值为 1；当操作数为非 0 值时，返回值为 0；当操作数为 NULL 时，返回值为 NULL。

逻辑与运算符 AND 或者&&：当所有操作数均为非 0 值并且不为 NULL 时，返回值为 1；当一个或多个操作数为 0 时，返回值为 0；其余情况返回值为 NULL。

逻辑或运算符 OR 或者||：当两个操作数均为非 NULL 值且任意一个操作数为非 0 值时，返回值为 1，否则返回值为 0；当有一个操作数为 NULL 且另一个操作数为非 0 值时，返回值为 1，否则返回值为 NULL；当两个操作数均为 NULL 时，返回值为 NULL。

逻辑异或运算符 XOR：当任意一个操作数为 NULL 时，返回值为 NULL；对于非 NULL 的操作数，若两个操作数都不是 0 或者都是 0，则返回值为 0；若一个操作数为 0，另一个操作数为非 0 值，则返回值为 1。

4. 位运算符

位运算符是针对二进制数的每一位进行运算的符号，运算的结果类型为 BIGINT，最大可以是 64 位，常用的位运算符及其作用如表 9-8 所示。

表 9-8 位运算符及其作用

符号	作用
&	用于执行按位与运算，将参与运算的两个数据按对应的二进制数逐位进行逻辑与运算。若对应的二进制位都为 1，则该位的运算结果为 1，否则为 0
|	用于执行按位或运算，将参与运算的两个数据按对应的二进制数逐位进行逻辑或运算。若对应的二进制位有一个或两个为 1，则该位的运算结果为 1，否则为 0
^	用于执行按位异或运算，将参与运算的两个数据按对应的二进制数逐位进行逻辑异或运算。当对应的二进制位不同时，对应位的结果为 1。如果两个对应位都为 0 或者都为 1，则对应位的结果为 0
<<	用于执行按位左移运算，使指定的二进制值的所有位都左移指定的位数。在左移指定位数之后，左边高位的数值将被移出并丢弃，右边低位空出的位置用 0 补齐。 语法格式为：表达式<<n，这里 n 指定要移的位数
>>	用于执行按位右移运算，使指定的二进制值的所有位都右移指定的位数。在右移指定位数之后，右边高位的数值将被移出并丢弃，左边低位空出的位置用 0 补齐。 语法格式为：表达式>>n，这里 n 指定要移的位数
~	用于执行按位取反运算，将参与运算的数据按对应的二进制数逐位反转，即 1 变为 0，0 变为 1

位运算必须先将数据转换为二进制，然后在二进制格式下进行操作，运算完成后，将二进制的值转换为原来的类型，返回给用户。

5. 赋值运算符

赋值运算符是一个特殊的运算符，可以用于赋值，也可以用于比较数据是否相等。为确切表达其意义，用于赋值运算的符号为":="，在 MySQL 的 INSERT ... SET 和 UPDATE ...SET 语句中出现的运算符 "=" 也认为是赋值运算符。赋值运算符的优先级最低。

6. 运算符的优先级

运算符的优先级决定了运算符在表达式中计算的先后顺序。表 9-9 列出了 MySQL 中的各类运算符及其优先级。

表 9-9　运算符及其优先级

优先级（由低到高）	运算符
1	=（赋值运算）、:=
2	II、OR（逻辑或）
3	XOR（逻辑异或）
4	&&、AND（逻辑与）
5	NOT（逻辑非）
6	=（比较运算）、<=>、>=、>、<=、<、<>、!=
7	REGEXP ,BETWEEN　… and ,CASE …WHEN…THEN…ELSE…,IS,LIKE,IN
8	|（按位或）
9	&（按位与）
10	<<（按位左移）、>>（按位右移）
11	–（减法运算）、+（加法运算）
12	*（乘法运算）、/（除法运算）、%（取余运算）
13	^（按位异或）
14	–（负号）、~（按位取反）
15	!

一般情况下，级别高的运算符优先进行计算。如果级别相同，MySQL 按表达式的顺序从左到右依次计算，只有赋值运算符是从右到左计算。

另外，可以使用圆括号"()"来改变运算符的优先级，并且这样会使计算过程更加清晰。

9.3.2　表达式

在 MySQL 中，表达式是一段逻辑代码的表达，通常会涉及常量、变量、运算符和函数等，常见的表达式有如下几种类型。

1．一般表达式

（1）常量或常数表达式。

一个常量就是一个最简单的表达式，如数值常量 0 和字符串常量'abc'，分别表达一个具体数据，另外常量也可以作为函数表达式中的参数或是 SELECT 语句的输出内容。

例如，SELECT 1,'hello',SQRT(4);。

（2）变量定义表达式。

变量定义表达式的语法格式如下。

```
DECLARE　变量名　数据类型;
```

2．赋值语句表达式

（1）SET 赋值表达式。

例如，SET　@xh='20220001';。

（2）SELECT 赋值表达式。

例如，SELECT　@xm :=姓名 FROM xs　WHERE　学号='001101';和 SELECT

CONCAT('my','sql');，其中 CONCAT() 为字符信息拼接函数。

3. 条件表达式

（1）IF 语句中的表达式，如 IF(条件表达式,表达式 1,表达式 2)。

（2）模糊匹配表达式，如 LIKE 或 NOT LIKE 语句表达式。

（3）CASE 语句表达式。

任务 4 函数

函数是在数据库中定义的一些 SQL 语句的集合，主要用于计算并返回一个值。函数可以用来对数据表中的数据进行相应的处理，以便得到用户希望的数据。

在 MySQL 中，函数分为系统提供的内部函数和用户自定义函数两大类。

9.4.1 内部函数

MySQL 提供的内部函数就像预定义的公式一样存放在数据库里，每个用户都可以调用已经存在的函数来实现某些特定的功能，简化用户的操作。这些内部函数主要有数学函数、数据类型转换函数、字符串函数、日期和时间函数、条件判断函数、系统信息函数、加密函数和格式化函数等。SELECT、INSERT、UPDATE 和 DELETE 语句及其子句（例如 WHERE、ORDER BY、HAVING 等子句）中都可以使用内部函数。

MySQL 提供了大量且丰富的函数，本小节将简要介绍一些常用的内部函数，这些函数和其他函数的详细解释可以参考官方手册 MySQL 5.7 Reference Manual。

1. 数学函数

数学函数主要用于处理数字。常用的数学函数及其功能如表 9-10 所示。

表 9-10 数学函数及其功能

函数	功能
ABS(x)	获取 x 的绝对值
MOD(x,y)	求模运算，与 $x\%y$ 的功能相同
SQRT(x)	求 x 的平方根
POW(x,y) 或 POWER(x,y)	幂运算函数，用于计算 x 的 y 次方
EXP(x)	计算 e（自然对数的底约为 2.71828）的 x 次方
LOG(x)	计算 x 的自然对数
LOG10(x)	计算以 10 为底的对数
SIN(x)	正弦函数，用于计算正弦值
ASIN(x)	反正弦函数，用于计算反正弦值
ROUND($x,[y]$)	计算离 x 最近的整数；若设置参数 y，该函数的功能与 FORMAT(x,y) 的功能相同
CEIL(x) 或 CEILING(x)	返回大于等于 x 的最小整数
FLOOR(x)	返回小于等于 x 的最大整数

续表

函数	功能
TRUNCATE(*x,y*)	返回小数点后保留 *y* 位的 *x*（舍弃多余小数位，不进行四舍五入）
FORMAT(*x,y*)	返回小数点后保留 *y* 位的 *x*（进行四舍五入）
SIGN	返回参数的符号
RAND()	默认返回[0,1]区间内的随机数
PI()	计算圆周率
ASCII(c)	返回字符 c 的 ASCII 值（ASCII 值范围为 0~255）
CHAR (c1,c2,c3,…)	将 c1、c2、c3……的 ASCII 值转换为字符，然后返回这些字符组成的字符串
BIN(*x*)	返回 *x* 的二进制数
CONV(*x*,code1,code2)	将 code1 进制的 *x* 变为 code2 进制的数

2. 数据类型转换函数

数据库管理和操作经常需要将指定的数据类型转换后才能获取想要的结果。常用的数据类型转换函数及其功能如表 9-11 所示。

表 9-11　数据类型转换函数及其功能

函数	功能
CONVERT(*x*,type)	以 type 类型返回 *x*，*x* 可以是任何类型的表达式
CONVERT(*x* USING 字符集)	以指定字符集返回 *x*，*x* 可以是任何类型的表达式
CAST(*x* AS type)	以 type 类型返回 *x*，*x* 可以是任何类型的表达式
UNHEX(*x*)	将 *x* 转换为十六进制，然后将其转换为由数字表示的字符

其中，参数 type 可以为 BINARAY、CHAR、DATE、TIME、DATETIME、DECIMAL、JSON、SIGNED [INTEGER]和 UNSIGNED [INTEGER]类型。

3. 字符串函数

字符串函数主要用于处理字符串。常用的字符串函数及其功能如表 9-12 所示。

表 9-12　字符串函数及其功能

函数	功能
LENGTH()	计算字符串长度的函数，返回字符串的字节长度
CONCAT()	合并字符串的函数，返回结果为连接参数产生的字符串，参数可以是一个或多个
INSERT()	替换字符串函数
LOWER()	将字符串中的字母转换为小写
UPPER()	将字符串中的字母转换为大写
LEFT()	从左侧截取字符串，返回字符串左边的若干个字符

续表

函数	功能
RIGHT()	从右侧截取字符串，返回字符串右边的若干个字符
TRIM()	删除字符串左右两侧的空格
REPLACE()	字符串替换函数，返回替换后的新字符串
SUBSTRING()	截取字符串，返回从指定位置开始的指定长度的字符串
REVERSE()	字符串反转（逆序）函数，返回与原始字符串顺序相反的字符串
STRCMP()	比较两个字符串的大小
INSTR()	返回子串在一个字符串中第一次出现的位置。与 LOCATE() 和 POSITION() 函数等价，但其中的参数顺序不同
REPEAT()	重复指定次数的字符串，并保存到一个新字符串中
SPACE()	重复指定次数的空格，并保存到一个新字符串中

4. 日期和时间函数

日期和时间函数主要用于处理日期和时间。常用的日期和时间函数及其功能如表 9-13 所示。

表 9-13　日期和时间函数及其功能

函数	功能
CURDATE()和 CURRENT_DATE()	两个函数的作用相同，返回当前系统的日期值
CURTIME()和 CURRENT_TIME()	两个函数的作用相同，返回当前系统的时间值
NOW()和 SYSDATE()	两个函数的作用相同，返回当前系统的日期和时间值
UNIX_TIMESTAMP()	获取 UNIX 时间戳函数，返回一个以 UNIX 时间戳为基础的无符号整数
FROM_UNIXTIME()	将 UNIX 时间戳转换为时间格式，与 UNIX_TIMESTAMP() 互为反函数
YEAR()	获取年份，返回值范围是 1970～2069
MONTH()	获取指定日期中的月份
WEEK()	获取指定日期是一年中的第几周，返回值的范围是 0～52 或 1～53
DATE_FORMAT()	格式化指定的日期，根据参数返回指定格式的值
WEEKDAY()	获取指定日期在一周内对应的工作日索引
MONTHNAME()	获取指定日期中的月份英文名称
DAYNAME()	获取指定日期对应的星期几的英文名称
DAYOFWEEK()	获取指定日期对应的一周的索引值
DAYOFYEAR()	获取指定日期是一年中的第几天，返回值范围是 1～366
DAYOFMONTH()	获取指定日期是一个月中的第几天，返回值范围是 1～31
TIME_TO_SEC()	将时间参数转换为秒数
SEC_TO_TIME()	将秒数转换为时间，与 TIME_TO_SEC() 互为反函数

函数	功能
DATE_ADD()和 ADDDATE()	两个函数的功能相同，都是向日期中添加指定的时间间隔
DATE_SUB()和 SUBDATE()	两个函数的功能相同，都是从日期中减去指定的时间间隔
ADDTIME()	时间加法运算，用于在原始时间上添加指定的时间
SUBTIME()	时间减法运算，用于在原始时间上减去指定的时间
DATEDIFF()	用于获取两个日期的间隔，返回参数 1 减去参数 2 的值

5. 其他常用函数

系统信息函数主要用于获取 MySQL 数据库的系统信息。加密函数主要用于对字符串进行加密和解密。条件判断函数主要用于在 SQL 语句中控制条件选择。此外还有格式化函数和锁函数等。这些函数及其功能如表 9-14 所示。

表 9-14　其他常用函数及其功能

函数	功能
VERSION()	用于获取当前 MySQL 服务实例使用的 MySQL 版本号
DATABASE()	用于获取当前操作的数据库，与 SCHEMA()函数等价
USER()	用于获取登录服务器的主机地址及用户名，与 SYSTEM_USER()和 SESSION_USER()函数等价
CURRENT_USER()	用于获取某账户名允许通过哪些登录主机连接 MySQL 服务器
CONNECTION_ID()	用于获取当前 MySQL 服务器的连接 ID
MD5()	使用 MD5 计算并返回一个 32 位的字符串
AES_ENCRYPT()	使用密钥对字符串进行加密，默认返回一个 128 位的二进制数
AES_DECRYPT()	使用密钥对密码进行解密
SHA1()或 SHA()	利用安全散列算法加密 SHA-1 字符串，返回由 40 个十六进制数字组成的字符串
SHA2()	利用安全散列算法加密 SHA-2 字符串
ENCODE()	使用密钥对字符串进行编码，默认返回一个二进制数
DECODE()	使用密钥对密码进行解码
PASSWORD()	计算并返回一个 41 位的密码字符串

【例题 9.1】获取系统当前日期时间、MySQL 版本号、连接数和数据库名。

执行如下语句。

```
mysql> SELECT CURDATE(),VERSION(), CONNECTION_ID(), DATABASE();
```

9.4.2　用户自定义函数

用户可以根据需要编写自定义函数来实现某种特定的功能。

使用自定义函数可以避免重复编写相同的 SQL 语句，增强代码的重用性，减少客户端和服务器的数据传输。

微课视频

单元 9　MySQL
数据库编程基础（2）

1. 创建用户自定义函数

在 MySQL 中，使用 CREATE FUNCTION 语句来创建自定义函数，其语法格式如下。

```
CREATE FUNCTION 函数名 (参数名 数据类型,...)
RETURNS 返回值类型
[BEGIN]
    函数体
    RETURN 返回值数据;
[END]
```

（1）创建函数时，函数名不能与已经存在的函数重名。

（2）参数部分可以由多个参数组成。不同于存储过程，函数的参数类型只能是 IN。

（3）结构中定义的返回值数据类型必须与定义的返回值类型一致，否则，返回值将被强制转换为恰当的类型。

（4）函数体可以用 BEGIN...END 来表示 SQL 代码的开始和结束。

【例题 9.2】在学生成绩管理数据库 cjgl 中，创建根据学生表 xs 中的某个学号查询学生姓名的函数。

执行如下 SQL 语句。

```
mysql> DELIMITER //
mysql> CREATE FUNCTION func_xsxm(id char(6))
    -> RETURNS  CHAR(6)
    -> COMMENT '查询某个学生的姓名'
    -> RETURN (SELECT 姓名 FROM xs WHERE xs.学号= id);
    -> //
mysql> DELIMITER ;
```

代码中的 DELIMITER 是 MySQL 分隔符，在 MySQL 客户端中分隔符默认是分号。如果一次输入的语句较多，并且语句中间有分号，这时需要新指定一个特殊的分隔符（如//），告诉 MySQL 解释器语句是否已经结束。

本例中，通过命令 DELIMITER // 将 SQL 语句的分隔符由 ";" 修改为 "//"，最后通过语句 DELIMITER;将分隔符修改回默认的分隔符。

2. 调用用户自定义函数

在 MySQL 中，使用用户自定义函数的方法与使用内部函数的方法相同，使用 SELECT 关键字并指定函数的名称和参数即可。示例代码如下。

```
mysql> SELECT func_xsxm('001101');
+---------------------+
| func_xsxm('001101') |
+---------------------+
| 王金华              |
+---------------------+
1 row in set (0.00 sec)
```

3. 管理用户自定义函数

（1）可以用 SHOW CREATE FUNCTION 语句查看函数的定义。示例代码如下。

```
mysql> SHOW CREATE FUNCTION func_xsxm \G
```

（2）可以用 ALTER FUNCTION 语句查看函数状态及系统中的所有自定义函数。示例代码如下。

```
mysql> SHOW FUNCTION STATUS LIKE 'func_xsxm';
```

（3）可以用 ALTER FUNCTION 语句修改用户自定义函数。

（4）可以用 DROP FUNCTION 语句删除数据库中的函数。示例代码如下。

```
mysql> DROP FUNCTION IF EXISTS func_xsxm;
```

任务 5　流程控制

在 MySQL 中，可以使用流程控制语句来控制程序的流程。常用的流程控制语句有 IF 语句、CASE 语句、LOOP 语句、REPEAT 语句、WHILE 语句、LEAVE 语句、ITERATE 语句等。

9.5.1　顺序结构

顺序结构是指程序的执行顺序无逻辑跳转，依次按语句的先后顺序执行，即程序结构中无分支、无循环语句，顺序执行。示例代码如下。

```
BEGIN
    DECLARE  x1  INT default 1;
    DECLARE  x2  CHAR(2)  default  '男';
    ...
END;
```

9.5.2　分支结构及分支语句

分支结构是指程序根据是否满足条件来执行不同的语句。

在 MySQL 中，表达分支结构的分支语句有如下两种形式。

1. IF 语句

这种语句适用于 SQL 语句中的条件判断，其语法格式如下。

```
IF (条件表达式,表达式1,表达式2)
```

当条件表达式的值为真时，返回表达式 1 的值，否则返回表达式 2 的值。

2. IF ... THEN 语句

这种语句适用于在函数、存储过程等中实现复杂的 SQL 操作，其语法格式如下。

```
IF 条件表达式1  THEN 语句1
    ELSEIF  条件表达式2  THEN  语句2
    ...
    ELSE  语句n
END IF
```

当条件表达式 1 为真时，就执行对应的语句 1，否则，就继续判断条件表达式 2 的真假，若为真则执行语句 2，如此完成所有的判断后，若所有的条件表达式都为假，则执行 ELSE 后的语句 *n*。

3. CASE 语句

CASE 语句提供了多个条件进行选择。它有两种语法格式。

（1）语法格式1。

```
CASE 条件表达式
    WHEN 表达式1  THEN  语句1
    [WHEN 表达式2  THEN  语句2]
    ...
    [ELSE  语句n]
END CASE
```

将 CASE 的条件表达式与 WHEN 后的子句的表达式进行比较，直到与其中的一个表达式的值相等，执行 THEN 后对应的语句。

（2）语法格式2。

```
CASE
    WHEN 条件表达式1  THEN  语句1
    [WHEN 条件表达式2  THEN  语句2]
    ...
    [ELSE 语句n]
END CASE
```

与语法格式 1 不同的是，语法格式 2 中的 WHEN 语句将被逐个执行，直到某个条件表达式为真，则执行后面对应的语句。如果没有条件匹配，则执行 ELSE 子句里的语句。

【例题 9.3】输出成绩的不同等级（优、良、及格、不及格）。

打开 MySQL Workbench 图形化工具，在查询窗口编辑如下语句并执行，结果如图 9-1 所示。

```
SELECT  xh,cj,
    (CASE  WHEN  cj>=90  THEN  '优'
           WHEN  cj<90 AND cj>=80  THEN  '良'
           WHEN  cj<80 AND cj>=60  THEN  '及格'
           ELSE    '不及格'
    END)  AS '成绩等级'
FROM  cj;
```

学号	成绩	成绩等级
001101	80	良
001101	78	及格
001101	76	及格
001102	78	及格
001102	78	及格
001103	62	及格
001103	70	及格
001103	81	良
001104	90	优

图 9-1　例题 9.3 的运行结果

9.5.3 循环结构及循环语句

循环结构是程序中常见的结构，循环语句指的是符合指定条件的情况下，重复执行的一段代码。在 MySQL 中实现循环结构的语句有 3 种：LOOP、REPEAT 和 WHILE 循环语句。

（1）LOOP 循环语句用于实现一个简单的循环操作，基本语法格式如下。

```
[标签：] LOOP
    语句列表
END  LOOP [标签]
```

【例题 9.4】LOOP 循环语句的示例。

通过 MySQL 命令行客户端执行如下语句。

```
DELIMITER  //                       # 更改分隔符为//
DROP PROCEDURE IF EXISTS test1;        # 如果存在 test1 存储过程则删除
CREATE PROCEDURE test1()               # 创建无参存储过程 test1
BEGIN
    DECLARE i INT;               # 声明变量
    SET i = 0;                   # 为变量赋值
    lp : LOOP                    # lp 为循环体名
        INSERT INTO test VALUES(i+11,'test','20');     # 向 test 表中添加数据
        SET i = i + 1;           # 每循环一次，i 加 1
        IF i > 10 THEN           # 结束循环的条件：当 i 大于 10 时跳出 LOOP 循环
            LEAVE lp;
        END IF;
    END LOOP;
    SELECT * FROM test;          # 查看 test 表的数据
END
//
CALL test();                        # 调用存储过程
DELIMITER ;                     # 重新将分隔符设置为;
```

（2）REPEAT 循环语句通常用于循环执行符合条件表达式的操作，其语法格式如下。

```
[标签：] REPEAT
    语句列表
UNTIL  条件表达式  END REPEAT [标签];
```

【例题 9.5】REPEAT 循环语句的示例。

主要代码如下。

```
SET i = 0;
REPEAT
    INSERT INTO test VALUES(i+11,'test','20');     # 向 test 表中添加数据
    SET i = i + 1;                                 # 循环一次，i 加 1
UNTIL i > 10 END REPEAT;                           # 当 i 大于 10 时跳出 REPEAT 循环
```

（3）在执行 WHILE 循环语句时，要先满足条件表达式，否则不会执行对应的循环操作语句，其语法格式如下。

```
[标签:] WHILE 条件表达式  DO
       语句列表
END WHILE [标签]
```

【例题 9.6】WHILE 循环语句的示例。

主要代码如下。

```
SET i = 0;
WHILE i<5 DO                                  # 当 i 大于等于 5 时跳出 WHILE 循环
    INSERT INTO test VALUES(i+11,'test','20'); # 向 test 表中添加数据
    SET i = i+1;                              # 循环一次，i 加 1
END WHILE;
```

任务 6　游标

在开发数据库应用程序时，经常需要使用 SELECT 语句查询数据库，查询返回的数据存放在结果集中。用户在得到结果集后，需要逐行逐列地获取其中存储的数据，从而在应用程序中使用这些值。游标就是一种定位并控制结果集的机制。

1. 游标的作用

在使用 SELECT 语句时，虽然可以通过 WHERE 子句来限制只有一条记录被选中，但没法对结果集中的记录进行逐条单独处理，这需要借助游标机制来实现。

游标是一种数据访问机制，允许用户访问包含多条数据记录的结果集中的某一行，类似 C 语言中指针的功能。一般通过游标定位到结果集的某一行并进行浏览或修改。

2. 使用游标

游标的使用包括声明游标、打开游标、使用游标和关闭游标 4 个环节。

（1）声明游标。

游标必须先声明再使用，声明游标的语法格式如下。

```
DECLARE  游标名 CURSOR  FOR  SELECT 语句;
```

SELECT 语句中可以根据需要添加 WHERE 和其他子句，返回一行或多行数据。

声明游标的目的是使游标与指定产生游标结果集的 SELECT 语句相关联，但此时 SELECT 语句并没有执行，MySQL 服务器的内存中并没有 SELECT 语句的查询结果集。

例如，声明一个名为 xsCursor 的游标，SQL 语句如下。

```
DECLARE xsCursor CURSOR FOR SELECT * FROM xs;
```

（2）打开游标。

声明游标之后，要想从游标中提取数据，必须先打开游标，使 SELECT 结果集存储到 MySQL 服务器的内存中。其语法格式如下。

```
OPEN 游标名;
```

打开一个游标时，游标并不指向第一条记录，而是指向第一条记录前。

在程序中，一个游标可以打开多次。用户打开游标后，其他用户或程序可能正在更新数据表，所以有时会导致用户每次打开游标，显示的结果都不同。

（3）使用游标。

游标打开后，可以使用 FETCH...INTO 语句来读取 SELECT 结果集中的数据，每访问一次，FETCH 语句就读取一行记录，将检索出来的数据存放到对应的变量中，获取数据后游标的内部指针就会指向下一条记录。使用游标的语法格式如下。

```
FETCH [[NEXT] FROM] 游标名  INTO  变量名1,...;
```

变量必须在游标使用之前定义，且变量的个数必须与声明游标时通过 SELECT 语句查询的结果集的列数保持一致，否则游标提取数据会失败。

在用 FETCH 语句检索所有数据时，需要用到循环语句，最常用的是 REPEAT 循环语句。

MySQL 的游标是只读的，能顺序地从前往后读取结果集，不能从后往前读取，也不能直接跳到中间读取记录。当利用 FETCH 语句从游标中检索出最后一条记录后，再次执行 FETCH 语句，将显示"ERROR 1329(02000):No data to FETCH"错误信息。使用游标时通常利用 DECLARE...HANDLER 语句处理该错误，以结束游标的循环遍历。

（4）关闭游标。

游标使用完后要及时关闭，以释放游标占用的资源。在 MySQL 中，关闭游标的语法格式如下。

```
CLOSE 游标名;
```

如果不关闭游标，MySQL 将会在执行 END 语句时自动关闭它。

游标关闭后，如果需要再次利用游标检索数据，仅需使用 OPEN 语句打开游标即可，不需要再次声明。

【例题 9.7】定义一个存储过程 testcursor，在其中声明一个名为 CrsXs 的游标，使用游标显示学生表中女同学的学号、姓名和总学分。

在查询窗口中输入如下语句并执行。

```
DELIMITER  //
USE cjgl//
CREATE PROCEDURE test_cursor( )
BEGIN
DECLARE MARK TINYINT(1);      -- 声明一个标志变量
DECLARE xh CHAR(6);
DECLARE xm CHAR(8);
DECLARE zxf TINYINT(1);
DECLARE CrsXs CURSOR FOR  SELECT 学号,姓名,总学分  FROM xs WHERE 性别=2 ORDER BY 学
号;     -- 注意:性别为枚举类型,性别为女不能写成"性别='女'"
-- 注意: SQLSTATE 为 02000 时,表示没有读取到数据,把标志变量设为 1
DECLARE CONTINUE HANDLER FOR SQLSTATE '02000' SET MARK=1;
```

```
OPEN CrsXs;              -- 使用 OPEN 语句打开游标
REPEAT
  FETCH  CrsXs INTO xh,xm,zxf;    --当利用 FETCH 语句从游标中检索出最后一条记录后，使用
FETCH 语句获取数据并传给变量列表
  SELECT  xh,xm,zxf ;
--当 FETCH 语句从游标中检索出最后一条记录后，MARK 为 1（真），结束游标的循环遍历
  UNTIL MARK
END REPEAT;
CLOSE CrsXs;            -- 使用 CLOSE 语句关闭游标，结束游标的操作并释放资源
END //
DELIMITER  ;
```

调用存储过程 test_cursor，执行的语句如下，执行
结果如图 9-2 所示，从中可以看到学生表中最后一条女
生的相关数据。

	xh	xm	zxf
▶	001221	刘敏	42

图 9-2　调用存储过程 test_cursor 的结果

```
CALL test_cursor( );
```

单元小结

本单元简要介绍了 MySQL 编程的基础知识，包括常数、变量、运算符及表达式的用法，常用的 MySQL 内部函数和用户自定义函数的用法，程序的基本结构及流程控制语句的使用方法，游标的定义和使用方法。通过对本单元的学习，读者应具备基本的数据库编程能力。

实验 11　MySQL 数据库编程

一、实验目的

1. 了解并掌握变量、运算符与表达式的用法。
2. 了解并掌握 MySQL 程序结构与流程控制语句的使用方法。
3. 掌握游标的使用方法。

二、实验内容

1. 定义两个用户自定义变量，然后运用该变量进行加、减、乘、除运算，将各结果输出。
2. 在人力资源管理数据库 HR 中，统计 IT 部门的人数。
3. 在人力资源管理数据库 HR 中，查询 HIRE DATE 在 1990 年以前的所有员工。
4. 计算当前时间 50 天后的日期信息。
5. 输出 1～100 中能被 5 整除的数。
6. 运用游标实现将 1986 年～1990 年入职的员工信息输出。

三、实验步骤

1. 启动 MySQL Workbench 图形化工具，在工具栏中单击"新建查询选项卡"按钮，打开查询窗口，输入如下代码。

```
SET  @x1=10;
SET  @x2=20;
```

```
SELECT  @x1+@x2;
SELECT  @x1-@x2;
SELECT  @x1*@x2;
SELECT  @x1/@x2;
```

执行上述语句，查看运算的结果。

2. 在查询窗口输入如下代码。

```
USE hr;
SELECT  COUNT(department_id)  AS  IT部门人数
FROM  employees  WHERE Department_id='IT';
```

执行上述语句，得到查询结果。

3. 在查询窗口输入如下代码。

```
USE hr;
SELECT  * FROM  employees  WHERE  Hire_date<'1990-1-1';
```

执行上述语句，得到查询结果。

4. 在查询窗口输入如下代码。

```
SELECT DATE_ADD(CURDATE(),INTERVAL 50 day);
```

执行上述语句，即可得到 50 天后的日期信息，注意这里用一个相对系统的日期作为 DATE_ADD()函数的第一个参数。

5. 在查询窗口输入如下代码。

```
DELIMITER //
CREATE PROCEDURE dofor(OUT outans VARCHAR(1000))
BEGIN
    DECLARE i INT DEFAULT 0;
    DECLARE res VARCHAR(1000) DEFAULT '';
    WHILE i <= 100  DO
     IF  i%5=0  THEN
       SET res = CONCAT(res,' ',i);
       END IF;
       SET i = i + 1;
     END WHILE;
     SELECT res INTO outans;
END //
DELIMITER ;
SET @outans='';
CALL dofor(@outans);
SELECT @outans;
```

6. 在查询窗口输入如下代码。

```
DELIMITER //
CREATE PROCEDURE proc_2()
BEGIN
    DECLARE emp_id INT;
    DECLARE fname VARCHAR(100) character SET utf8;
    DECLARE lname VARCHAR(100) character SET utf8;
```

```
    DECLARE  done   INT  DEFAULT 0;              -- 声明游标
    DECLARE hr_info CURSOR FOR SELECT employee_id,firstname,lastname  FROM
employees  WHERE  hire_date  BETWEEN  '1986-1-1'  AND '1990-1-1';
    DECLARE   CONTINUE  handler FOR not found   SET done = 1;
    OPEN  hr_info;              -- 打开游标
    FETCH   hr_info  INTO  emp_id,fname,lname;       -- 获取结果

    SELECT  emp_id,fname,lname;                    --显示获取的结果
    CLOSE   hr_info;             -- 关闭游标
END //
DELIMITER ;
```

运行该存储过程，测试结果。

习题 9

一、填空题

1. 使用 INT 类型保存数字 1 占用的字节数是_____。
2. 创建数据表时需为列指定数据类型，用于表达字符类型的数据类型有_____。
3. MySQL 数据类型中用于存储整数并且占用字节数最小的是_____。
4. 使用 MySQL 提供的_____语句可以自定义新的分隔符号。

二、判断题

1. 数据表中的列一定有一种合适的数据类型与之匹配。（   ）
2. TEXT 类型存储的最大字节数为 65535。（   ）
3. ENUM 类型的数据只能从枚举列表中选取，并且只能选取一个。（   ）

三、选择题

1. 下列选项中，用于存储整数的是（   ）。
   A. FLOAT   B. DOUBLE   C. MEDIUMINT   D. VARCHAR
2. 下列选项中，适合存储文章内容或评论的数据类型是（   ）。
   A. CHAR   B. VARCHAR   C. TEXT   D. VARBINARY
3. 下列选项中，属于日期和时间函数的是（   ）。
   A. DECIMAL(6, 2) B. DATE()   C. YEAR()   D. TIMESTAMP()
4. 下面关于 DECIMAL(6, 2)的说法中，正确的是（   ）。
   A. 它不可以存储小数
   B. 6 表示数据的长度，2 表示小数点后数字的长度
   C. 6 表示最多的整数位数，2 表示小数点后数字的长度
   D. 总共最多允许存储 8 位数字

四、简述题

1. 请简述 CHAR、VARCHAR 和 TEXT 数据类型的区别。
2. 请简述系统变量与用户自定义变量的区别。

单元 ⑩ 存储过程与触发器

单元目标

【知识目标】

- 理解存储过程的概念和作用。
- 理解触发器的概念、分类和作用。

【技能目标】

- 能根据需要创建、调用和删除存储过程。
- 能根据需要创建、删除触发器。
- 在实际应用开发时能够灵活运用存储过程，以提高开发效率。

【素质目标】

培养学生吃苦耐劳的品质，增强创新创业意识和法治意识。

任务1 存储过程

微课视频

10-1 存储过程

在数据库管理中，使用的除了函数外，还有存储过程。存储过程是一种数据库对象，是存储在服务器上的一组预定义的 SQL 语句集合。

使用存储过程的目的是将常用或复杂的工作预先用 SQL 语句写好并用一个指定名称存储起来，这个过程经编译和优化后存储在数据库服务器中，因此称为存储过程。当以后需要数据库提供与已定义好的存储过程的功能相同的服务时，只需调用存储过程即可。

存储过程是数据库中的一个重要功能，存储过程可以用来完成转换数据、迁移数据、制作报表等数据库管理中的复杂操作，以减少数据库管理员的工作量。由于存储过程是在 MySQL 服务器中存储和执行的，因此可以避免重复编写相同的代码，减少客户端和服务器端的数据传输，执行速度快，提高系统性能。存储过程中通过流程控制语句可以完成较复杂的判断和运算，实现更强的功能。此外，存储过程也可以增强数据库使用的安全性和数据完整性。

存储过程具有与函数不同的特点，两者区别如下。

（1）语法定义的关键字不同，存储过程使用 PROCEDURE，而函数使用 fUNCTION。

（2）存储过程在创建时没有设置返回值，而函数定义时必须设置返回值。

（3）存储过程没有返回值类型，且不能将结果直接赋给变量；而函数定义时要设置返回值类型，且在调用时必须将返回值赋给变量。

（4）存储过程必须通过 CALL 调用，不能用 SELECT 语句调用；而函数可以直接使用 SELECT 语句调用。

10.1.1 创建存储过程

1. 创建存储过程

创建存储过程与创建自定义函数大体相同，其语法格式如下。

```
CREATE PROCEDURE 存储过程名( [ [ IN | OUT | INOUT ] 参数名   数据类型] )
  存储过程体
```

（1）PROCEDURE：存储过程标识。

（2）IN|OUT|INOUT：在为存储过程设置参数时，在参数名前可指定参数的来源及用途。其中 IN 为默认值，表示输入参数，即参数是在调用存储过程时传入存储过程里使用，传入的数据可以是直接数据，也可以是保存的数据变量；OUT 表示输出参数，初始值为 NULL，它的作用是将存储过程中的值保存到 OUT 指定的参数中，返回给调用者；INOUT 表示输入输出参数，INOUT 参数跟 OUT 类似，都可以从存储过程内部传值给调用者，不同的是调用者还可以通过 INOUT 参数传值给存储过程。

（3）存储过程体：存储过程的主体部分，包含在存储过程调用的时候必须执行的 SQL 语句。这个部分以关键字 BEGIN 开始，以关键字 END 结束。若存储过程体中只有一条 SQL 语句，则可以省略 BEGIN 和 END 关键字。

【例题 10.1】在 cjgl 数据库中创建一个名称为 proc_rjxs 的存储过程，其功能是显示学生表 xs 中软件技术专业的学生的信息。

执行如下语句。

```
USE cjgl ;
CREATE PROCEDURE proc_rjxs()
SELECT * FROM xs  WHERE 专业名='软件技术';
```

【例题 10.2】在 cjgl 数据库中创建一个名称为 proc_xsxx 的存储过程，其功能是根据给定的学号显示相应学生的信息。

执行如下语句。

```
DELIMITER //
USE cjgl;
CREATE PROCEDURE proc_xsxx (xh CHAR(6))
BEGIN
  SELECT * FROM xs WHERE 学号=xh;
END//
DELIMITER ;
```

【例题 10.3】在 cjgl 数据库中创建一个带输入输出参数的存储过程 proc_xmxh，其功能是根据给定的学生姓名返回相应学生的学号。

执行如下语句。

```
DELIMITER //
USE cjgl;
CREATE PROCEDURE proc_xmxh (IN xm CHAR(8),OUT xh CHAR(6))
```

```
BEGIN
  SELECT 学号 INTO xh FROM xs WHERE 姓名=xm;
END//
DELIMITER ;
```

2. 调用存储过程

在 MySQL 中使用 CALL 语句来调用存储过程，其语法格式如下。

```
CALL 存储过程名([参数[...]]);
```

【例题 10.4】调用存储过程 proc_rjxs，显示学生表 xs 中软件技术专业的学生的信息。调用存储过程 proc_xsxx，显示学号为 001101 的学生的信息。调用存储过程 proc_xmxh，查询学生"王金华"的学号。

分别执行如下语句。

```
CALL proc_rjxs();
CALL proc_xsxx ('001101');
CALL proc_xmxh('王金华',@ xh);
SELECT @xh;
```

10.1.2　管理存储过程

1. 查看存储过程

（1）查看存储过程的定义。

在 MySQL 中可以通过 SHOW CREATE 语句查看存储过程的定义，其语法格式如下。

```
SHOW CREATE PROCEDURE 存储过程名;
```

如 SHOW CREATE PROCEDURE proc_rjxs;。

（2）查看存储过程的状态信息。

在 MySQL 中可以通过 SHOW STATUS 语句查看存储过程的状态，其语法格式如下。

```
SHOW PROCEDURE STATUS LIKE 存储过程名;
```

如 SHOW PROCEDURE STATUS LIKE proc_xsxx;。

2. 修改存储过程的特征信息

在实际数据库管理中，业务需求更改的情况时有发生，因此不可避免地要对已创建的存储过程做修改，可以使用 ALTER PROCEDURE 语句修改存储过程的某些特征，其语法格式如下。

```
ALTER PROCEDURE 存储过程名 [ 特征 ... ]
```

特征用于指定存储过程的特性，特征内容主要包括如下选项，其中特征信息的顺序可任意设置。

（1）COMMENT '注释内容'：表示注释信息。

（2）CONTAINS SQL：表示子程序包含 SQL 语句，但不包含读或写数据的语句。

（3）NO SQL：表示子程序中不包含 SQL 语句。

（4）SQL SECURITY　DEFINER：表示只有定义者才有权执行存储过程。

（5）SQL SECURITY　INVOKER：表示调用者有权执行存储过程。

（6）READS SQL DATA：表示子程序中包含读数据的语句。

（7）MODIFIES SQL DATA：表示子程序中包含写数据的语句。

注意 ALTER PROCEDURE 语句不能用来修改存储过程体。如果要修改存储过程的内容，可以先删除原存储过程，再以相同的名字创建新的存储过程；如果要修改存储过程的名称，可以先删除原存储过程，再以不同的名字创建新的存储过程。

【例题 10.5】修改存储过程 proc_rjxs 的定义，将读写权限改为 MODIFIES SQL DATA，并指明可调用者。

代码如下。

```
ALTER PROCEDURE  proc_rjxs  MODIFIES SQL DATA SQL SECURITY INVOKER;
```

3. 删除存储过程

在 MySQL 中，可使用 DROP PROCEDURE 语句来删除数据库中已经存在的存储过程，其语法格式如下。

```
DROP PROCEDURE [ IF EXISTS ]存储过程名;
```

【例题 10.6】删除名为 proc_rjxs 的存储过程。

代码如下。

```
DROP PROCEDURE IF EXISTS proc_rjxs;
```

10.1.3　使用 MySQL Workbench 图形化工具创建和管理存储过程

使用 MySQL Workbench 图形化工具可以方便快捷地创建和管理存储过程。

1. 创建存储过程

【例题 10.7】在 cjgl 数据库中创建一个名称为 proc_wlxs 的存储过程，其功能是显示学生表 xs 中网络技术专业的学生的信息。

打开 MySQL Workbench 图形化工具，在工具栏中单击 "Create a new stored procedure" 按钮，即可打开新建存储过程界面，如图 10-1 所示。

图 10-1　新建存储过程界面

在创建存储过程的界面中，设置存储过程的名称和定义，单击 Apply 按钮，可以预览当前操作的 SQL 语句，如图 10-2 所示。然后单击 Apply 按钮，在弹出的对话框中单击 Finish 按钮，即可完成存储过程 proc_wlxs 的创建。

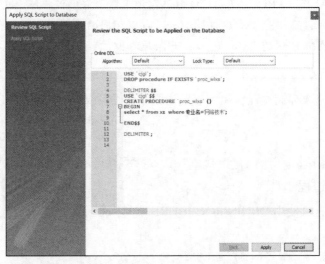

图 10-2　新建存储过程的 SQL 语句

调用存储过程 proc_wlxs，结果如图 10-3 所示。

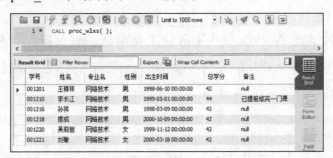

图 10-3　调用存储过程 proc_wlxs 的结果

2. 管理存储过程

在 SCHEMAS 栏中，展开 cjgl 数据库中的 Stored Procedures，在存储过程 proc_rjxs 上右击，通过弹出式菜单，可以实现创建存储过程、修改存储过程、删除存储过程等操作，如图 10-4 所示。

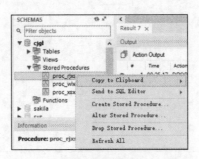

图 10-4　管理存储过程的弹出式菜单

任务2 触发器

微课视频

10-2 触发器

10.2.1 触发器概述

触发器是一种特殊类型的存储过程，与存储过程的区别在于存储过程通过调用实现，而触发器不能被显式地调用，只有在预先定义好的事件发生时，才会被激活从而被执行。触发器与数据表关联，在 MySQL 中，只有执行 INSERT、UPDATE 和 DELETE 操作时才能激活触发器，其他 SQL 语句则不会激活触发器。例如，向数据表中插入数据前强制检验或转换数据，或在触发器中的代码执行发生了错误后撤销已执行成功的操作等。

触发器主要用于加强业务规则和数据完整性。触发器可以实现比 CHECK 约束更复杂的检查和操作，以保护表中的数据。可以由触发器通过数据库中的相关表进行级联无痕更新操作，实现对数据的完全校验，在一定程度上保证了数据的完整性。一般在使用触发器前应优先考虑用约束，在必要时才使用触发器。

使用触发器的不足之处是如果需要变动的数据量较大，触发器的执行效率会非常低。使用触发器实现的业务逻辑在出现问题时很难进行定位，特别是在涉及多个触发器的情况下，会增加维护成本。

根据触发事件，触发器分为 3 种：INSERT 触发器、UPDATE 触发器和 DELETE 触发器。根据触发器发生的时机，触发器可分为 BEFORE 触发器和 AFTER 触发器。

10.2.2 创建触发器

在 MySQL 中，可使用 CREATE TRIGGER 语句创建触发器，其语法格式如下。

```
CREATE TRIGGER 触发器名 < BEFORE | AFTER > <INSERT | UPDATE | DELETE >
ON 表名 FOR EACH ROW [FOLLOWS | PRECEDES]
    触发器体
```

说明

（1）BEFORE | AFTER：触发时机，表示触发器是在激活它的语句之前或之后触发。

BEFORE：在触发它的语句执行之前执行，一般用来验证新数据是否满足条件。

AFTER：在触发它的语句执行之后再执行一些操作。

（2）INSERT | UPDATE | DELETE：触发事件，表示激活触发器的操作类型。

INSERT：将新行插入表时激活触发器。

DELETE：从表中删除某一行数据时激活触发器。

UPDATE：更改表中某一行数据时激活触发器。

（3）ON 表名 FOR EACH ROW：用于指定触发器的操作对象。

FOR EACH ROW：指行级触发，对于触发事件影响的每一行都要激活触发器的动作。

（4）FOLLOWS | PRECEDES：触发顺序，表示指定同一个表中多个触发器的执行顺序，默认按创建顺序激活。

FOLLOWS：表示新触发器在现有触发器之后激活。

PRECEDES：表示新触发器在现有触发器之前激活。

每张表的每个触发事件每次只允许有一个触发器，单一触发器不能与多个事件或多张表关联。

当对学生表进行插入、更新或删除操作时，有时希望自动给出一些提示信息，或者自动做一些相应的处理，如在学生表中删除一条学生信息时，需要删除其成绩表上的对应记录，这时就可以使用触发器。

【**例题 10.8**】创建触发器 xs_AFTER_INSERT，其功能是在向学生表中插入一条学生记录后，可显示"已向 xs 表中插入一条记录"的消息。

实现代码如下，结果如图 10-5 所示。

```
DELIMITER //
CREATE TRIGGER xs_AFTER_INSERT
AFTER INSERT
ON xs  FOR EACH ROW
BEGIN
DECLARE message varchar(40);
SELECT '已向 xs 表中插入一条记录' INTO  @message ;
END//
DELIMITER ;
INSERT INTO xs (姓名,学号,专业名,性别,出生时间,总学分,备注) VALUES('刘国梁','001112',
'计算机应用', '男', '2000-1-30 0:0:0', 46,NULL);
SELECT  @message;
```

图 10-5 例题 10.8 的运行结果

触发器是因事件被触发而执行的。本例中，先向学生表 xs 中插入一条记录，触发器 xs_AFTER_INSERT 将被触发并激活执行，然后查看变量@message 的值。

MySQL 提供了两个逻辑表 NEW 和 OLD。NEW 和 OLD 表的结构与触发器所在数据表的结构完全一致，当触发器执行完成之后，这两个表也会被自动删除。

对于 UPDATE 事件，OLD 表中存放的是更新前的记录，NEW 表用来存放更新后的记录。

对于 INSERT 事件，OLD 表没有记录，NEW 表中存放的是要插入的记录。

对于 DELETE 事件，OLD 表中存放的是被删除的记录，NEW 表中没有记录。

【**例题 10.9**】创建触发器 xs_BEFORE_DELETE，其功能是当删除学生表 xs 中某个学生的记录时，成绩表中该学生的相关成绩信息也一并被删除。

实现代码如下。

```
DELIMITER //
CREATE TRIGGER  xs_BEFORE_DELETE
BEFORE  DELETE
ON  xs  FOR EACH ROW
BEGIN
```

```
    DELETE  FROM  cj  WHERE  学号=old.学号;
END//
DELIMITER ;
```

先向成绩表 cj 中插入一条记录，执行如下语句。

```
INSERT INTO cj(学号,课程号,成绩) VALUES('001112', '206', 86);
```

然后，删除学生表中学号为"001112"的学生记录，执行如下语句。

```
DELETE FROM xs WHERE 学号='001112';
```

此时，触发器 xs_AFTER_INSERT 将被触发并激活执行，成绩表中学号"001112"对应的所有成绩全部被删除，通过 SELECT 语句进行检查，如下所示。

```
SELECT * FROM cj;
```

10.2.3　管理触发器

1. 查看触发器

查看触发器是指查看数据库中已经存在的触发器的定义、状态和语法信息等。

（1）用 SHOW TRIGGERS 语句查看触发器信息。

在 MySQL 中，可以用 SHOW TRIGGERS 语句来查看触发器的基本信息，其语法格式如下。

```
SHOW  TRIGGERS  [FROM 数据库名]  [LIKE 区配模式 | WHERE 条件表达式 ];
```

【例题 10.10】查看当前数据库中创建的所有触发器的信息。

执行如下语句。

```
SHOW  TRIGGERS;
```

（2）在 triggers 表中查看触发器信息。

在 MySQL 中，所有触发器的信息都存在 information_schema 数据库的 triggers 数据表中，可以使用 SELECT 语句直接从该表中查看指定触发器或所有触发器的信息，具体的语法格式如下。

```
SELECT * FROM information_schema.triggers WHERE trigger_name= '触发器名';
```

【例题 10.11】查看触发器 xs_BEFORE_DELETE 的信息。

执行如下语句。

```
SELECT * FROM information_schema.triggers WHERE trigger_name='xs_BEFORE_DELETE' \G
```

也可以查看所有触发器的信息。

执行如下语句。

```
SELECT * FROM information_schema.triggers \G
```

2. 修改触发器

触发器的定义不可修改，如果要修改触发器，可以先删除原触发器，再以相同的名称创建新的触发器。

3. 删除触发器

可以使用 DROP TRIGGER 语句将触发器从数据库中删除，其语法格式如下。

```
DROP  TRIGGER  [IF EXISTS] 触发器名;
```

执行 DROP TRIGGER 语句需要 SUPER 权限。

【例题 10.12】删除名为 xs_BEFORE_DELETE 的触发器。

执行如下语句。

```
DROP TRIGGER xs_BEFORE_DELETE;
```

注意　　　　　　　在删除表时，表中的触发器也一并被删除。

10.2.4　使用 MySQL Workbench 图形化工具创建和管理触发器

使用 MySQL Workbench 图形化工具可以方便快捷地创建和管理触发器。

1. 创建触发器

打开 MySQL Workbench 图形化工具，在 SCHEMAS 栏中单击 cjgl 数据库，右击 xs 表，在弹出式菜单中选择修改表结构的菜单，打开修改结构的窗口，如图 10-6 所示。单击下方的 Triggers 选项卡，打开图 10-7 所示的创建触发器窗口。

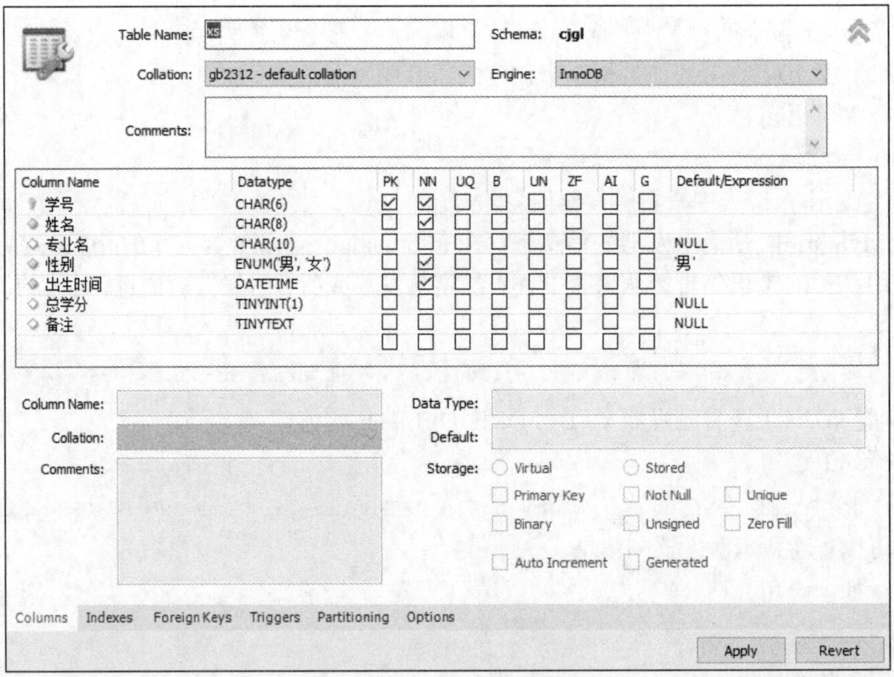

图 10-6　修改表结构的窗口

单击左侧 BEFORE DELETE 行后面的加号会生成触发器名 xs_BEFORE_DELETE，同时，右侧出现定义触发器的基本代码结构，在 BEGIN 和 END 之间写上相应的 SQL 语句，然后单击 Apply 按钮，在弹出的对话框中可以预览当前操作的 SQL 语句，如图 10-8 所示。继续单击 Apply 按钮，在下一个弹出的对话框中单击 Finish 按钮，即可完成该触发器的创建。刷新 cjgl 数据库后，可以在学生表 xs 的 Triggers 选项卡中看到新创建的触发器 xs_BEFORE_DELETE。

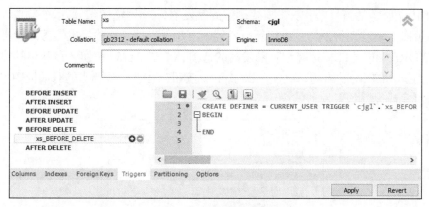

图 10-7　创建触发器窗口

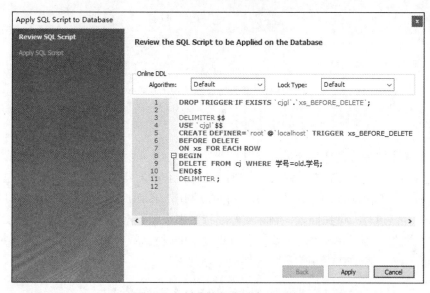

图 10-8　创建触发器的 SQL 语句

2. 管理触发器

在 SCHEMAS 栏中，单击 cjgl 数据库右侧的"信息"按钮 ❶，在打开的数据库信息对话框中，选择 Triggers 选项卡，即可查看触发器的详细信息，包括触发器名称、事件类型、关联的数据表和触发条件等信息，如图 10-9 所示。

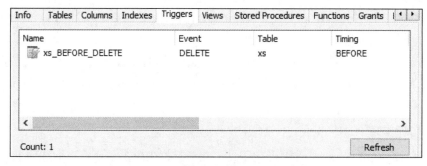

图 10-9　查看触发器的详细信息界面

在图 10-7 所示的窗口中，右击需要操作的触发器，弹出图 10-10 所示的菜单，通过弹出式菜单，可以上下移动触发器、添加新触发器、复制触发器、删除触发器等。如要删除触发器 xs_BEFORE_DELETE，选择删除触发器的选项，单击 Apply 按钮，在弹出的对话框中可以预览当前操作的 SQL 语句，继续单击 Apply 按钮，在下一个弹出的对话框中单击 Finish 按钮，即可完成删除该触发器的操作。

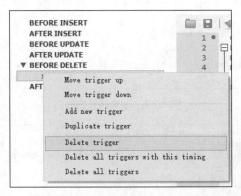

图 10-10　管理触发器的弹出式菜单

单元小结

本单元的主要内容包括存储过程与触发器的概念、特点、用途和分类，使用命令方式和图形化工具创建、使用、查看、修改、删除存储过程和触发器的方法。存储过程是一组用于完成特定功能的 SQL 语句集，一次编译后可重复调用，从而提高编程及管理效率。触发器是一种特殊的存储过程，可在插入、删除或修改特定表中的数据时触发并执行。触发器是基于行触发的，因此在创建触发器时不要编写过于复杂的触发器，也不要增加过多的触发器，以免给数据的插入、修改或者删除带来可移植性差的后果。

实验 12　人力资源管理系统中存储过程与触发器的应用

一、实验目的

1. 理解并掌握存储过程的用法。
2. 理解并掌握触发器的用法。

二、实验内容

1. 在人力资源管理系统中，创建一个存储过程，任意指定一个部门编号时，可将该部门的员工人数显示出来。

2. 在人力资源管理系统中，创建一个触发器，它在向 employees 表中插入数据时触发。

3. 在人力资源管理系统中，创建一个触发器 tri_delete_emp，它在删除 employees 表时触发。

三、实验步骤

1. 启动 MySQL Workbench 图形化工具，在工具栏中单击"新建查询选项卡"按钮，打开查询窗口，输入并运行如下代码。

```
DELIMITER  //
USE  hr;
CREATE  PROCEDURE  proc_rs( IN  dpt_id   TINYINT)
BEGIN
  SELECT  COUNT(department_id)  FROM   employees   WHERE  department_id=dpt_id;
END
//
DELIMITER  ;
```

　　执行如下存储过程调用语句，验证是否能得到正确结果。

```
CALL   proc_rs ( 90 );
```

　　2. 在 MySQL Workbench 图形化工具的查询窗口中，输入并运行如下代码。

```
DROP TRIGGER IF EXISTS  tri_update_emp;
DELIMITER //
CREATE TRIGGER tri_update_emp AFTER UPDATE  ON employees  FOR  EACH ROW
BEGIN
    INSERT INTO  employees (employee_id,firstname,lastname,email,phone_num,job_
id,manager_id,department_id) VALUES (103,'aa','bb','123.45','abc','20',103,90);
END
//
DELIMITER ;
```

　　更新 employees 表中的数据，执行如下存储过程的调用语句，验证是否能得到正确结果。

```
call   proc rs ( 90 );
```

　　3. 在 MySQL Workbench 图形化工具的查询窗口中，输入并运行如下代码。

```
DROP TRIGGER IF EXISTS  tri_delete_emp;
DELIMITER //
CREATE TRIGGER tri_delete_emp AFTER DELETE  ON  employees  FOR EACH ROW
BEGIN
 DELETE TABLE employees;
END
//
DELIMITER ;
```

习题 10

一、填空题

1. 存储过程的主要优点有＿＿＿＿＿＿＿和＿＿＿＿＿＿＿。

2. 使用＿＿＿＿和＿＿＿＿可在 MySQL 中添加注释信息，其在服务器运行时会被忽略。

3. 触发器的作用是＿＿＿＿＿＿＿＿＿，根据激活触发器执行的 SQL 语句类型，触发器可以分为＿＿＿＿＿＿＿和＿＿＿＿＿＿＿＿＿。

二、选择题

1. 下列用于创建存储过程的语句是（　　）。

    A. CREATE PROCEDURE   B. CREATE TABLE

    C. DROP PROCEDURE   D. 其他

2. 下列用于删除触发器的语句是（　　　）。

A. CREATE PROCEDURE　　　　　　B. CREATE TRIGGER

C. ALTER TRIGGER　　　　　　　　D. DROP TRIGGER

三、编程题

1. 创建存储过程 P_1，其功能是查询性别为男的学生的学号、姓名。

2. 创建存储过程 P_2，其功能是查询指定学生的学号、姓名、性别和班级，姓名由参数传递。

3. 创建存储过程 P_3，其功能是查询某门课程的学生成绩，显示学号、姓名、课程名、成绩，并将成绩转换为等级制，课程名由参数传递。

4. 创建存储过程 P_4，其功能是查询某门课程的总分和平均分，课程名由参数传递。

5. 创建触发器 T_1，其功能是当向学生表中添加记录时，显示学生的信息。

6. 创建触发器 T_2，其功能是当删除学生表的记录时，同步删除成绩表中的选课信息。

单元 ⑪ Java+MySQL 人力资源管理系统开发综合实例

单元目标

【知识目标】
- 了解软件开发过程。
- 了解数据库设计过程。
- 掌握数据库的概念设计和逻辑设计方法。
- 了解如何在 Java 应用程序中运用 SQL 语句。
- 掌握 JDBC 数据的访问方法。

【技能目标】
- 能够分析数据库软件系统的业务流程。
- 能够进行数据库的物理设计和概念设计。
- 能够借助 GUI 管理数据库。
- 能够通过 Java 程序管理数据库。

【素质目标】

让学生以小组为单位合作开发本实例，培养学生的沟通能力、团队协作意识、创新创业意识和知识产权意识。

在信息化时代，企业的高效管理离不开信息系统的支持，本单元以 Java+MySQL 的方式实现人力资源管理系统的开发。人力资源管理系统，主要包括用户信息管理、员工信息管理、工资信息管理 3 个模块。

本单元将节选人力资源管理系统中的部分内容进行分析讲解，从人力资源管理系统的需求分析开始，到数据建模过程，最后用 Java 编写程序实现人力资源管理系统中的部分主要功能。通过对实例的分析、实际操作及开发实践，初步掌握 MySQL 数据库应用开发的方法。

任务1 需求分析

数据库设计是数据库应用系统开发的重要环节。数据库设计分为需求分析、概念设计、详细设计及物理设计 4 个阶段。需求分析主要指分析客户的业务和数据处理需求，这个阶段得到的信息是否准确和充分将直接影响整个数据库应用系统的开发速度和质量。通过需求分析对需要存储的数据进行搜集和整理，并创建完整的数据集。搜集数据的方法有：找相关人员调查、发用户调查表、查阅历史资料、跟班作业、实际观摩工作业务流程、编制各种实用报表等。需求分析生成的结果有数据字典、数据流图、判定表和判定树等。

调研一个企业的员工和用户的基本情况，开发一个人力资源管理数据库系统。在了解了企业的业务运作流程后，得出图 11-1 所示的系统数据流图。

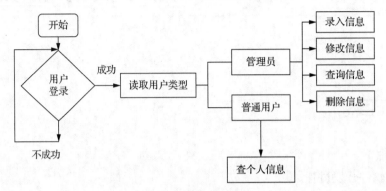

图 11-1 系统数据流图

从管理职能看，HR 的主要业务是对人员信息及工资信息进行管理、维护，如人员考勤、员工工作变动管理、工资发放及权限设置。

根据实例的业务逻辑分析可知，系统功能结构如图 11-2 所示。

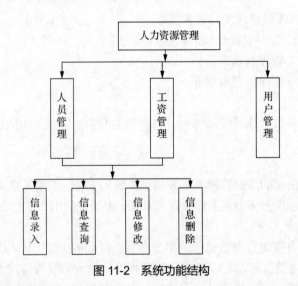

图 11-2 系统功能结构

任务 2 概念结构设计

概念设计是数据库设计的关键，可以生成数据库的 E-R 图。在需求分析的基础上，得到实体和属性，其中员工实体及属性如图 11-3 所示，其他局部 E-R 图略。

实体 1：员工，属性有员工号、员工姓名、电子邮箱、手机号、聘用日期、工作号、工资、佣金比、所在部门。

实体 2：工作变动，属性有员工号、入职时间、离职时间、工作号、部门编号。

图 11-3　员工实体及属性

实体 3：工资，属性有工作号、工作名、最低工资、最高工资。

实体 4：部门，属性有部门编号、部门名称、经理编号、所在地区、地址、邮编、城市、省份、所在国家、所在区域。

实体间的联系：一个部门有一名或多名员工，即部门和员工是一对多的关系；每名员工被分配一种职务，一种职务可有多名员工，即职务与员工是一对多的关系；员工和工资是一对一的关系。

综合局部的 E-R 图，可得到全局 E-R 图，如图 11-4 所示。

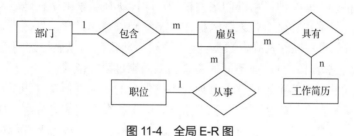

图 11-4　全局 E-R 图

任务 3　逻辑结构设计

逻辑结构设计是把概念结构设计的结果转换成选用的数据库管理系统支持的特定类型的逻辑模型，关系模型是最流行的逻辑模型，它用表来表示实体和实体间的联系，用表来存储记录，数据结构简单清晰，存取数据简便，且具有良好的数据独立性和安全保密性。

1. 关系模型设计

根据以上概念结构设计的结果，运用 E-R 图到关系模式的转换方法，将一个实体型转换为一个关系模式，将实体型中的属性转换为关系模式的属性，将实体型的主码转换为关系模式的关键字，用下划线加以标识。其中 E-R 图中的联系也要转换为关系模式，转换方法是：一对一的联系可转换为单个关系模式，也可与任意一端的实体型转换成的关系合并；一对多的联系可转换为单个关系模式，也可与多端的实体型转换成的关系模式合并；多对多、3 个及以上的联系只能转换为单个关系模式。如此转换后人力资源管理系统中有如下关系模式。

员工信息表(雇员编号，雇员名，雇员姓，邮箱，电话，入职日期，岗位编号，工资，奖金，所在部门)。

工资职位信息表(岗位编号，岗位名称，最低工资，最高工资)。

部门信息表(部门编号，部门名称，经理编号，所在地区，地址，邮编，城市，省份，所在国家，所在区域)。

员工变动信息表(雇员编号，入职日期，辞职日期，岗位编号，部门编号)。

其中员工信息表和部门信息表是起关键作用的两个表，它们分别用于存放员工的基本信息和部门信息。

2. 对关系模式集合进行规范化处理，以满足一定的范式

范式是符合某一种级别的关系模式的集合，关系数据库中的关系须满足不同的范式，目前关系数据库有 6 种范式。

第一范式指表的每一列是不可再分的数据项，同一列中不可有多个值，不能存在相同的两行。在任何一个关系数据库中第一范式是对关系模式的基本要求，不满足第一范式的数据库不是关系数据库。员工信息表中包括所在部门信息，这一列可再分解为所在部门编号、部门名称，从而保证数据项是原子的、不可再分的。

第二范式是建立在第一范式的基础上的，第二范式要求实体的属性完全依赖于主属性，即不能仅依赖主属性的一部分，否则这个属性的主属性的这一部分就要分解成一个新的实体。例如，部门表包括部门编号、部门名称等，其中主键是部门编号和经理编号，因为部门名称由部门编号推知，所在地区由部门名称推知，同理所在国家由所在地区推知，所在区域由所在国家推知，显然这样做会带来插入操作、删除操作等的异常，且数据重复率高。为了解决此类问题，避免重复操作及降低数据冗余度，可以将部门信息表按部门信息、地区信息、国家信息及区域信息分开，分解成不同的关系，从而满足第二范式。

满足第三范式的数据表中不包含在其他表中已包含的非主键信息，即属性不依赖于其他非主属性，也就是不存在传递依赖。如员工信息表中将所在部门信息分解为所在部门编号及部门名称，当要插入多名员工信息时，则会出现大量相同的部门编号及部门名称，造成大量的数据冗余，因此可通过消息传递性，将部门信息单独取出来，只保留部门编号属性，这样就满足了第三范式要求。

3. 确定数据表和表中的列

根据上述分析结果得出人力资源管理系统的数据表结构，还需要为表中的列添加一些描述，如数据类型、约束等。

下面对人力资源管理系统数据表进行简单定义。

（1）员工基本信息表 employees 的结构，如表 11-1 所示。

表 11-1　employees 表的结构

列名	员工号	员工名	员工姓	电子邮箱	手机号	聘用日期	工作号	工资	佣金比	部门编号	经理编号
英文	employee_id	firstname	lastname	email	phone_number	hire_date	job_id	salary	commision_pct	department-id	manager_id
数据类型	整型	变长字符	变长字符	变长字符	变长字符	日期	变长字符	整型	整型	整型	整型
是否为空	N	Y	N	N	Y	N	N	Y	Y	N	N
是否为主键	Y	N	N	N	N	N	N	N	N	N	N

（2）部门信息表 departments 的结构，如表 11-2 所示。

表 11-2　departments 表的结构

列名	部门编号	部门名称	经理编号	地区编号
英文	department_id	department_name	manager_id	location_id
数据类型	整型	变长字符	整型	整型
是否为空	N	N	N	Y
是否为主键	Y	N	N	Y

（3）工作信息表 jobs 的结构，如表 11-3 所示。

表 11-3　jobs 表的结构

列名	工作号	工作名	最低工资	最高工资
英文	job_id	job_title	min_salary	max_salary
数据类型	变长字符	变长字符	整型	整型
是否为空	N	N	Y	Y
是否为主键	Y	N	N	N

（4）工作经历信息表 job_history 的结构，如表 11-4 所示。

表 11-4　job_history 表的结构

列名	员工号	入职时间	离职时间	工作号	部门编号
英文	employee_id	start_date	end_date	job_id	department_id
数据类型	整型	日期	日期	变长字符	整型
是否为空	N	N	N	N	N
是否为主键	Y	N	N	Y	Y

（5）位置信息表 locations 的结构，如表 11-5 所示。

表 11-5　locations 表的结构

列名	位置号	街区地址	邮编	城市	省份	国家编号
英文	location_id	street_address	postal_code	city	state_province	country_id
数据类型	整型	变长字符	变长字符	变长字符	变长字符	变长字符
是否为空	N	Y	Y	Y	Y	Y
是否为主键	Y	N	N	N	N	N

（6）国家信息表 countries 的结构，如表 11-6 所示。

表 11-6　countries 表的结构

列名	国家编号	国家名	地区编号
英文	country_id	country_name	region_id
数据类型	定长字符	变长字符	整型
是否为空	N	Y	N
是否为主键	Y	N	N

MySQL 数据库管理与应用任务式教程（微课版）

（7）区域信息表 regions 的结构，如表 11-7 所示。

表 11-7　regions 表的结构

列名	地区编号	地区名
英文	region_id	region_name
数据类型	整型	变长字符
是否为空	N	Y
是否为主键	Y	N

任务 4　物理结构设计

关系数据库中的物理结构设计主要包括存储记录结构、数据存放位置、存取方法、完整性及安全性和应用程序等的设计。当运用范式对关系模式进行规范化处理后，降低了关系模式的冗余度，消除了数据依赖的不合理因素，使关系模式达到了一定程度的分离，接下来就是选用合适的数据库管理系统（如 MySQL），在对数据库进行管理的基础上，实现数据表、创建主外键、实现数据表间的映射关系等。

人力资源管理系统的主要界面如图 11-5～图 11-8 所示。

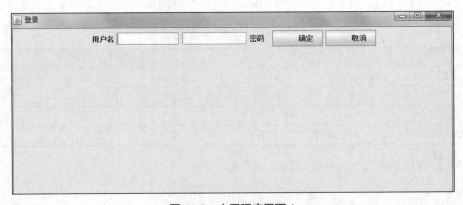

图 11-5　应用程序界面 1

图 11-6　应用程序界面 2

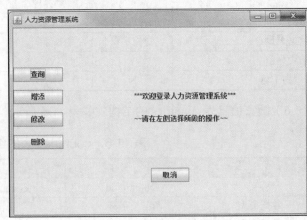

图 11-7　应用程序界面 3

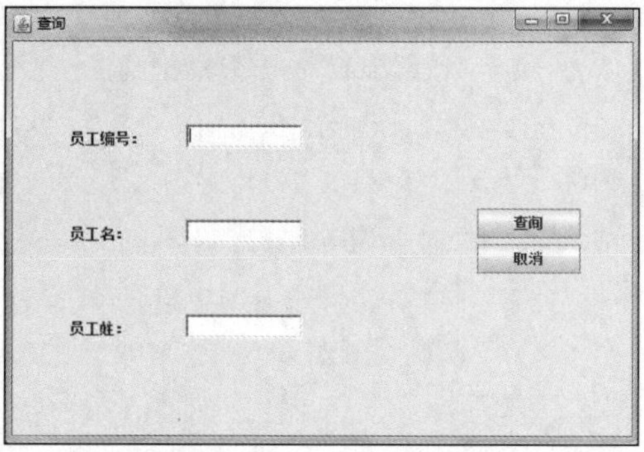

图 11-8　应用程序界面 4

任务 5　数据库的实施

11.5.1　创建数据库和数据表

启动 MySQL Workbench 图形化工具，在工具栏中单击"新建查询选项卡"按钮，打开查询窗口，编码并运行如下 SQL 脚本，创建人力资源管理数据库及其数据表。

```
CREATE  DATABASE  hr;
USE  hr;
CREATE TABLE 'hr'. 'departments' (
  'department_id' INT(4) NOT NULL COMMENT '部门编号',
  'department_name' VARCHAR(30) NOT NULL COMMENT '部门名称',
  'manager_id' INT(6) NULL COMMENT '经理编号',
  'location_id' INT(4) NULL,
  PRIMARY KEY ('department_id')
);

CREATE TABLE 'hr'. 'employees' (
  'employee_id' INT(6) NOT NULL COMMENT '员工号',
  'firstname'VARCHAR(20) NULL COMMENT '名',
  'lastname' VARCHAR(25) NOT NULL COMMENT '姓',
  'email' VARCHAR(25) NOT NULL COMMENT '电子邮箱',
  'phone_number' CHAR(20) NULL COMMENT '手机号',
  'hire_date' DATE NOT NULL COMMENT '聘用日期',
  'job_id' VARCHAR(10) NOT NULL COMMENT '工作号',
  'salary' DECIMAL(8, 2) NULL COMMENT '工资',
  'commision_pic' DECIMAL(2, 2) NULL COMMENT '佣金比',
  'manager_id' INT(6) NULL COMMENT '经理编号',
  'department_id' INT(4) NULL COMMENT '部门编号 ',
  PRIMARY KEY ('employee_id')
);
```

```
CREATE TABLE 'hr'. 'jobs' (
 'job_id' VARCHAR(10) NOT NULL COMMENT '工作号',
 'job_title' VARCHAR(35) NOT NULL COMMENT '工作名',
 'min_salary' INT(6) NULL COMMENT '最低工资',
 'max_salary' INT(6) NULL COMMENT '最高工资',
 PRIMARY KEY ('job_id')
);

CREATE TABLE 'hr'. 'job_history' (
 'employee_id' INT(6) NOT NULL COMMENT '员工号',
 'start_date' DATE NOT NULL COMMENT '入职时间',
 'end_date' DATE NOT NULL COMMENT '离职时间',
 'job_id' INT(10) NOT NULL COMMENT '工作号',
 `department_id' INT(4) NULL COMMENT '部门编号',
 PRIMARY KEY ('employee_id')
);

CREATE TABLE 'hr'. 'locations' (
 'location_id' INT(4) NOT NULL COMMENT '位置号',
 'street_address' VARCHAR(40) NULL COMMENT '街区地址',
 'postal_code' VARCHAR(12) NULL COMMENT '邮编',
 'city' VARCHAR(30) NOT NULL COMMENT '城市 ',
 'state_province' VARCHAR(25) NULL COMMENT '省份',
 'country_id' CHAR(2) NULL COMMENT '国家编号',
 PRIMARY KEY ('location_id')
);

CREATE TABLE 'hr'. 'regions' (
 'region_id' INT(2) NOT NULL COMMENT '地区编号',
 'region_name' VARCHAR(25) NULL COMMENT '地区名',
 PRIMARY KEY ('region_id')
);

CREATE TABLE 'hr'. 'countries' (
 'country_id' CHAR(2) NOT NULL COMMENT '国家编号',
 'country_name' VARCHAR(30) NOT NULL COMMENT '国家名',
 'region_id' INT(2) NOT NULL COMMENT '地区编号',
 PRIMARY KEY ('country_id')
);
```

参照附录"人力资源管理数据库（HR）的表数据"，添加样本数据到数据表中。部分样本数据添加如下。

```
INSERT INTO  employees(employee_id,firstname,lastname,email,phone_number,
hire_date,job_id,salary,department_id) VALUES (100, 'Steven', 'King', 'SKING',
'515.123.4567', '1987-06-17', 'AD_PRES',24000,90);
INSERT INTO 'employees' VALUES (101,'Neena', 'Kochhar', 'NKOCHHAR',
'515.123.4568', '1989-09-21', 'AD_VP', 17000.00, NULL, 100, 90);
INSERT INTO 'countries' VALUES ('AR', 'Argentina', 2);
INSERT INTO 'countries' VALUES ('AU', 'Australia', 3);
INSERT INTO 'countries' VALUES ('BE', 'Belgium', 1);
INSERT INTO 'departments' VALUES (10, 'Administration', 200, 1700);
INSERT INTO 'departments' VALUES (20, 'Marketing', 201, 1800);
INSERT INTO 'departments' VALUES (30, 'Purchasing', 114, 1700);
```

11.5.2　创建存储过程

运用存储过程查询员工信息，当输入员工号时，显示相应员工的信息。这里运用带参数的存储过程，将员工号作为一个输入型参数，SQL 语句如下。

```
CREATE DEFINER='root'@'localhost' PROCEDURE 'pro_cx' (IN  bh  INT )
BEGIN
DECLARE  bh  INT  DEFAULT 0;
SELECT  *  FROM employees  WHERE employee_id=@bh;
END;
```

测试员工编号为 100 的员工情况，测试 SQL 语句如下。

```
CALL  pro_cx(100);
```

11.5.3　数据库应用程序开发

1. 创建 Java 工程

（1）启动 Eclipse。

打开 Eclipse，在操作前设置一个文件夹作为工作空间的存储位置，如本例中的工作空间为 D：\user，以后创建的 Java 代码默认存放在此工作空间里。

（2）选择 "File" → "New" → "Java Project"，打开 New Java Project 窗口，在该对话框的 Project name 文本框中输入 MyProj，如图 11-9 所示。

图 11-9　创建 Java 工程

（3）创建 Java 应用程序。一个 Java 应用程序可包含多个类，但有且仅有一个类包含 main()
函数，它是应用程序的入口，在此先创建一个类，以测试对数据库的通信连接。选择"File"→
"New"→"class"，打开 New Java Class 窗口，在 Package 文本框中输入包名称，如 MyTest，
在 Name 文本框中输入类名称 MyTest，并勾选 public static void　main(String[] args)复选框，
这样将在新建的包中加入新建的类，同时在新建的类中自动生成 main()函数代码。下面以
countries 表为例，实现对数据的增、删、改操作，代码如下。

```
package cn.my.chap02;
import java.sql.Connection;
import java.sql.DriverManager;
import java.sql.SQLException;
import java.sql.Statement;
public class MyTest{
    public static void main(String[] args) {
    Connection  conn=null;
    Statement stmt=null;
        //对 countries 表执行添加记录操作
    try{
        Class.forName("com.mysql.cj.jdbc.Driver");
    conn=DriverManager.getConnection("jdbc:mysql://localhost:3306/hr?
serverTimezone=UTC&useSSL=false","root","root");
        String sql="INSERT INTO countries  VALUES(22, 'AB',10) ";
            stmt= conn.createStatement();
        int   i=stmt.executeUpdate(sql);
          System.out.println(i);
        }
    catch(SQLException e){
        e.printStackTrace();
    }catch(ClassNotFoundException e){
        e.printStackTrace();
    }finally{
        if (stmt!=null) {
            try{
                stmt.close();}
            catch (SQLException e){
                e.printStackTrace();
            }
        }
    if (conn != null)
    {
        try{
            conn.close();
        }catch (SQLException e)
        {e.printStackTrace();}
    }
    //对 countries 表执行修改记录操作
```

```java
    try{
        Class.forName("com.mysql.cj.jdbc.Driver");

    conn=DriverManager.getConnection("jdbc:mysql://localhost:3306/hr?serverTi
mezone=UTC&useSSL=false","root","root");
        String sql2="UPDATE  countries  SET  region_id=20  WHERE
country_name='AB'";
        stmt= conn.createStatement();
            int i=stmt.executeUpdate(sql2);
            System.out.println(i);
        }
    catch(SQLException e){
        e.printStackTrace();
    }catch(ClassNotFoundException e){
        e.printStackTrace();
    }finally{
        if (stmt!=null) {
            try{
                stmt.close();}
            catch (SQLException e){
                e.printStackTrace();
            }
        }
    if (conn != null)
    {
        try{
            conn.close();
        }catch (SQLException e)
        {e.printStackTrace();}
    }
    }
    //对 countries 表执行删除记录操作
    try{
        Class.forName("com.mysql.cj.jdbc.Driver");
        conn=DriverManager.getConnection("jdbc:mysql://localhost:3306/hr?
serverTimezone=UTC&useSSL=false","root","root");
        String sql3="DELETE FROM   countries   WHERE   country_name='WW'";
        stmt= conn.createStatement();
        int i=stmt.executeUpdate(sql3);
        System.out.println(i);

    }
    catch(SQLException e){
        e.printStackTrace();
    }catch(ClassNotFoundException e){
        e.printStackTrace();
```

```
        }finally{
            if (stmt!=null) {
                try{
                    stmt.close();}
                catch (SQLException e){
                    e.printStackTrace();
                }
            }
        if (conn != null)
        {
            try{
                conn.close();
            }catch (SQLException e)
            {e.printStackTrace();}
        }
        }
    }
}
}
```

2. 连接数据库

相应代码如下。

```java
import java.sql.*;
public class HrMysqlJdbc {
    public static void main(String[] args) {
        try {
            Class.forName("com.mysql.cj.jdbc.Driver");      //加载驱动
            System.out.println("JDBC 驱动程序加载成功");

        }
        catch (Exception e) {
            System.out.print("JDBC 驱动程序加载失败");
            e.printStackTrace();
        }
        try {
            //获取连接对象
            Connection connect = DriverManager.getConnection(

    "jdbc:mysql://localhost:3306/HR?serverTimezone=UTC&useSSL=false","root","root");
            System.out.println("成功连接数据库");
            //创建 createStatement 对象
            Statement stmt = connect.createStatement();//注意 IP 地址、端口号、数据
库名字
    try {
```

```java
        Class.forName(connectDB);// 加载数据库引擎
    } catch (ClassNotFoundException e) {
        // e.printStackTrace();
        System.out.println("加载数据库引擎失败");
        System.exit(0);
    }
    System.out.println("数据库驱动成功");
    try {
        String user = "root";// 自定义用户名字和密码
        String password ="root";
        Connection con = DriverManager.getConnection(connectDB,
user,password);// 连接数据库对象
        System.out.println("连接数据库成功");
        Statement stmt = con.createStatement();// 创建 SQL 命令对象
        // 创建表
        System.out.println("查询");
        System.out.println("开始读取数据");
        ResultSet rs = stmt.executeQuery("SELECT * FROM employees");// 返回
SQL 语句查询结果集
        // 循环输出每一条记录
        System.out.println("员工号    \t 名\t 姓\t 电子邮箱\t 手机号\t\t 聘用日期\
t\t\t 工作号\t\t 工资\t 佣金比\t 部门编号\t 经理编号");
        while (rs.next()) {
            // 输出每个字段
        System.out.println("employee_id"+ "\t"+ rs.getString("firstname")+
"\t"+ rs.getString("lastname")+ "\t"+ rs.getString("email")+ "\t"+
rs.getString("phone_int")+ "\t"+ rs.getString("hire_smalldatetime")+ "\t"+
rs.getString("job_id")+ "\t"+ rs.getString("salary")+ "\t"+ rs.getString
("commission_PCT")+ "\t"+ rs.getString("manager_id")+ "\t"+ rs.getString
("department_id")+ "\t");
        }
        System.out.println("读取完毕");
        // 关闭连接
        stmt.close();// 关闭命令对象连接
        con.close();// 关闭数据库连接
    } catch (SQLException e) {
        e.printStackTrace();
        // System.out.println("数据库连接错误");
        System.exit(0);
    }
    }
}
```

3. 运行程序

右击类名，选择 Run As→Java Application，得到运行结果如图 11-10 所示。

加载驱动成功
连接数据库成功

图 11-10　程序的运行结果

11.5.4　JDBC 数据访问

1. JDBC 概述

JDBC（Java Database Connectivity，Java 数据库连接）是一套用于执行 SQL 语句的 Java API，应用程序可通过这套 Java API 连接到关系数据库，使用 SQL 语句完成对数据库中数据的查询、增加、修改和删除等操作。

Java 应用程序与数据库的连接方式如图 11-11 所示。不同数据库（如 MySQL 或 Oracle 等）处理数据的方式不同，若直接使用数据库厂商提供的访问接口操作数据库，应用程序的可移植性较差。如用户在当前应用程序中使用的是 MySQL 提供的接口操作数据库，如果换用 Oracle 数据库，就要重新使用 Oracle 数据库提供的接口，代码需要做较大的改动。如果使用 JDBC 就很方便移植，因为 JDBC 要求各数据库厂商按统一的规范提供数据库驱动程序，在应用程序中由 JDBC 和具体的数据库驱动程序联系，用户不必直接与底层数据库交互，这样使得代码的通用性增强。

JDBC 具有如下功能。

（1）与数据库建立连接。

（2）发送 SQL 语句。

（3）处理结果。

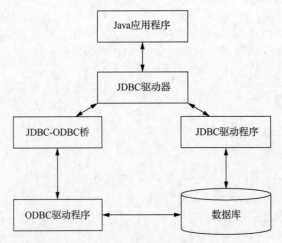

图 11-11　Java 应用程序与数据库的连接方式

2. 加载 JDBC 驱动程序

在连接数据库之前，先要加载想要连接的数据库的驱动程序到 JVM（Java Virtual Machine，Java 虚拟机），这通过 java.lang.Class 类的静态方法 forName(String　className)实现。

示例代码如下。

```
try
{
    Class.forName(driverName);
    System.out.println("加载驱动成功! ");
}catch(Exception e){
    e.printStackTrace();
    System.out.println("加载驱动失败! ");
}
```

成功加载驱动程序后，会将 Driver 类的实例注册到 DriverManager 类中。

3. 提供 JDBC 连接的 URL

JDBC URL 提供了一种标识数据库的方法，使相应的驱动程序能识别数据库并与之建立连接。实际上，由驱动程序开发人员决定用什么 JDBC URL 来标识特定的驱动程序。用户不必关心如何生成 JDBC URL，只需使用与所用的驱动程序一起提供的 URL 即可。JDBC 的作用是提供某些约定，驱动程序开发人员在构造 JDBC URL 时应该遵循这些约定。

① 连接 URL 定义连接数据库时的协议、子协议、数据源标识。

② 书写形式："协议：子协议：数据源标识"。

③ 协议：在 JDBC 中总是以 jdbc 开始。

④ 子协议：桥连接的驱动程序或数据库管理系统的名称。

⑤ 数据源标识：用于标记数据库来源的地址与连接端口。

例如，为了通过 JDBC-ODBC 桥来访问数据库 cjgl，URL 可以写成 jdbc:odbc:cjgl。

4. 创建数据库的连接

要连接数据库，需要向 java.sql.DriverManager 请求并获得 Connection 对象，该对象代表一个数据库的连接。

使用 DriverManager 类的 getConnectin(String url , String username ,String password)方法传入指定的欲连接的数据库的路径、用户名和密码。

示例代码如下。

```
 try{
 Connection      dbConn=DriverManager.getConnection(dbURL,userName,userPwd);
 System.out.println("连接数据库成功! ");
}catch(Exception e)
{
 e.printStackTrace();
 System.out.print("SQL Server 连接失败! ");
}
```

5. 创建一个 Statement 对象

要执行 SQL 语句，必须获得 java.sql.Statement 实例，Statement 实例分为以下 3 种类型。

（1）执行静态 SQL 语句；通常通过 Statement 实例实现。

（2）执行动态 SQL 语句；通常通过 PreparedStatement 实例实现。

（3）执行数据库存储过程；通常通过 CallableStatement 实例实现。

具体的实现方式如下。

（1）Statement stmt = con.createStatement();

（2）PreparedStatement pstmt = con.prepareStatement(sql);

（3）CallableStatement cstmt = con.prepareCall("{CALL demoSp(? , ?)} ");

6. 执行 SQL 语句

Statement 接口提供了 3 种执行 SQL 语句的方法：executeQuery()、executeUpdate()和 execute()。

（1）ResultSet executeQuery(String sqlString)：用于执行查询数据库的 SQL 语句，返回一个结果集对象。

（2）int executeUpdate(String sqlString)：用于执行 INSERT、UPDATE 或 DELETE 语句以及 SQL DDL 语句，如 CREATE TABLE 和 DROP TABLE 等。

（3）execute(sqlString)：用于执行返回多个结果集、多个更新计数或二者组合的语句。

示例代码如下。

```
ResultSet rs = stmt.executeQuery("SELECT * FROM ... ");
int rows = stmt.executeUpdate("INSERT INTO ... ");
boolean flag = stmt.execute(String sql);
```

7. 处理结果

处理结果有如下两种情况。

（1）若执行更新操作返回的是本次操作影响到的记录数。

（2）若执行查询操作返回的结果是一个 ResultSet 对象。

ResultSet 对象包含符合 SQL 语句中条件的所有行，并且它通过一套 get 方法提供了对这些行的访问。

使用结果集对象的访问方法获取数据，示例代码如下。

```
while(rs.next()){
    String name = rs.getString("name");
    String pass = rs.getString(1);        // 从列 1 开始
    }
```

8. 关闭 JDBC 对象

操作完成以后要把使用的 JDBC 对象全都关闭，以释放资源，关闭顺序和声明顺序相反，具体如下。

（1）关闭 ResultSet 对象。

（2）关闭 Statement 对象。

（3）关闭 Connection 对象。

```
if(rs != null){    // 关闭 ResultSet 对象
   try{
        rs.close();
      }catch(SQLException e){
        e.printStackTrace();
```

```
        }
    }
if(stmt != null){   // 关闭 Statement 对象
    try{
        stmt.close();
    }catch(SQLException e){
        e.printStackTrace();
    }
    }
if(conn != null){   // 关闭 Connection 对象
    try{
        conn.close();
    }catch(SQLException e){
        e.printStackTrace();
    }
}
```

11.5.5　连接数据库的应用

在 Eclipse 中创建 Java 应用程序，以 JDBC 的方式连接访问 MySQL 数据库。

1.在 Eclipse 中导入要引用的包

这里以 MySQL 5.7 为例，其对应的 Java 包为 mysql-connector-java-5.1.11-bin.jar。下载该文件并解压备用。

右击创建的 Java 工程，在弹出式菜单中选择 Build Path→Add to Build Path，如图 11-12所示。找到要导入的包，单击打开即可。

图 11-12　导包操作

引入包后，在工程下能显示这个包，如图 11-13 所示。

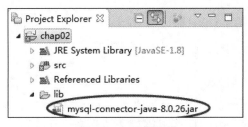

图 11-13　导入的包

测试导入的包，测试结果如图 11-14 所示。

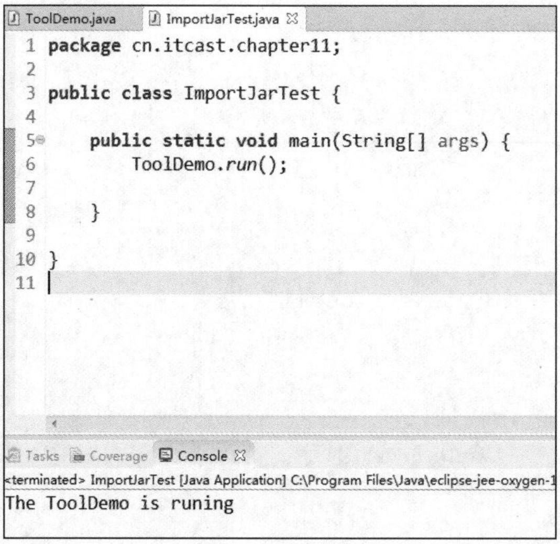

图 11-14　测试结果

2. 编写代码

代码如下。

```
package cn.my.chap11;
import java.sql.*;
public class MysqlJdbc {

    public static void main(String[] args) {
        try {
            Class.forName("com.mysql.cj.jdbc.Driver");    //加载MySQL JDBC 驱动程序
            System.out.println("JDBC 驱动程序加载成功");
        }
        catch (Exception e) {
            System.out.print("JDBC 驱动程序加载失败");
            e.printStackTrace();
        }
        try {
            //连接数据库
            Connection connect = DriverManager.getConnection(""jdbc:
mysql://localhost:3306/HR?serverTimezone=UTC&useSSL=false","root","root");
            System.out.println("成功连接数据库");
            Statement stmt = connect.createStatement();
            //开始时的查询结果
            ResultSet rs = stmt.executeQuery("SELECT * FROM employees; ");
            System.out.println("开始时查询结果为：");

        System.out.println("+-----------+----------+-----------+----------+---
```

```
--------+----------+");
                System.out.println("| firstname |lastname  |hire_date  |job_id
|manager_id  |dept_id   |");

   System.out.println("+-----------+-----------+------------+-----------+---
--------+-----------+");
                while (rs.next()) {
                    System.out.println("|"+rs.getString("firstname")+"
|  "+rs.getString("lastname")+"       |"+rs.getString("hire_date")+"
|"+rs.getString("job_id")+"       |"+rs.getString("manager_id")+"
|"+rs.getString("dept_id")+" |");
                }

   System.out.println("+-----------+-----------+------------+-----------+---
--------+-----------+");


                //增加一条记录后的查询结果
                System.out.println("增加一条记录后查询结果为: ");
                stmt.executeUpdate("INSERT INTO employees(emp_id,firstname,
lastname,hire_date,job_id,manager_id,dept_id)  VALUES (7000, '1314', 'qq',
'1997-1-1',11,300,70) ");
                rs = stmt.executeQuery("SELECT * FROM employees");

   System.out.println("+-----------+-------------+-----------+-----------+--
-----------+----------+");
                System.out.println("| firstname | lastname    |hire_date| job_id
| manager_id    |dept_id|");

   System.out.println("+-----------+-------------+-----------+-----------+--
-----------+----------+");
                while (rs.next()) {
                    System.out.println("|"+rs.getString("firstname")+"     | "
+rs.getString("lastname")+"       |"+rs.getString("hire_date")+"       |"
+rs.getString("job_id")+"      |"+rs.getString("manager_id")+  "
|"+rs.getString("dept_id")+"|");
                }
                System.out.println("+-----------+-------------+----
------+-------------+---- ------+---- ------+");


                //修改 lastname 为 qq 的员工的出生年月为 2002-01-01
                System.out.println("修改 lastname 为 qq 的员工的 hire_date 为
2002-01-01 后的查询结果为: ");
                stmt.executeUpdate("UPDATE employees SET hire_date='2002-01-01'
where lastname='qq'");
                rs = stmt.executeQuery("SELECT * FROM employees");
                System.out.println("+-----------+--------------+- --
------+-------------+---------+---------+");
                System.out.println("| firstname | lastname     |hire_date
|job_id | manager_id     |dept_id ");
   System.out.println("+-----------+----------------+----------+");
```

```
            while (rs.next()) {
                System.out.println("|"+rs.getString("firstname")+"   |"
+rs.getString("lastname")+"     |"+rs.getString
("hire_date")+"|"+rs.getString("job_id")+"  |" +rs.getString("manager_id")+"
|"+rs.getString("dept_id")+"       |");
            }

    System.out.println("+-----------+-----------------+----------+-----------
+---------+--------+");

            //删除 lastname 为 ws 的员工记录

            System.out.println("删除 lastname 为 ws 的员工记录后查询结果为：");
            stmt.executeUpdate("DELETE FROM employees WHERE lastname='ws'; ");
            rs = stmt.executeQuery("SELECT * FROM employees");

    System.out.println("+-----------+-----------------+----------+-----------
-+---------+-------+");

            System.out.println("| firstname | lastname        | hire_date
|job_id | manager_id      | dept_id ");

    System.out.println("+-----------+-----------------+----------+----------
--+---------+-------+");

            while (rs.next()) {
                System.out.println("|"+rs.getString("firstname")+"   |"
+rs.getString("lastname")+"     |"+rs.getString("hire_date")+"     |"+rs.getString
("job_id")+"  |" +rs.getString("manager_id")+"     |"+rs.getString
("dept_id")+"|");
            }

    System.out.println("+-----------+-----------------+----------+---------
---+---------+-------+");
        }
        catch (Exception e) {
            System.out.print("get data error! ");
            e.printStackTrace();
        }
    }
}
```

3. 测试运行

运行结果如图 11-15 所示。

图 11-15　程序的运行结果

单元小结

本单元从数据库系统应用开发人员的角度介绍了人力资源管理系统的开发方法和过程，所用开发环境为 Eclipse +Java+ MySQL 5.7.20。其中先介绍了数据库的设计，然后介绍了应用程序的设计方法，最后介绍了数据库访问方法。

参考文献

[1] 王珊，萨师煊. 数据库系统概论（第 5 版）[M]. 北京：高等教育出版社，2014.

[2] 翟振兴，张恒岩，崔春华，等. 深入浅出 MySQL 数据库开发、优化与管理维护（第 3 版）[M]. 北京：人民邮电出版社，2019.

[3] 施瓦茨，拉伊采夫，特卡琴科. 高性能 MySQL（第 3 版）[M]. 宁海元，周振兴，彭立勋，等译. 北京：电子工业出版社，2013.

[4] 姜承尧. MySQL 技术内幕：InnoDB 存储引擎（第 2 版）[M]. 北京：机械工业出版社，2013.

[5] 冰河. MySQL 技术大全：开发、优化与运维实战（视频教学版）[M]. 北京：机械工业出版社，2021.

[6] 熊发涯，胡大威. SQL Server 2008 数据库技术与应用[M]. 北京：高等教育出版社，2017.

[7] 李锡辉，王樱，杨丽，等. MySQL 数据库技术与项目应用教程[M]. 北京：人民邮电出版社，2018.

[8] 黑马程序员. MySQL 数据库原理、设计与应用[M]. 北京：清华大学出版社，2019.

[9] 郑阿奇，丁有和，周怡君，等. Oracle 实用教程（第 3 版）[M]. 北京：电子工业出版社，2011.